U0323177

高职高专"十二五"规划教材

工程制图与CAD

刘 树 主 编

李建忠 副主编

北 京

冶 金 工 业 出 版 社

2018

内 容 提 要

本书共分 13 章，主要内容包括：制图的基本知识；物体几何要素的投影；基本立体；基本立体的表面交线；轴测图；组合体；机件常用的表达方法；标准件与常用件；零件图；装配图；AutoCAD 基础知识；计算机绘制二维平面图；计算机绘制三维立体图。

本书根据编者多年的教学经验编写而成，适用于高职高专非机械或近机类专业制图课程教学使用。此外也可供从事相关专业的技术人员参考。与本书同时出版的《工程制图与 CAD 习题集》可与本书配套使用。

图书在版编目(CIP)数据

工程制图与 CAD/刘树主编 . —北京：冶金工业出版社，2011.5（2018.4 重印）

高职高专"十二五"规划教材

ISBN 978-7-5024-5566-8

Ⅰ.①工… Ⅱ.①刘… Ⅲ.①工程制图—AutoCAD 软件—高等职业教育—教材 Ⅳ.①TB237

中国版本图书馆 CIP 数据核字(2011)第 085834 号

出 版 人　谭学余
地　　址　北京市东城区嵩祝院北巷 39 号　邮编　100009　电话　(010)64027926
网　　址　www.cnmip.com.cn　电子信箱　yjcbs@cnmip.com.cn
责任编辑　郭冬艳　美术编辑　李　新　版式设计　葛新霞
责任校对　王永欣　责任印制　牛晓波
ISBN 978-7-5024-5566-8
冶金工业出版社出版发行；各地新华书店经销；三河市双峰印刷装订有限公司印刷
2011 年 5 月第 1 版，2018 年 4 月第 7 次印刷
787mm×1092mm　1/16；16.25 印张；391 千字；245 页
33.00 元
冶金工业出版社　投稿电话　(010)64027932　投稿信箱　tougao@cnmip.com.cn
冶金工业出版社营销中心　电话　(010)64044283　传真　(010)64027893
冶金书店　地址　北京市东四西大街 46 号(100010)　电话　(010)65289081(兼传真)
冶金工业出版社天猫旗舰店　yjgycbs.tmall.com
（本书如有印装质量问题，本社营销中心负责退换）

前　言

　　本书是根据教育部制定的高等学校工科"工程制图基础课程教学基本要求"，在充分总结各院校工程制图课程教学改革研究与实践的成果和经验的基础上编写而成的，是面向21世纪课程教材，适用于高职高专非机械专业或近机专业，考虑到这类专业的教学内容和学时数不断压缩的实际情况，在广泛征求高职院校教学第一线教师的意见后，确立了"简明、精练"为本书的编写宗旨。

　　本书具有以下特点：

　　（1）针对高等职业教育培养应用型人才、实践能力和职业技能训练的特点，基础理论贯彻"实用为主，够用为度"的教学原则，对传统的画法几何的基本理论进行优化组合，删掉了工程实用中应用较少的内容，以掌握概念，强化应用和培养技能。达到教学方法、教学内容和教学手段相协调，充分利用有限的教学资源，最大限度地调动学生的学习主动性和积极性，进一步使工程制图从以"知识、技能"为主的教育目的，向以"知识、技能、方法、能力、素质"等综合培养的教育转化。

　　（2）在教材体系和内容的编排上，力求通俗易懂，简明扼要，对一些绘图时易错的地方，给出了正误对比图例，对于难以看懂的图形，配有相应的立体图，以帮助理解，本书在编写过程中将基础理论融入到大量的例题中，使学生易于理解和掌握。

　　（3）贯彻以"识图为主"的编写思路，从整体上体现培养识图能力为主的教学思想，同时又充分注意教学实践环节。注重理论联系实际，将投影理论与图示应用相结合，采用"零件图"、"装配图"结合的体系，将零件与部件相结合，通过常用部件及主要零件来阐述零件图和装配图的关键内容。

　　（4）加强空间思维能力的培养，强化二维平面和三维空间相互转换的训练。在习题中增加了选择、填空等题型，改变了单纯画图练习的模式，使学生在有限的时间内完成更多的练习和接受更多的信息。

　　（5）计算机绘图采用了AutoCAD2009作为工具，精选内容，做到在允许的学时范围内达到能绘制二维图形的目的。

　　在编写过程中特别注意《工程制图》国家标准的更新，采用截止本书出版前正式发布的最新国家标准。

　　本教材适用于高等职业学院60～90学时工程技术类及相关专业教学使用，

也可作为中高级职业资格与就业培训用书，同时亦可供相关工程技术人员参考。结合教学需要还出版了《工程制图与 CAD 习题集》与本书配套使用。

本书由云锡职业技术学院刘树担任主编，李建忠担任副主编，参加本书编写的还有钟正国，赛德辉等人。由昆明理工大学教授张锦柱审阅。本书第 1 到第 2 章由李建忠编写，第 3 章由设备能源处的赛德辉编写，第 4 到第 10 章由刘树编写，第 11 到第 13 章由钟正国编写。

由于作者水平所限，书中缺点、错误在所难免，恳请读者批评指正。

编　者
2010 年 8 月

目　录

第一章 制图的基本知识

工程制图是工程领域的通用"语言"，它是表达设计意图，进行技术交流和指导生产的重要技术文件。为了便于生产和技术交流，国家质量技术监督部门颁布了一系列有关制图的国家标准，对图纸及格式、图样的比例、图线及其含义以及图样中常用的数字、字母、尺寸标注等都做了统一规定。

我国国家标准有强制性标准和推荐性标准两种，国家标准的代号为"GB"或"GB/T"，例如"GB/T 14689—2008"中的"GB"为"国标"的汉语拼音字头，"T"为"推"（荐性）字的汉语拼音字头，"14689"为标准编号，"2008"为标准批准的年份。

第一节 图纸幅面及格式（GB/T 14689—2008）

一、图纸幅面和格式

（一）图纸幅面

为了便于图纸的绘制、使用和管理，国家标准中规定了五种基本图纸幅面，其幅面尺寸见表 1-1。

表 1-1 图纸幅面及边框格式 （mm×mm）

幅面代号	A0	A1	A2	A3	A4
$B \times L$	841×1189	594×841	420×594	297×420	210×297
e	20			10	
c	10			5	
a	25				

必要时允许选用加长幅面，其尺寸必须是由基本幅面的短边成整数倍增加后得到。

（二）图框格式

图框线必须用粗实线绘制，分为留装订边和不留装订边两种格式。不留装订边的图框格式如图 1-1 所示。留装订边的图框格式如图 1-2 所示。同一产品的图样只能采用一种格式。

（三）标题栏（GB/T 10609.1—2008）

国家标准（GB/T 10609.1—2008）对标题栏的内容、格式及尺寸做了统一的规定。本书在制图作业中建议采用如图 1-3 所示的格式。

二、比例（GB/T 14690—1993）

比例是指图样中机件要素的线性尺寸与实际机件相应要素的线性尺寸之比。国家标准规定的常用比例见表 1-2。

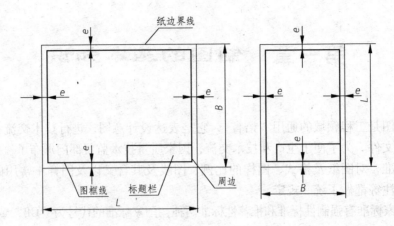

图1-1 不留装订边的图框格式

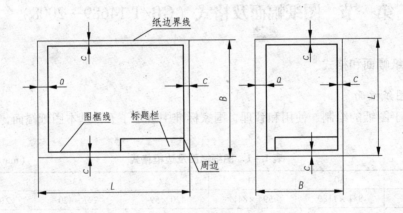

图1-2 留装订边的图框格式

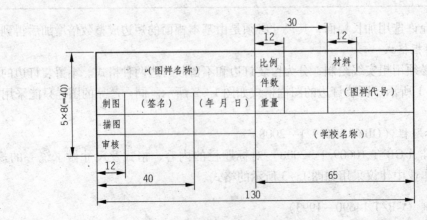

图1-3 零件图标题栏

表 1 - 2 常用的比例

种 类	比 例
原值比例	1:1
放大比例	$2:1$, $(2.5:1)$, $(4:1)$, $5:1$, $1 \times 10^n:1$, $2 \times 10^n:1$, $(2.5 \times 10^n:1)$, $(4 \times 10^n:1)$, $5 \times 10^n:1$
缩小比例	$(1:1.5)$, $1:2$, $(1:2.5)$, $(1:3)$, $(1:4)$, $1:5$, $(1:6)$, $1:1 \times 10^n$, $(1:1.5 \times 10^n)$, $1:2 \times 10^n$, $(1:2.5 \times 10^n)$, $(1:3 \times 10^n)$, $(1:4 \times 10^n)$, $1:5 \times 10^n$, $(1:6 \times 10^n)$

绘图时，应尽量按 1:1 的比例绘制图样，以使图样反映机件实际大小。必要时也可将图样以放大或缩小的比例绘制，但图样所注的尺寸必须是机件的真实尺寸，如图 1 - 4 所示。

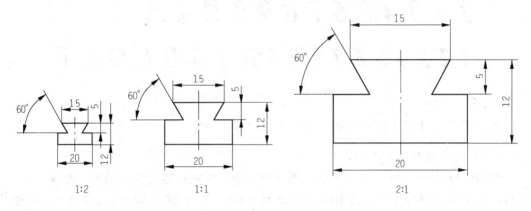

图 1 - 4 采用不同比例绘制的图形

三、字体（GB/T 14691—1993）

图样中除了用图形表达零件的形状外，还需要用文字、数字、字母等来表达零件的大小和相对位置，在书写这些字体时应做到：字体工整、笔画清楚、间隔均匀、排列整齐。

字体的号数，即为字体的高度（h），分为 1.8mm，2.5mm，3.5mm，5mm，7mm，10mm，14mm，20mm 八种，如需书写更大的字，其字体高度应按 $\sqrt{2}$ 的比率递增。

（一）汉字

图样上的汉字应写成长仿宋体，并采用国家正式公布推行的简化字。汉字的最小高度不应小于 3.5mm，其字宽一般为 $\sqrt{2}/h$。图 1 - 5 为长仿宋体汉字示例。

（二）数字和字母

数字和字母分为 A 型和 B 型，A 型字体的笔画宽度为 $h/14$，B 型字体的宽度为 $h/10$。数字和字母分斜体和直体，在技术文件中数字和字母一般写成斜体，其字头向右倾斜与水平线成 75°。

图 1 - 6 为字母和数字书写示例。

10 号字

字体工整笔画清楚间隔均匀排列整齐

7 号字

横平竖直注意起落结构均匀填满方格

5 号字

技术制图机械电子汽车航舶土木建筑矿山井坑港口纺织服装

3.5 号字

螺纹齿轮端子接线飞行指导驾驶舱位挖填施工引水通风闸阀坝棉麻化纤

图 1-5　长仿宋体汉字示例

1234567890RφAB

1234567890RφABEQST

图 1-6　字母和数字书写示例

四、图线（GB/T 17450—1998、GB/T 4457.4—2002）

（一）图线的形式及宽度

绘图时应采用国家标准规定的图线形式和画法。国家标准《技术制图　图线》（GB/T 17450—1998）规定了绘制技术图样的 15 种基本线型。根据基本线型及其变形，机械图样中规定了 9 种比较常用的图线，表 1-3 列出了《机械制图　图线》（GB/T 4457.4—2002），规定的机械制图常用的线型及其变形和组合。粗、细线宽的比率为 2:1，一般绘制图样时，粗、细线规格优先使用 0.5:0.25 或 0.7:0.35 的组别。

表 1-3　图线（GB/T 4457.4—2002）

名　称	线　型	代号 No.	线宽 d/mm		主要用途及线素长度	
粗实线	——	01.2	0.7	0.5	可见棱边线，可见轮廓线	
细实线	——	01.1			尺寸线，尺寸界线，剖面线，引出线，重合断面的轮廓线，过渡线	
波浪线	～～	01.1	0.35	0.25	断裂处的边界线，视图与剖视图的分界线	
双折线	─⋀⋀─	01.1			断裂处的边界线，视图与剖视图的分界线	
细虚线	- - -	02.1			不可见棱边线，不可见轮廓线	长画长 12d，短间隔长 3d
粗虚线	— — —	02.2	0.7	0.5	允许表面处理的表示线	
细点画线	—·—·—	04.1	0.35	0.25	轴线，对称中心线，分度圆（线），孔系分布的中心线，剖切线	长画长 24d，短间隔长 3d，点长 ≤0.5d
细双点画线	—··—··—	05.1			相邻辅助零件的轮廓线，可动零件的极限位置轮廓线，中断线	
粗点画线	—·—·—	04.2	0.7	0.5	限定范围表示线	

（二）图线画法注意事项

（1）同一图样中，同类图线的线宽基本一致。虚线、点画线和双点画线的线段长度及间隔应大致相等。

（2）两条平行线之间距离不小于 0.7mm。

（3）轴线、对称中心线、双点画线应超出轮廓线 2～5mm。点画线和双点画线的首尾两端应是长画，而不是短画。在较小的图形上画点画线有困难时，可用细实线代替点画线。

（4）当虚线、点画线、双点画线、粗实线彼此相交时，必须是线段相交。

（5）虚线是实线的延长线时，则在连接处要留空隙。

（6）两种图线重合时，只需画出其中的一种，优先顺序为：可见轮廓线、不可见轮廓线、对称中心线、尺寸界线。图线的综合运用如图 1-7 所示。

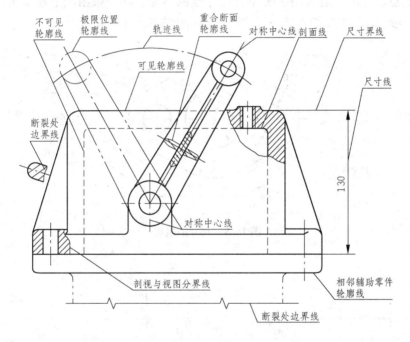

图 1-7　图线综合运用示例

五、尺寸注法（GB/T 4458.4—2003、GB/T 16675.2—1996）

图样中的图形只能表达机件的形状，而机件的大小则必须通过标注尺寸来表示。标注尺寸是制图中一项极为重要的工作，必须认真细致，一丝不苟，以免给生产带来不必要的损失和浪费。且标注尺寸时必须按国家标准的规定进行标注。

（一）尺寸标注的基本规则

（1）机体的真实大小应以图样上所注的尺寸数值为依据，与图形的大小及绘图的准确度无关。

（2）图样中（包括技术要求和其他说明）的尺寸，以毫米为单位时，不需要标注单位符号，如采用其他单位，则必须注明相应的单位符号。

（3）图样中所标注的尺寸，为该图样所示机件的最后完工尺寸，否则应另加说明。

（4）机件的每一尺寸，一般只标注一次，并应标注在反映该结构最清晰的图形上。

（二）尺寸的组成

一个完整的尺寸应由尺寸界线、尺寸线（含尺寸线的终端）、数字三个要素组成，如图 1-8 所示。

1. 尺寸界线

尺寸界线用细实线绘制，并自图形的轮廓线、轴线或对称中心线引出。轮廓线、轴线、对称中心线也可作尺寸界线。

2. 尺寸线

尺寸线用细实线绘制，不能用其他图线代替，一般也不得与其他图线重合或画在其延长线上。尺寸线的终端有箭头和斜线两种形式：

（1）机械图样中一般采用箭头作为尺寸线的终端。同一张图纸上箭头大小要一致，箭头长度一般为箭尾宽度的 6 倍。尺寸线终端的画法如图 1-9a 所示。

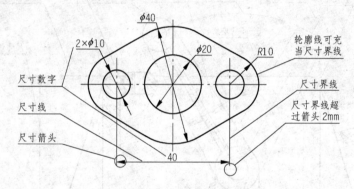

图 1-8 尺寸的组成

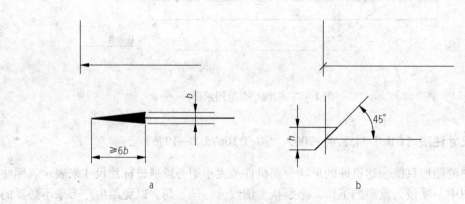

图 1-9 箭头和斜线的画法

（2）斜线用细实线绘制，其方向和画法如图 1-9b 所示。当尺寸线的终端采用斜线时，尺寸线与尺寸界线必须互相垂直。

3. 尺寸数字和符号

线性尺寸的数字一般应注在尺寸线的上方，也允许注在尺寸线的中断处，国标中还规定了一组表示特定含义的符号，作为对数字标注的补充说明。如标注直径时，应在尺寸数字前加注"ϕ"；标注半径时，应在尺寸数字前加注符号"R"。表 1-4 给出了一些常用的符号，标注尺寸时应尽可能使用符号和缩写词。

表 1-4　标注尺寸的符号（GB/T 4458.4—2003）

名　称	直径	半径	球直径	球半径	厚度	正方形	45°倒角
符号或缩写词	ϕ	R	$S\phi$	SR	t	□	C

名　称	深度	沉孔或锪平	埋头孔	均布	弧长	斜度	锥度
符号或缩写词	↓	⌴	∨	EQS	⌒	∠	▷

（三）常见尺寸的标注

1. 尺寸数字的注写方法

尺寸数字的注写方法如图 1-10 所示。

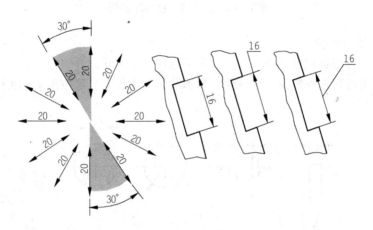

图 1-10　线性尺寸的数字方向

2. 角度的标注

标注角度时，角度值必须水平书写在尺寸线的上方或中断处，如图 1-11 所示。

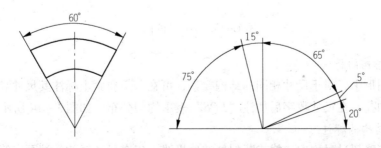

图 1-11　角度的书写方法

3. 直径或半径的标注

当圆心角大于 180°时，要标注圆的直径，在尺寸数字前加 Φ；圆心角小于等于 180°时，要标注圆的半径，在尺寸数字前加 R；标注球面直径时，在尺寸数字前加 SΦ，标注球半径时，在尺寸数字前加 SR，如图 1 – 12 所示。

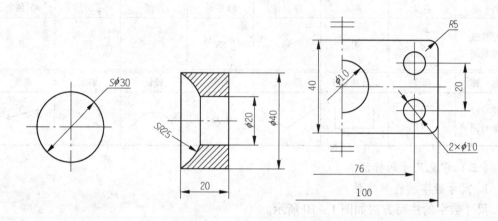

图 1 – 12　直径或半径标注示例

4. 小尺寸箭头绘制

小尺寸在没有足够位置画箭头时，箭头可画在尺寸界线的外侧或用小圆点代替两个箭头，尺寸数字也可写在外侧或引出标注，圆和圆弧的小尺寸，可按图 1 – 13 标注。

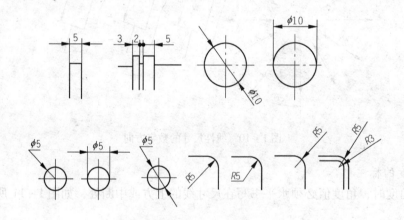

图 1 – 13　小尺寸的标注

5. 相同结构的标注

在同一图形中，对于尺寸相同的结构要素，可在一个要素上标注其尺寸和数量，均匀分布在圆上的孔，在尺寸数字后加注 "EQS" 表示均匀分布，如图 1 – 14 所示。

6. 对称结构的标注

尺寸线应略超过对称中心线或断裂处的边界线，仅在尺寸线的一端画出箭头。图中在对称中心线两端分别画出两条与其垂直的平行细实线是对称符号，如图 1 – 15 所示。

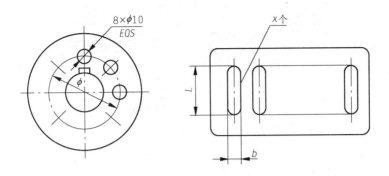

图 1 - 14　相同结构的尺寸标注

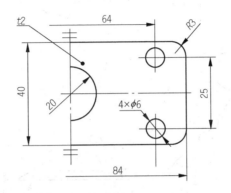

图 1 - 15　对称结构的尺寸标注

第二节　常用绘图工具的使用

　　为了保证绘图质量、提高绘图速度，应掌握常用绘图工具和绘图仪器的正确使用方法。本节将介绍图板、丁字尺、三角板、圆规、分规、铅笔等常用绘图工具的使用方法。

一、图板和丁字尺

　　图板是绘图的重要工具，用以铺放图纸，与丁字尺配合使用。因此，图板表面要求平整光洁，图板左边是丁字尺的工作边，因此必须平直。图纸借助胶带固定在图板左边偏上的位置。如图 1 - 16 所示。

　　丁字尺与图板配合可以画水平线，如图 1 - 16 所示。与三角板配合可画铅垂线和斜线，丁字尺在使用时尺头要压紧图板的工作边。

二、三角板

　　一副三角板有两块：一块两锐角都为45°；另一块两锐角分别是30°和60°。三角板与丁字尺配合使用可画出铅垂线和15°倍角的倾斜线，如图 1 - 17 所示。

　　另外，两块三角板配合，还可以画出已知直线的平行线或垂直线。

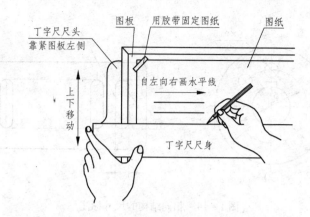

图 1-16　利用丁字尺画水平线

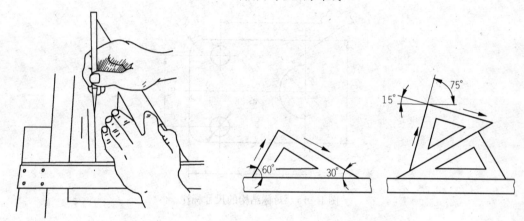

图 1-17　三角板配合丁字尺画垂直线和 15°倍角的倾斜线

三、圆规与分规

（一）圆规

圆规是用来画圆或圆弧的工具，画圆时，圆规应稍向前倾斜，圆或圆弧应一次完成，且要求圆规的针脚和铅芯都要与纸面垂直，圆规铅芯磨成楔形，并使斜面向外，其硬度应比所画同种直线的铅笔软一号，以保证图线深浅一致，如图 1-18 所示。

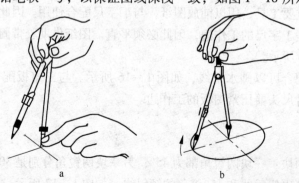

图 1-18　圆规的用法

（二）分规

分规是用来量取线段或是等分线段的。用分规在比例尺或三角板上量取尺寸时，应使针尖顺着尺面，以防止损伤尺面刻度，如图 1-19a 所示。为了准确地度量尺寸，分规的两针尖应平齐，如图 1-19b 所示。

四、铅笔

绘图铅笔用于画线或写字。铅芯的软硬分 H~6H、HB、B~6B, 13 种规格，并标记在铅笔上。H 的数字越大，铅芯越硬，所画出的图线越淡；B 的数字越大，铅芯越软，所画出

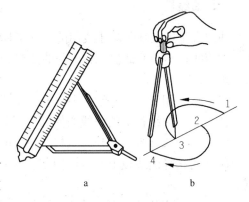

图 1-19　分规的用法

的图线越黑；HB 铅芯的软硬适中。绘图时一般用 H 或 2H 画底稿或画细实线；用 B 或 2B 画粗实线；用 HB 写字。对于 B 类的铅笔铅芯常磨成矩形状，如图 1-20a 所示，对于 H 类的铅笔铅芯常磨成圆锥状，如图 1-20b 所示。

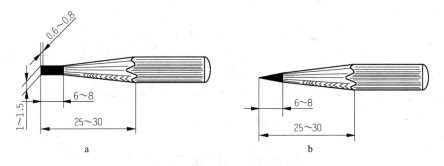

图 1-20　铅笔中的铅芯

a—画粗线的笔；b—画细线的笔

五、比例尺

比例尺是用来把实际的尺寸按一定比例缩小或放大成所需要的大小，以便绘制物体的比例图形。比例尺的样式有多种，常用的有三棱尺，如图 1-21 所示。尺上刻有预先选定的六种缩小比例的刻度。如尺上标记 1:100，即表示尺上的一个单位长代表实际上的 100 个单位长。有些比例还可以根据尺上的比例推算出来。比如，1:100 缩小到其十分之一即为 1:1000，放大十倍即为 1:10。以此类推就可扩大比例尺的比例种类。

比例尺只能用来量度尺寸，不能用来画线。

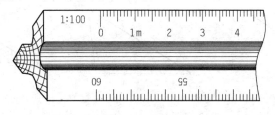

图 1-21　比例尺

六、曲线板

曲线板是用来画非圆曲线用的绘图工具，它由透明胶片制成。如图 1-22 所示，曲线板上的曲线在不同的部位具有不同的曲率。在定出了属于曲线的一系列点后，就可以用曲线板来连线，其方法是：

（1）徒手用铅笔轻轻地把各已知点连成曲线。

（2）选择曲线板上的曲线段使其与所画的铅笔线密合，并通过至少三个已知点。

（3）沿曲线板画线直到曲线板所通过的最后两点之间为止。

（4）再选择曲线板上另一段曲线，使其通过上次连线时所通过的最后两点及以下各点。

重复这一过程直至把全部曲线画完。

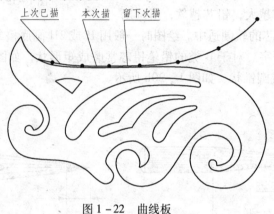

图 1-22　曲线板

第三节　几何作图

一、直线的等分

（1）已知直线 AB，分 AB 六等分，如图 1-23a 所示。

（2）过 A 点做任意射线 AC，任意截取一单位长度，在 AC 上截取 1、2、3、4、5、6 点，将 6 点与 B 相连，如图 1-23b 所示。

（3）分别过各等分点作 $B6$ 的平行线交 AB 得 5 个点，这 5 个点即分 AB 为 6 等分，如图 1-23c 所示。

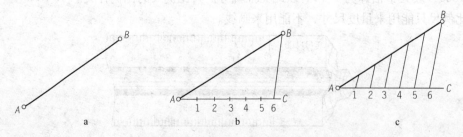

图 1-23　作已知直线的六等分

二、圆的等分及圆内正多边形的画法

(一) 圆的六等分

1. 圆规直接等分

以已知圆直径的两端点 A 或 D 为圆心，以已知圆半径为半径画弧与圆周相交，即得等分点 B、F 和 C、E，依次连接各点，即得正六边形，如图 1-24a 所示。

2. 30°和60°的三角板等分

用30°和60°三角板的短直角边紧贴丁字尺，并使其斜边过圆直径上的两端 A 和 D 做直线 AF 和 CD，翻转三角板以同样的方法做直线 AB 和 ED；连接 BC 和 FE，即得圆的内接正六边形，如图 1-24b 所示。

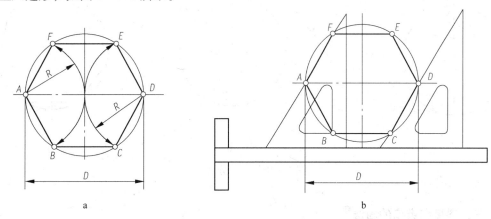

图 1-24 正六边形的画法

(二) 圆的五等分

圆的五等分作图步骤如下：

（1）过圆心 O 作水平半径 OA，并作 OA 的垂直平分线，交 OA 于 B 点，如图 1-25a 所示。

（2）以 B 为圆心，$B1$ 为半径作圆弧交 OA 的延长线于一点 C，$C1$ 即为五边形的边长，如图 1-25b 所示。

（3）以 1 为圆心，以 $C1$ 为半径作圆弧交圆周于 2、5 两点，如图 1-25c 所示。

（4）分别以 2、5 为圆心，以 $C1$ 为半径在圆弧上截取 3、4 两点，顺次连接各点，即完成正五边形，如图 1-25d 所示。

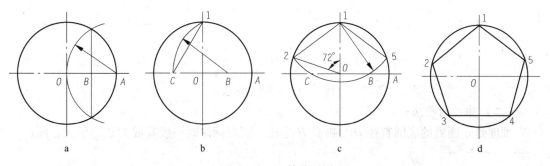

图 1-25 五等分圆周

（三）圆的任意等分（以七等分为例）

（1）已知外接圆，对圆任意七等分，或是作圆内接正七边形。先将直线 AB 分成七等分，如图 1-26a 所示。

（2）以 B 为圆心，AB 为半径，画圆弧与 DC 延长线相交于 E，再自 E 引直线与 AB 上每隔一分点（图中连接 2、4、6 点）连接，并延长与圆周交于 F、G、H 等点，如图 1-26b 所示。

（3）求 F、G 和 H 的对称点 K、J 和 I，并顺次连接 F、G、H、I、J、K、A 即得圆内接正七边形，如图 1-26c 所示。

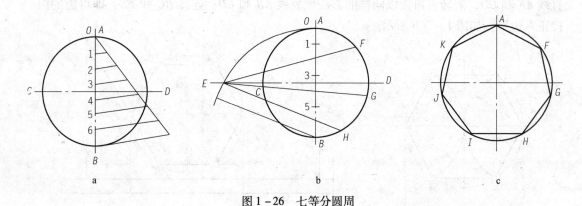

图 1-26　七等分圆周

三、斜度和锥度的画法[1]

（一）斜度的画法

斜度是指一直线（或平面）相对于另一直线（或平面）的倾斜程度。斜度的大小通常以二者夹角的正切来表示，并将比值化为 $1:n$ 的形式。在图样中，标注斜度时在 $1:n$ 之前加注斜度符号"∠"，符号的方向应与斜度方向一致。图 1-27 说明了斜度 1:6 的作法及标注。标注时斜度符号的倾斜方向应与斜度方向一致。

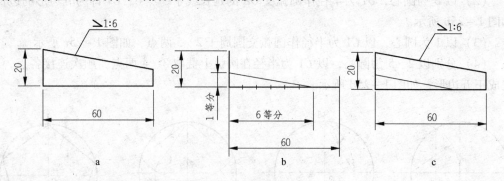

图 1-27　斜度的画法

（二）锥度的画法

锥度是正圆锥的底圆直径 D 与锥高 H 之比。图上标注时一般写成 $1:n$ 的形式。图1-

[1] 陈徇，唐根顺主编. 工程制图基础，第14页，北京：国防科技大学出版社，2006.

28 说明了锥度 1:3 的画法及标注。锥度符号的方向与锥度的方向要一致。

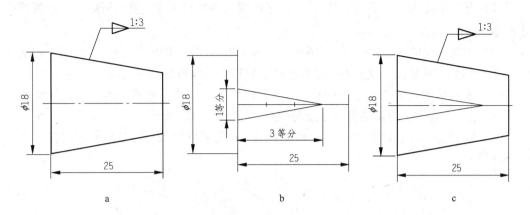

图 1-28　锥度的画法

四、圆弧连接

用已知半径的圆弧光滑连接已知直线或圆弧，称为圆弧连接，光滑连接也就是在连接点处相切。

圆弧连接有三种情况：

（1）用已知半径为 R 的圆弧连接两条已知直线；

（2）用已知半径为 R 的圆弧连接两已知圆弧，其中有外切连接和内切连接之分；

（3）用已知半径为 R 的圆弧连接一条已知直线和一已知圆弧。

（一）圆弧连接两已知直线

作图步骤如下：

（1）已知直线Ⅰ、Ⅱ和连接圆弧的半径 R，如图 1-29a 所示。

（2）在Ⅰ、Ⅱ上各取任意点 a，b，过 a，b 分别作 $aa' \perp$ Ⅰ，$bb' \perp$ Ⅱ，并截取 $aa' = bb' = R$，如图 1-29b 所示。

（3）过 a' 和 b' 分别作Ⅰ和Ⅱ的平行线相交于 O 点，点 O 即为所求连接圆弧的圆心，如图 1-29c 所示。

（4）过 O 分别作Ⅰ和Ⅱ的垂线，得垂足 A、B，即为所求的切点。以 O 为圆心，R 为半径，画出图示 AB 弧即为所求，如图 1-29d 所示。

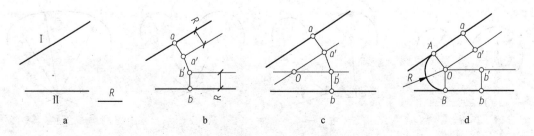

图 1-29　圆弧连接两已知直线的画法

（二）圆弧外切连接两已知圆弧

（1）已知半径为 R_1、R_2 的两圆弧，外连接圆弧的半径为 R，求作圆弧与已知两圆弧外连接，如图 1-30a 所示。

（2）求连接弧的圆心：以 O_1 为圆心，以 $R+R_1$ 为半径画弧，以 O_2 为圆心，以 $R+R_2$ 为半径画弧，两圆弧的交点 O，即为连接弧的圆心，如图 1-30b 所示。

（3）求连接弧的切点：连接 OO_1，与已知圆弧交于 A 点，连接 OO_2，与已知圆弧交于 B 点，点 A、B 即为连接弧与已知弧的切点，如图 1-30c 所示。

（4）以 O 为圆心，以 R 为半径在两切点 A、B 之间作圆弧，即为所求连接弧，如图 1-30d 所示。

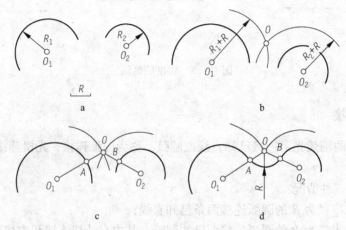

图 1-30　圆弧与两已知圆弧外连接的画法

（三）圆弧内切连接两已知圆弧

（1）已知半径为 R_1、R_2 的两圆弧，内连接圆弧的半径为 R，求作圆弧与已知两圆弧内连接，如图 1-31a 所示。

（2）求连接弧的圆心：以 O_1 为圆心，以 $R-R_1$ 为半径画弧，以 O_2 为圆心，以 $R-R_2$ 为半径画弧，两圆弧的交点 O，即为连接弧的圆心，如图 1-31b 所示。

（3）求连接弧的切点：连接 OO_1 并延长与已知弧的交点为 A，连接 OO_2 并延长与已知弧的交点为 B，则点 A、B 即为连接弧与已知弧的切点，如图 1-31c 所示。

（4）以 O 为圆心，以 R 为半径在两切点 A，B 之间作圆弧，即为所求连接弧。如图 1-31d 所示。

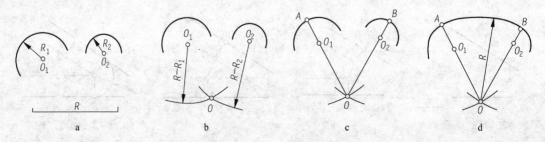

图 1-31　圆弧与两已知圆弧内连接的画法

（四）圆弧与半径为 R_1 的圆弧外切连接与半径为 R_2 的圆弧内切连接

（1）已知半径为 R_1、R_2 的两圆弧，连接圆弧的半径为 R，求作圆弧与已知两圆弧混合连接，如图 1-32a 所示。

（2）求连接弧的圆心：以 O_1 为圆心，以 $R+R_1$ 为半径画弧，以 O_2 为圆心，以 R_2-R 为半径画弧，两圆弧的交点 O，即为连接弧的圆心，如图 1-32b 所示。

（3）求连接弧的切点：连接 OO_1 与已知弧的交点为 A，连接 OO_2 并延长与已知弧的交点为 B，则点 A、B 即为连接弧与已知弧的切点，如图 1-32c 所示。

（4）以 O 为圆心，以 R 为半径在两切点 A、B 之间作圆弧，即为所求连接弧，如图 1-32d 所示。

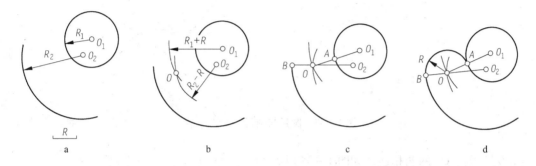

图 1-32 圆弧与两已知圆弧混合连接的画法

（五）圆弧连接一已知直线和一已知圆弧

（1）已知直线 I 及以 R_1 为半径的已知圆弧和连接圆弧的半径 R，求作圆弧与 I 及已知圆弧相连接，如图 1-33a 所示。

（2）求连接弧的圆心：以 O_1 为圆心，以 $R+R_1$ 为半径画弧，并作直线 I 的平行线 II，两平行线之间的距离为 R，平行线 II 与半径为 $R+R_1$ 的圆弧交于 O 点，如图 1-33b 所示。

（3）求连接弧的切点：连接 OO_1 与已知半径 R_1 的圆弧交于 B 点，过点 O 作直线 I 的垂线得垂足 A，点 A 和点 B 即为切点，如图 1-33c 所示。

（4）以 O 为圆心，以 R 为半径在两切点 A、B 之间作圆弧，即为所求连接弧，如图 1-33d 所示。

五、椭圆的近似画法

用四心圆法画椭圆，作图步骤如下：

（1）已知椭圆的长轴 AB 和短轴 CD，求作椭圆。

（2）画垂直平分的长轴 AB 和短轴 CD，如图 1-34a 所示。

（3）连接 AC，以 O 为圆心，OA 为半径画圆弧交 OC 的延长线于一点 E；以 C 为圆心，CE 为半径画圆弧交 AC 于 F，如图 1-34b 所示。

（4）作 AF 的垂直平分线，并与长轴 AB 交于 O_1 点，与短轴 CD 的延长线交于 O_4 点，如图 1-34c 所示。

（5）取 $OO_1=OO_2$，$OO_3=OO_4$，则 O_1、O_2、O_3、O_4 即为椭圆的四个圆心，并将

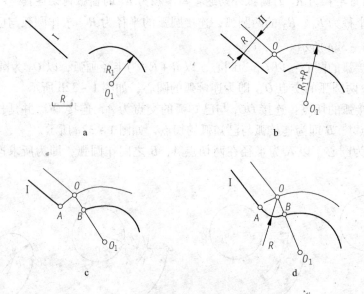

图 1 - 33　圆弧与圆弧、直线连接

O_1、O_2、O_3、O_4 两两相连，如图 1 - 34d 所示。

（6）分别以 O_3、O_4 为圆心，以 O_3D、O_4C 为半径画弧，如图 1 - 34e 所示。

（7）分别以 O_1、O_2 为圆心，以 O_1A、O_2B 为半径画弧，即完成所求的近似椭圆，如图 1 - 34f 所示。

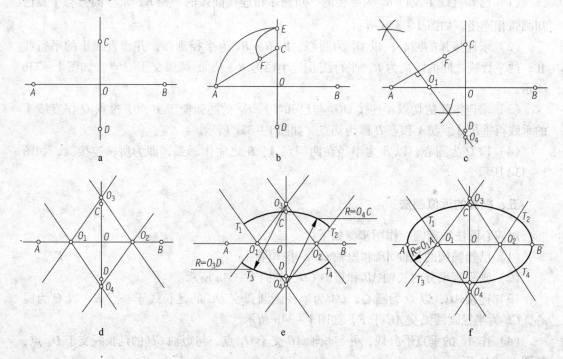

图 1 - 34　四心圆法画椭圆

第四节　平面图形的画法

一、平面图形的尺寸分析[❶]

平面图形上的尺寸分为定形尺寸和定位尺寸两类，而定位尺寸的起点又叫做尺寸基准。

（一）尺寸基准

基准是标注尺寸和绘图的起点，平面图形上常选择图形的对称中心线、图形的底线或边线作为尺寸基准。在图1－35所示的图形中，基准 A 是长度方向的尺寸基准，基准 B 是高度方向的尺寸基准。

（二）定形尺寸

确定平面图形上几何元素形状大小的尺寸叫定形尺寸。如图1－35手柄的平面图形中的 φ5、φ20、15、R12、R15、R10 等尺寸都属于定形尺寸。一般情况下确定几何图形的定形尺寸的个数是一定的，如直线的定形尺寸是长度，圆和圆弧的定形尺寸是直径或半径，矩形的定形尺寸是长和宽等。

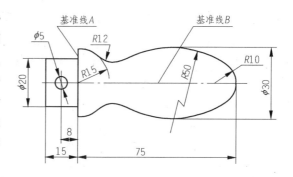

图1－35　手柄平面图形

（三）定位尺寸

确定几何元素相对位置的尺寸叫定位尺寸。在图1－35手柄的平面图形中8这个尺寸，是确定 φ5 圆的位置。在尺寸分析时，常会遇到同一尺寸既可以是定形尺寸也可以是定位尺寸的情况，如图1－35中的75、φ30，它们分别是决定手柄长度和高度的定形尺寸，又是 R10、R50 圆弧的定位尺寸。尺寸分析时，要注意找到典型的定形和定位尺寸。

二、平面图形的线段分析

平面图形的线段可分为三类，已知线段、中间线段和连接线段。平面图形由若干条线段组成，所以要想准确作图就必须依据图样中所注尺寸，了解图形中线段的性质后再着手作图。作图时先画已知线段，再画中间线段，最后画连接线段。

（1）已知线段。定形尺寸和定位尺寸齐全的线段，称已知线段。在图1－35手柄的平面图形中 φ5 的圆、R15、R10 的圆弧都属于已知线段。

（2）中间线段。只有定形尺寸和一个定位尺寸的线段，称中间线段。作图时需根据该线段与相邻已知线段的几何关系，通过几何作图的方法确定另一个定位尺寸后才能正确画出。在图1－35手柄的平面图形中的 R50 的圆弧就属于中间线段。

（3）连接线段。只有定形尺寸没有定位尺寸的线段，称连接线段。作图时其定位尺寸

❶ 云建军主编. 工程制图及计算机绘图，第20页，北京：电子工业出版社，2001.

需根据与该线段相邻的两线段的几何关系，通过几何作图法求出。在图 1 - 35 手柄的平面图形中的 $R12$ 的圆弧属于连接线段。

三、平面图形的画法

根据以上分析，手柄的平面图形的画图步骤如图 1 - 36 所示。

（1）画基准线、定位线。画出尺寸基准 A、B 直线，在距 A 线为 8、15、75 的地方作三条与 B 线垂直的定位线，如图 1 - 36a 所示。

（2）画已知线段。画已知弧 $R15$，$R10$，$\phi5$ 及 $\phi20$ 的已知线段，如图 1 - 36b 所示。

（3）画中间线段。先作与 B 线平行且与 B 线距离等于 15 的 II、III 两条辅助线；再作 I、IV 两条平行 B 线的辅助线，使 I、III 线与 II、IV 线之间均相距 50；以 O 为圆心，$R_1 = 50 - 10$ 为半径作弧与 I、IV 线交于 O_1、O_2，即得中间弧 $R50$ 圆心；连接 O_1O 并延长与 $R10$ 的圆弧交于 T_1、连接 O_2O 并延长与 $R10$ 的圆弧交于 T_2，T_1、T_2 即为连接圆弧的切点，圆弧 $R50$ 与 $R10$ 弧内切连接，如图 1 - 36c 所示。

（4）画连接线段。分别以 O_1、O_2 为圆心，$R_2 = 50 + 12$ 为半径作弧，以 O_5 为圆心，$R_3 = 15 + 12$ 为半径，得交点 O_3、O_4，即得连接弧 $R12$ 的圆心；再连 O_3O_5、O_4O_5 与 $R15$ 弧相交于 T_3、T_4 两切点；连 O_2O_3、O_1O_4 与 $R50$ 弧相交于 T_5、T_6 两切点；作连接弧 $R12$ 与 $R15$、$R50$ 外切连接。如图 1 - 36d 所示。

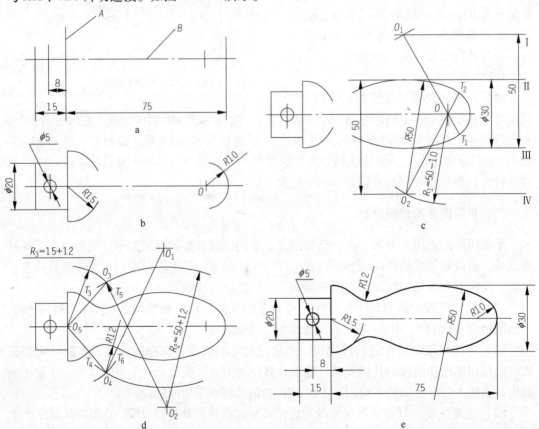

图 1 - 36   手柄平面图形的绘图步骤

（5）标注尺寸、加深图线。检查全图，擦去作图线，标注尺寸，加深图线即完成手柄图形，如图 1-36e 所示。

四、平面图形的尺寸标注

平面图形标注尺寸的基本要求是：正确、完整和清晰。

标注尺寸首先要遵守国家标准有关尺寸的基本规定，通常先标注定形尺寸，再标注定位尺寸。通过几何作图可以确定的线段，不要标注尺寸。尺寸标注完成后要检查是否有遗漏和重复。在作图过程中没有用到的尺寸是重复尺寸，要删除；如果按所注尺寸无法完成作图的，说明尺寸不齐全，应补全所需尺寸。标注尺寸时要注意布局清晰。图 1-37 所示为平面图形尺寸注法举例。

其方法和步骤如下：

（1）先在水平及竖直方向各选定尺寸基准。

（2）进行线段分析，即确定已知线段、中间线段和连接线段。

（3）按已知线段、中间线段、连接线段的顺序逐个标注尺寸。

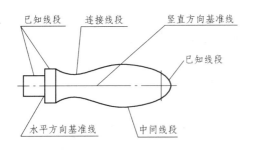

a

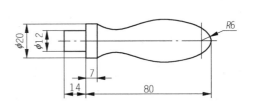

b

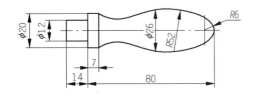

c

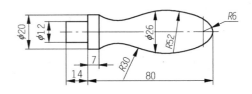

d

图 1-37　平面图形尺寸注法示例

a—进行线段分析；b—注出已知线段尺寸；c—注出中间线段尺寸；d—注出连接线段尺寸

图 1-38 列出了几种常用平面图形尺寸的标注示例。

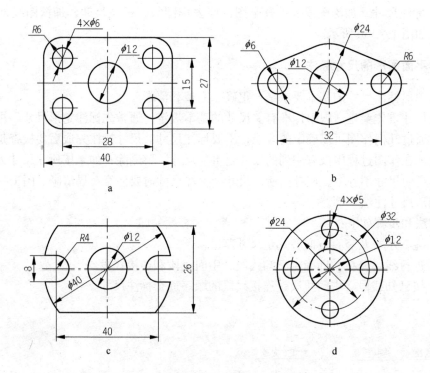

图 1 – 38　几种常用平面图形尺寸的标注示例

第二章　物体几何要素的投影

第一节　投影的基本知识

一、投影法分类

在日常生活中，用灯光或日光照射物体，在地面或墙壁上就会产生影子。影子在某些方面反映出物体的形状特征，这就是常见的投影现象。人们根据生产活动的需要，对这种现象加以抽象和总结，逐步形成了投影法。

所谓投影法，就是一组投射线通过物体射向预定平面上得到图形的方法。预定平面 P 称为投影面，在 P 面上所得到的图形 $abcd$ 称为投影，如图 2-1 所示。

工程上常见的投影法有中心投影法和平行投影法。

（一）中心投影法

如图 2-1a 所示，投射线交于一点的投影法称为中心投影法。用中心投影法作出的图像在工程上称为透视图，如图 2-1b 所示，常用来绘制建筑物的外观，具有较强的立体感，但作图复杂，量度性较差。

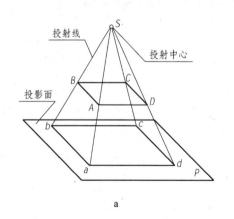

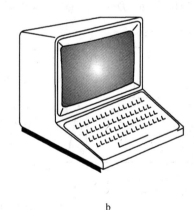

a

b

图 2-1　中心投影法

a—中心投影；b—透视图实例

（二）平行投影法

如图 2-2 所示，投射线相互平行的投影法称为平行投影法。平行投影法又分为斜投影法和正投影法。

（1）斜投影法。投射线相互平行且与投影面倾斜的投影称为斜投影，如图 2-2a 所示，工程中用得较少，可以用来绘制斜轴测图。

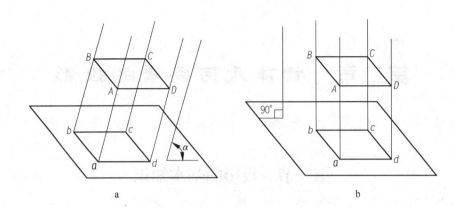

图 2 - 2　平行投影法

（2）正投影法。投射线垂直于投影面的投影法称为正投影，如图 2 - 2b 所示。

由于正投影能反映物体的真实形状和大小，量度性好，作图也比较方便，所以绘制机械图样时主要采用正投影法。正投影又简称投影。本书除第五章中的斜轴测图以外，都属于正投影。

二、正投影法的主要特性

（一）真实性

当直线与投影面平行时，则直线在该投影面上的投影反映实长。当平面与投影面平行时，则平面在该投影面上的投影反映实形。如图 2 - 3a 所示，直线 AB 平行于投影面 P，则直线 AB 在投影面上的投影 ab 反映直线 AB 的实长；平面 CDE 平行于投影面 P，则其投影 cde 反映平面 CDE 的实形。直线和平面的这种投影性质称为投影的真实性。

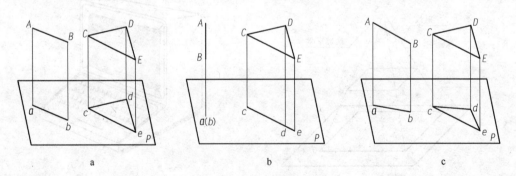

图 2 - 3　正投影的基本特性
a—真实性；b—积聚性；c—类似性

（二）积聚性

当直线与投影面垂直时，则直线在该投影面上的投影积聚为一点。当平面与投影面垂直时，则平面在该投影面上的投影积聚为一条直线。如图 2 - 3b 所示，直线 AB 垂直于投影面 P，则直线 AB 在投影面上的投影积聚为一点 a（b）；平面 CDE 垂直于投影面 P，则平面 CDE 的投影积聚为一直线段 cde。直线和平面的这种投影性质称为投影的积聚性。

（三）类似性

当直线与投影面倾斜时，则直线在该投影面上的投影为缩短的直线。当平面与投影面倾斜时，则平面在该投影面上的投影为缩小的类似平面。如图 2 - 3c 所示，直线 AB 倾斜于投影面，则直线 AB 在投影面上的投影为缩短的直线 ab；平面 CDE 倾斜于投影面 P，则平面 CDE 的投影 cde 为类似于 CDE 的平面。直线和平面的这种投影性质称为投影的类似性。

第二节　点 的 投 影

一、点的投影规律❶

如图 2 - 4a 所示，过空间 A 点向投影面 H 作投射线，与 H 面相交，交点 a 即是 A 点在投影面上的投影。所以，空间点在确定的投影面 H 上的投影是唯一的。

反之，如图 2 - 4b 所示，若已知点 A 的一个投影 a，过 a 作垂直于投影面 H 的投射线，空间点 A、A_1、A_2…各点都可能是投影 a 对应的空间点。所以，已知空间点的一个投影不能唯一确定该点的空间位置。

为此，可以再增加一个与 H 面垂直的投影面 V，如图 2 - 4c 所示，在 V 面上得到 A 点的另一个投影 a'，由点的两个投影，才能唯一确定点的空间位置。

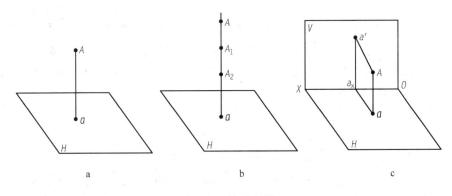

图 2 - 4　点的投影

二、点的三面投影

由前述可知，点的两个投影即可确定该点的空间位置，但对于较复杂的物体，则需要三个投影面上的投影表示。因此，需要研究点在三面投影体系中的投影规律。

（一）三面投影体系的建立和点的三面投影图的形成

在图 2 - 4c 所示的两投影面基础上，再加一个投影面 W，使之同时垂直于 V 面和 H 面，如图 2 - 5a 所示，这就构成三面投影体系。其中，三个投影面分别称为：正面投影面或 V 面；水平投影面或 H 面；侧面投影面或 W 面。V 面与 H 面交于 OX 轴；H 面与 W 面

❶ 北京邮电大学工程画教研室编. 工程制图及计算机绘图基础，第 24 页，北京：人民邮电出版社，2002.

交于 OY 轴；V 面与 W 面交于 OZ 轴；OX、OY、OZ 称为投影轴，它们的交点 O 称为原点。

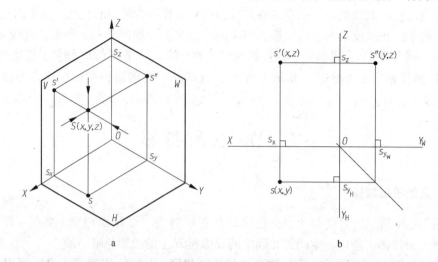

图 2－5　点在三投影面体系中的投影及点的投影与坐标的关系

由空间点 S 向 V 面作垂线，得到点 S 在 V 面上的投影为 s'，由空间点 S 向 H 面作垂线，得到点 S 在 H 面上的投影为 s，由空间点 S 向 W 面作垂线，得到点 S 在 W 面上的投影为 s''。S 点的三个投影分别为：正面投影 s'，水平投影 s，侧面投影 s''。

为了使三个投影面处于同一平面上，我们把空间投影面展开，展开的方法是：V 面不动，H 面绕 OX 轴向下旋转 90°，W 面绕 OZ 轴向后旋转 90°，则 H 面、V 面与 W 面均处于同一平面上。三个投影面展开后，空间的 OY 轴分为两部分，在 H 面上的用 OY_H 表示，在 W 面上的用 OY_W 表示。它们表示的都是空间 OY 轴，展开后如图 2－5b 所示。

（二）点在三面投影图中的投影规律

从图 2－5b 中可以归纳出点的投影规律：

（1）点的正面投影和水平投影的连线垂直于 OX 轴，即 $s's \perp OX$。

（2）点的正面投影和侧面投影的连线垂直于 OZ 轴，即 $s's'' \perp OZ$。

（3）点的水平投影到 OX 轴的距离等于其侧面投影到 OZ 轴的距离，即 $ss_x = s''s_z$。

例 2－1：已知 A 点两个投影 a'、a，如图 2－6a 所示，求第三投影 a''。

作图步骤：

（1）由 O 点作与水平线成 45°角的线。

（2）由 a' 作 OZ 的垂线，交 OZ 轴并延长。

（3）由 a 作 OY_H 轴垂线，并延长与 45°线相交，由此交点再作 OY_W 轴垂线与过 a' 的垂线交于一点，即为 a''，如图 2－6b 所示。

（三）点的投影与坐标之间的关系

在三面投影体系中，由于 OX、OY、OZ 轴相互垂直，O 为原点，这就可以将其看成是直角坐标系中的坐标轴。空间点的位置就可由三个坐标 X、Y、Z 表示，它们分别代表点到 W、V、H 面的距离，如图 2－5a 所示。

在点的三面投影图中，点的每个投影都可以由两个坐标确定，如图 2－5b 所示。若已知空间一点 A 的坐标为（X、Y、Z），则 A 点的正面投影 a' 由（X、Z）确定；点的水平

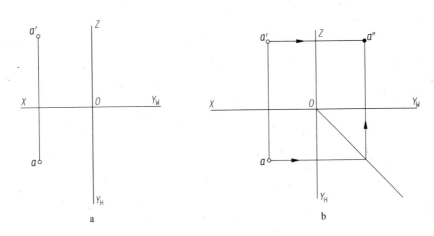

a　　　　　　　　　　　　b

图2-6　已知点的两面投影求第三面投影

投影 a 由（X、Y）确定；点的侧面投影 a'' 由（Y、Z）确定。由此可知，点的任意两个投影都包含三个坐标，即两个投影可确定点的空间位置。利用投影和坐标的关系，就可由点的两个投影量出三个坐标，也可由已知点的三个坐标画出点的三个投影。

三、空间两点的相对位置

（一）两点的相对位置

如图2-7所示，已知 A、B 两点的三面投影，可知两点的坐标 A（X_A、Y_A、Z_A）、B（X_B、Y_B、Z_B），可判定两点在空间的相对位置（即左右、前后、上下）。

若以 A 点为基准，因 $X_A < X_B$，则 B 点在 A 点的左方，可由两点的正面投影或水平投影来判定；$Y_A > Y_B$，则 B 点在 A 点的后方，由两点的水平投影或侧面投影可判定；$Z_A > Z_B$，则 B 点在 A 点的下方，由两点的正面投影或侧面投影来判定。

综上所述，A、B 两点的相对位置是 B 点在 A 点的左、后、下方。

空间两点的相对位置可归纳为：X 坐标大者在左小者在右；Y 坐标大者在前小者在后；Z 坐标大者在上小者在下。

图2-7　两点的相对位置

（二）重影点及其可见性

如图2-8a所示，当 A、B 两点位于 H 面的同一条投射线上时，该两点在 H 面上的投影 a、b 就重合为一点，这一特性称为重影性。

空间两点在某一投影面上两个投影重合于一点，则该两点称为对此投影面的重影点。

重影点的两个坐标相同，但第三个坐标不同，如图2-8b所示，A、B 对 H 面重影时，$X_a = X_b$，$Y_a = Y_b$，$Z_a \neq Z_b$。

　　空间两点的投影重合时，应判别该两点的可见性，即两点空间的相对位置。在图 2-8b中，A、B 两点在 H 面上重影，其 Z 坐标不同，$Z_a > Z_b$，即 A 点距 H 面远为可见，B 点距 H 面近为不可见，不可见的投影规定要加括号，写成 (b)。同理，若两点在 V 面上重影，其 Y 坐标不等，Y 值大者距 V 面远为可见，Y 值小者距 V 面近为不可见；若两点在 W 面上重影，其 X 值不等，X 值大者距 W 面远为可见，X 值小者距 W 面近为不可见。也可以归纳成一句话：正面重影点前可见后不可见，水平重影点上可见下不可见，侧面重影点左可见右不可见。

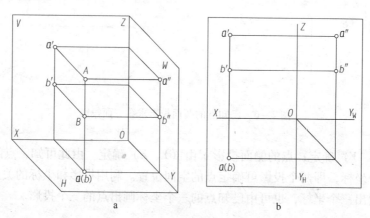

图 2-8　重影点及可见性的判别

第三节　直线的投影

一、直线的投影

　　直线的投影一般仍为直线，当直线与投影面垂直时，直线的投影可积聚为一点。由于两点决定一直线，因此，直线的投影可由直线上任意两点的投影来决定。如图 2-9 所示，已知直线上两点 A、B 的坐标，先作出两端点的三面投影，将两点同名投影相连，就得到直线的投影 $a'b'$、ab、$a''b''$。

二、各种位置直线的投影特性

　　根据直线对投影面的相对位置的不同，直线可以分为三种类型：

　　（1）投影面的平行线：平行于一个投影面与另外两个投影面倾斜的直线，称为投影面的平行线。

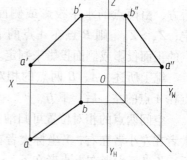

图 2-9　直线的三面投影

　　（2）投影面的垂直线：垂直于一个投影面与另外两个投影面平行的直线，称为投影面的垂直线。

　　（3）一般位置直线：与三投影面都倾斜的直线，称为投影面的倾斜线，又叫一般位置直线。

　　前两种为特殊位置直线，下面分别讨论它们的投影特性。

（一）投影面平行线

根据直线平行于不同的投影面，投影面的平行线又可以分为三种线：正平线、水平线、侧平线。

（1）正平线：平行于 V 面，倾斜于 H 面，倾斜于 W 面。

（2）水平线：平行于 H 面，倾斜于 V 面，倾斜于 W 面。

（3）侧平线：平行于 W 面，倾斜于 V 面，倾斜于 H 面。

根据表 2-1 所述三种平行线的投影特性，归纳出投影面平行线的投影规律：

（1）在所平行的投影图上的投影反映直线段实长。该投影与投影轴的夹角等于直线与相应投影面的倾角。

（2）直线的另外两个投影分别平行相应的投影轴且小于实长。

表 2-1　投影面平行线的投影特性

名　称	立体图	立体的投影图	投影面平行线的投影图	投影特性
正平线	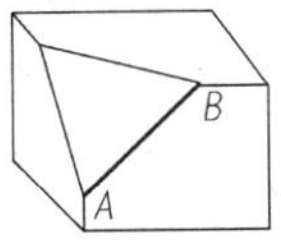	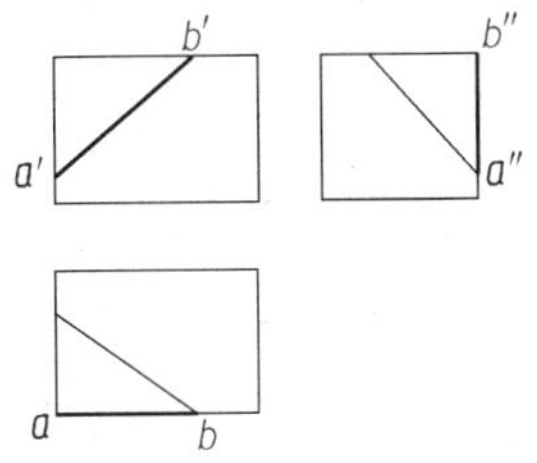	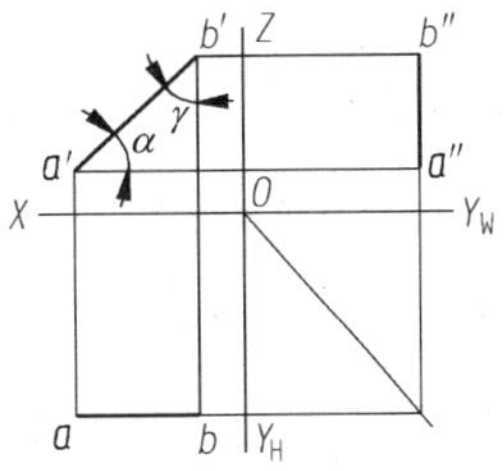	1. $ab//OX$，$a''b''$ $//OZ$，长度缩短； 2. $a'b'$ 反映实长； 3. α、γ 为实角，$\beta=0°$
水平线	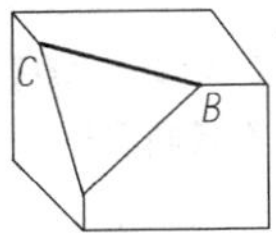	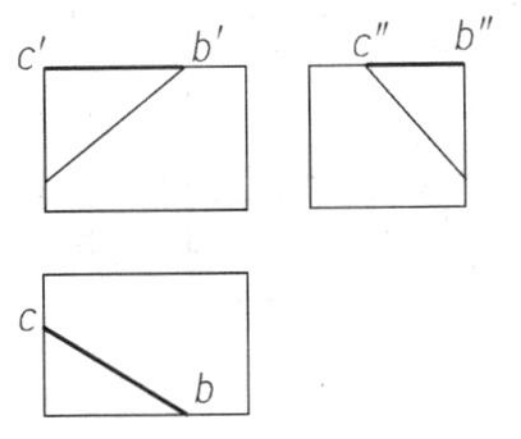	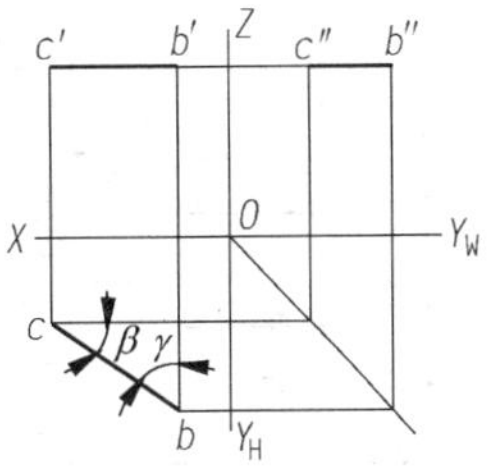	1. $c'b'//OX$，$c''b''$ $//OY_W$，长度缩短； 2. cb 反映实长； 3. β、γ 为实角，$\alpha=0°$
侧平线	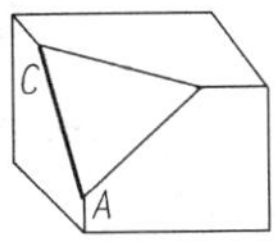	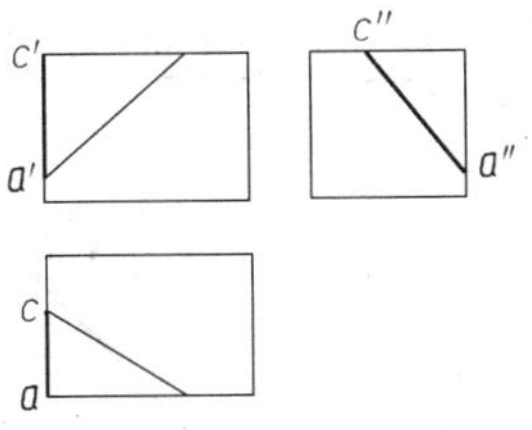	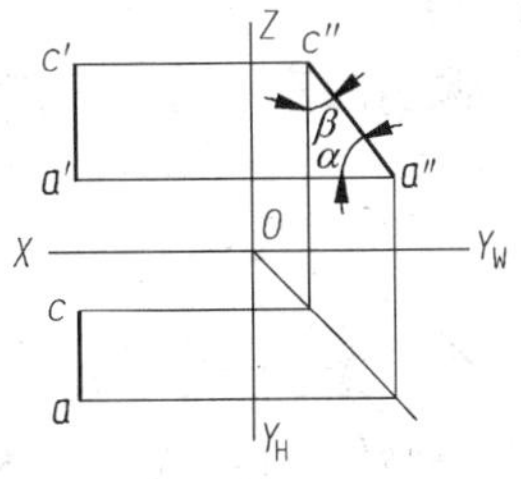	1. $c'a'//OZ$，$ca//$ OY_H，长度缩短； 2. $c''a''$ 反映实长； 3. α、β 为实角，$\gamma=0°$

（二）投影面垂直线

根据直线垂直于不同的投影面，投影面的垂直线又可以分为三种线：正垂线、铅垂线、侧垂线。

（1）正垂线：垂直于 V 面，平行于 H 面，平行于 W 面。

（2）铅垂线：垂直于 H 面，平行于 V 面，平行于 W 面。

（3）侧垂线：垂直于 W 面，平行于 V 面，平行于 H 面。

　　根据表 2-2 所述三种垂直线的投影特性，归纳出投影面垂直线的投影规律：

（1）在所垂直投影面上的投影积聚为一点。

（2）直线的另两个投影均反映直线实长并分别垂直于相应的投影轴。

表 2-2　投影面垂直线的投影特性

名　称	立体图	立体的投影图	投影面垂直线的投影图	投影特性
正垂线				1. $a'b'$ 积聚成一点； 2. $ab//OY_H$，$a''b''//OY_W$，并反映实长
铅垂线				1. ac 积聚成一点； 2. $a'c'//OZ$，$a''c''//OZ$，并反映实长
侧垂线				1. $a''d''$ 积聚成一点； 2. $a'd'//OX$，$ad//OX$，并反映实长

（三）一般位置直线

　　与三个投影面都倾斜的直线称为一般位置直线，如图 2-10 所示，其投影特性是：

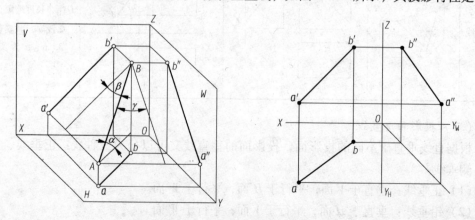

图 2-10　一般位置直线的投影特性

（1）ab、$a'b'$和$a''b''$三个投影均小于实长；

（2）三个投影与相应投影轴的夹角均不反映空间直线对投影面的夹角。

第四节　平面的投影

一、平面的表示法

决定空间平面的几何要素有以下几个：

（1）不在同一直线上的三点，如图 2－11a，A、B、C 三点决定一平面。

（2）一直线和直线外一点，如图 2－11b，AB 直线和 C 点决定一平面。

（3）相交二直线，如图 2－11c，AB 和 BC 相交二直线决定一平面。

（4）平行二直线，如图 2－11d，AB 和过 C 点的平行二直线决定一平面。

（5）三角形或其他平面图形，如图 2－11e，ABC 三角形决定一平面。

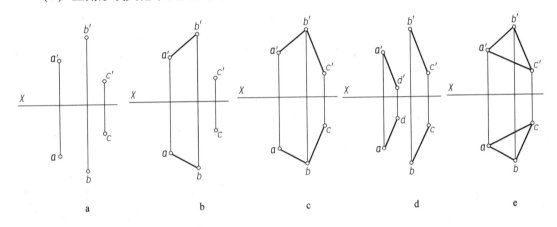

图 2－11　决定平面的几何要素

为了表达方便，我们通常采用平面图形，如三角形或平行四边形等表示平面。

二、各种位置平面的投影特性

根据平面对投影面的相对位置的不同，平面可以分为三种类型：

（1）投影面的平行面：平行于一个投影面与另外两个投影面垂直的平面，称为投影面的平行面。

（2）投影面的垂直面：垂直于一个投影面与另外两个投影面倾斜的平面，称为投影面的垂直面。

（3）一般位置平面：与三投影面都倾斜的平面，就称为一般位置平面。

前两种为特殊位置平面，下面分别讨论它们的投影特性。

（一）投影面平行面

根据平面平行于不同的投影面，投影面的平行面又可以分为三种面：正平面、水平面、侧平面。

（1）正平面：平行于 V 面，垂直于 H 面，垂直于 W 面。

（2）水平面：平行于 H 面，垂直于 V 面，垂直于 W 面。

（3）侧平面：平行于 W 面，垂直于 V 面，垂直于 H 面。

其投影特性见表 2 – 3。

表 2 – 3　投影面的平行面

名　称	立　体　图	投　影　图	投影特性
水平面 （// H）	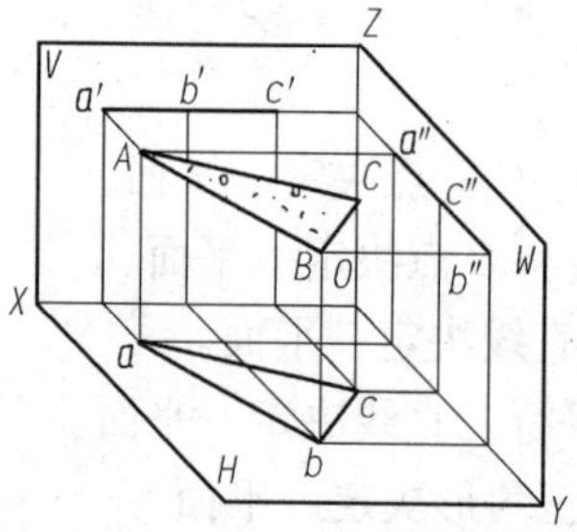	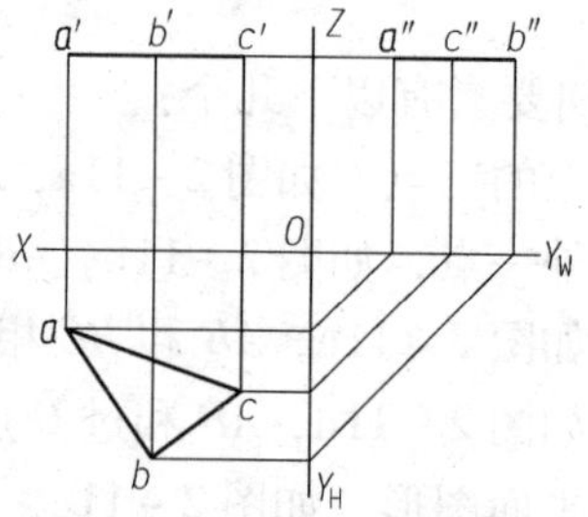	1. H 投影反映实形； 2. V、W 投影分别为平行 OX、OY_W 轴的直线段，有积聚性
正平面 （// V）	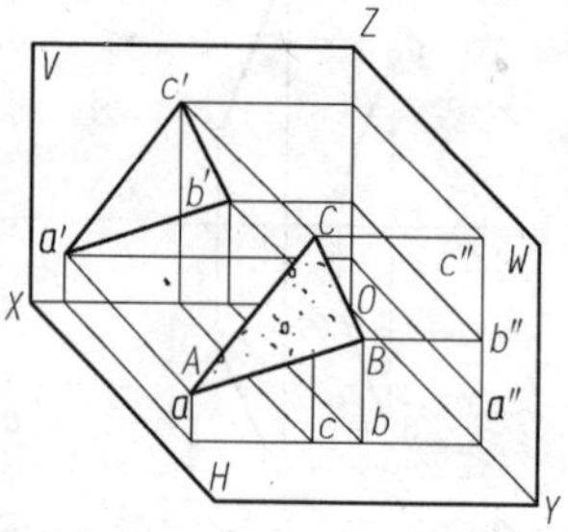	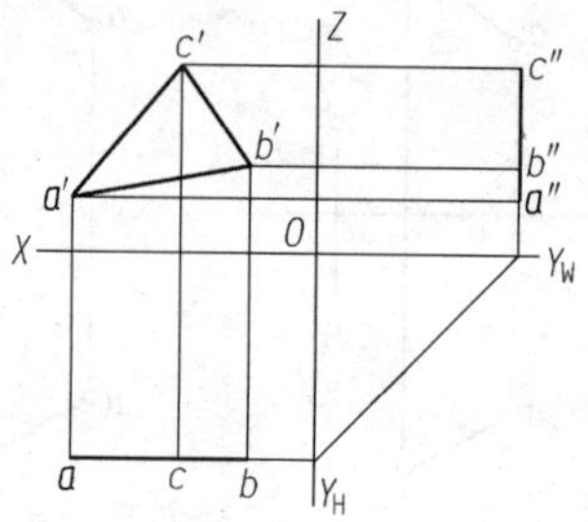	1. V 投影反映实形； 2. H、W 投影分别为平行 OX、OZ 轴的直线段，有积聚性
侧平面 （// W）	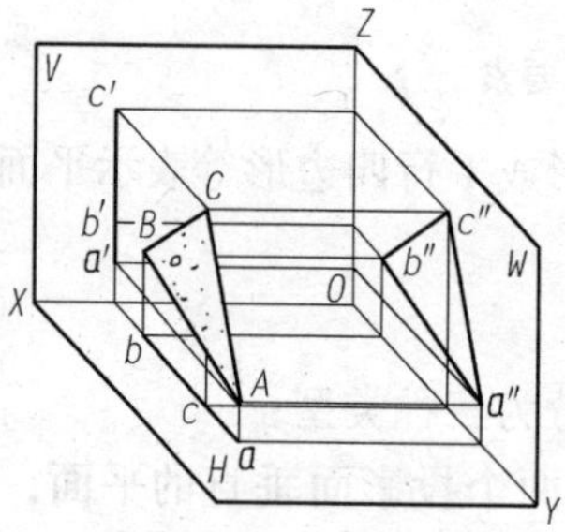	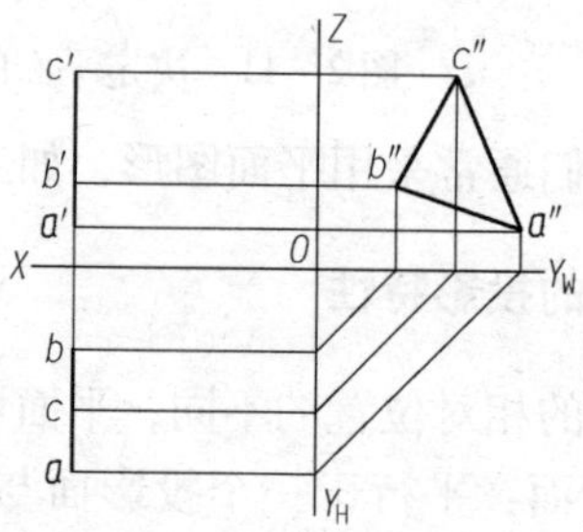	1. W 投影反映实形； 2. V、H 投影分别为平行 OZ、OY_H 轴的直线，有积聚性

归纳表 2 – 3 的内容，投影面平行面的投影特性如下：

（1）在所平行的投影面上的投影反映平面的实形。

（2）在另两个投影面上的投影积聚为一条直线，且平行于相应的投影轴。

（二）投影面垂直面

根据平面垂直于不同的投影面，投影面的垂直面又可以分为三种面：正垂面、铅垂面、侧垂面。

（1）正垂面：垂直于 V 面，倾斜于 H 面，倾斜于 W 面。

（2）铅垂面：垂直于 H 面，倾斜于 V 面，倾斜于 W 面。

（3）侧垂面：垂直于 W 面，倾斜于 V 面，倾斜于 H 面。

归纳表 2-4 的内容，投影面垂直面的投影特性如下：

（1）在其垂直的投影面上的投影积聚为一条直线，其投影与投影轴的夹角分别反映平面对另两个投影面的真实倾角。

（2）在另两个投影面上的投影为缩小的类似形。

表 2-4 投影面的垂直面

名 称	立 体 图	投 影 图	投 影 特 性
铅垂面 （⊥H，对 V、W 面 倾斜）			1. H 投影为斜直线，有积聚性，且反映 β、γ 大小； 2. V、W 投影不是实形，但有类似性
正垂面 （⊥V，对 H、W 面 倾斜）			1. V 投影为斜直线，有积聚性，且反映 α、γ 大小； 2. H、W 投影不是实形，但有类似性
侧垂面 （⊥W，对 H、V 面 倾斜）			1. W 投影为斜直线，有积聚性，且反映 α、β 大小； 2. H、V 投影不是实形，但有类似性

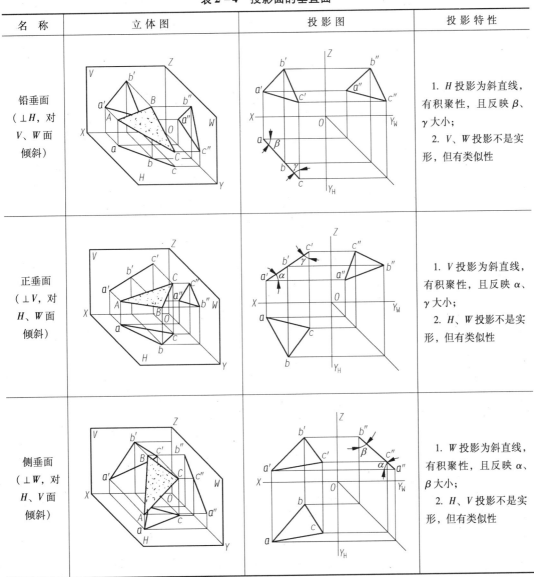

（三）一般位置平面

与三个投影面都倾斜的平面叫一般位置平面，如图 2-12a 所示。

一般位置平面的投影特性如下：在三个投影面上的投影均为缩小的类似形，不反映平面对投影面的倾角，如图 2-12b 所示。

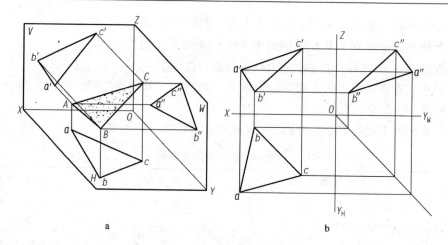

a　　　　　　　　　　　　　　　　　b

图 2 - 12　一般位置平面

第三章 基本立体

第一节 基本立体的投影及三视图

一、三面投影体系

使用正投影法,把物体放在观察者和投影面之间,用观察者的视线代替投射线,并假想视线互相平行且垂直于投影面,这样得到的投影图按技术制图国家标准规定称为视图。用一个投影面只能画出物体的一个视图,它只能反映平行于投影面的两个坐标方向的物体大小和形状,而不能表达物体的整体大小和形状。如图 3 – 1 所示,空间形状完全不同的三个物体,它们在同一投影面上的投影完全相同,所以,一个投影面不能反映空间物体的真实形状。为了表示物体的整体大小和形状,必须从几个方向来观察,即从几个方向画出物体的投影图。工程上常用三投影面体系来表达简单物体的形状。

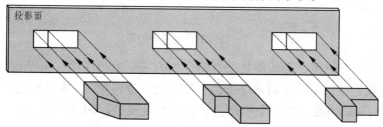

图 3 – 1 一个视图不能确定物体的形状

如图 3 – 2a 所示,为三个相互垂直的投影面,处于正立位置的投影面为正投影面 V 简称正面、处于水平位置的投影面为水平投影面 H 简称水平面、处于侧立位置的投影面为侧投影面 W 简称侧面,这三个面就构成投影的三投影面体系。这三个投影面的交线 OX、OY、OZ 称为投影轴,它们分别表示物体长、宽、高三个测量方向,图 3 – 2b、图 3 – 2c 为展开图。

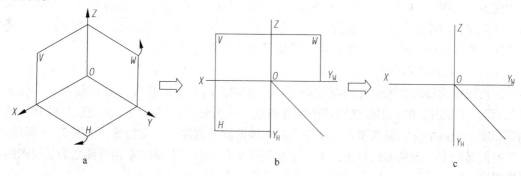

图 3 – 2 三投影面体系

二、三视图的形成及投影规律

（一）三视图的形成

如图 3-3a 所示，把物体放到三投影面体系中，按正投影法向各投影面投射，即可分别得到正面投影、水平投影和侧面投影。在工程图样中，根据有关标准绘制的多面正投影图，又称为视图。

（1）从前方向后投射，得到物体在 V 面上的投影称为主视图。

（2）从上方向下投射，得到物体在 H 面上的投影称为俯视图。

（3）从左方向右投射，得到物体在 W 面上的投影称为左视图。

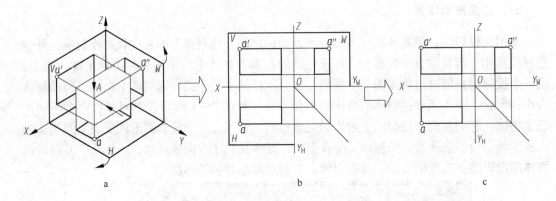

图 3-3　物体的三面投影的形成

为了画图和看图方便，必须使处于空间位置的三个视图在同一个平面上表示出来，展开方法是：规定正面不动，将水平面绕 OX 轴向下旋转 90°，将侧面绕 OZ 轴向后旋转 90°，使它们与正面处在同一个平面上，在旋转过程中，OY 轴一分为二，在 H 面上的 Y 轴用 Y_H 表示，在 W 面上的 Y 轴用 Y_W 表示。展开后如图 3-3b 所示。将投影面去掉，得到如图 3-3c 所示的三视图。各视图的位置配置为：主视图的位置确定后，俯视图放在主视图的下方，左视图放在主视图的右方，而且三者之间应对正，即保持投影关系。

（二）物体三视图与物体的方位关系

物体的三视图是从物体的三个方向表达同一物体的形状，因此，三视图之间必然有内在的联系，从图 3-4 可以看出：主视图反映了物体上、下、左、右的方位，反映物体的长度和高度，俯视图反映了物体前、后、左、右的方位，反映了物体的长度和宽度，左视图反映了物体的前、后、上、下方位，反映了物体的宽度和高度。

（三）三视图的投影规律

三视图中的每两个视图之间都反映了一个相同方向同等的长度，通常称为"三等关系"，即：主视图、俯视图反映物体的同等长度——长对正；主视图、左视图反映物体的同等高度——高平齐；俯视图、左视图反映物体的同等宽度——宽相等，如图 3-4 所示。

我们又把主、俯视图长对正；主、左视图高平齐；俯、左视图宽相等称之为三视图的投影规律。

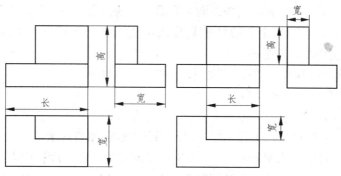

图 3-4　三视图的投影规律

第二节　平面立体的投影

平面立体的各个表面均为平面多边形，多边形的边即各表面的交线也叫棱线，因此，画平面立体的投影可归结为画出它的所有棱线交点的投影，然后判断其可见性，将可见的棱线画成粗实线；不可见的画成虚线。

常用的平面立体有棱柱和棱锥。

一、棱柱的三视图及其表面点的投影

（一）六棱柱的形体分析

图 3-5 为一正六棱柱的投影。它有两个顶面和六个棱面，如图 3-5a 所示，其顶面和底面均为水平面，它们的水平投影反映实形，正面及侧面投影积聚为一直线。六棱柱有六个侧棱面，前后两个为正平面，它们的正面投影反映实形，水平投影及侧面投影积聚为一直线。其他四个侧棱面均为铅垂面，其水平投影均积聚为直线，正面投影和侧面投影均为类似形。

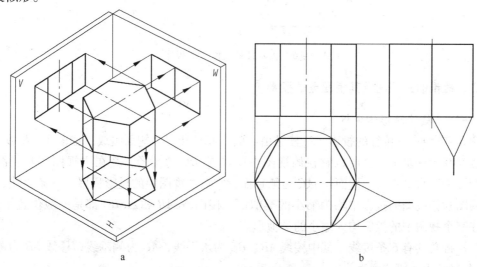

a　　　　　　　　　　　　　　　b

图 3-5　正六棱柱的三视图

（二）作六棱柱的三视图

（1）用点画线画出正六棱柱的三视图的对称中心线，用细实线画出主视图、左视图中底面的基准线，用细实线画出反映顶面和底面实形的俯视图——正六边形。

（2）根据"长对正"和正六棱柱的高度用细实线画出主视图，根据"高平齐"及"宽相等"，用细实线画出左视图。

（3）检查无误后用粗实线加深三视图，如图 3-5b 所示。

（三）求六棱柱表面点的投影

在平面立体表面上取点，其原理和平面上取点是完全一样的。正六棱柱的表面都处于特殊位置，因此，六棱柱表面上点的投影可利用积聚性作图直接求得。

如已知顶面上 C 点的水平投影 c，要求它的正面投影 c' 和侧面投影 c''。可根据顶面为水平面，它的正面投影和侧面投影都积聚为直线，所以 c'、c'' 必定积聚在同面投影的直线上，利用投影规律由 c 求出 c' 和 c''，如图 3-6 所示。

又如已知棱面上 A 点的正面投影 a'，要求它的水平投影 a 和侧面投影 a''。由于 A 点落在铅垂面上，其水平投影积聚为一条直线，a 点必定积聚在该条直线上，又根据 A 点的正面投影可见，可知 A 点落在前方，利用"长对正"可直接求得 a，再根据 a'、a 求得 a''，如图 3-6 所示。B 点的投影求法相同。

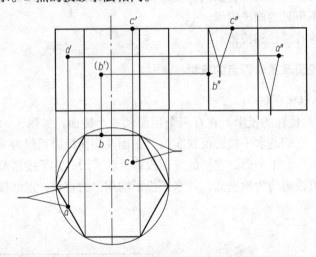

图 3-6　正六棱柱表面点的投影

二、棱锥的三视图及其表面点的投影

（一）三棱锥的形体分析

图 3-7 为一三棱锥的投影。三棱锥由底面 $\triangle ABC$ 和三个侧面组成，如图 3-7a 所示。底面 $\triangle ABC$ 为一水平面，所以它在俯视图中反映 $\triangle ABC$ 的实形，其在主视图和左视图的投影积聚为一水平直线。棱面 $\triangle SAC$ 为侧垂面，它在左视图中的投影积聚为一条直线，而在主视图和俯视图的投影中均为缩小的类似形。棱面 $\triangle SAB$ 和 $\triangle SBC$ 都是一般位置平面，它们在三个视图中的投影均为缩小的类似形。

三棱锥总共有 6 条棱线，其中棱线 AB、BC 为水平线，AC 为侧垂线，棱线 SB 为侧平线，SA、SC 为一般位置直线。

（二）作三棱锥的三视图

（1）用细点划线画出正三棱锥在主视图和俯视图的对称中心线。用细实线画出底面

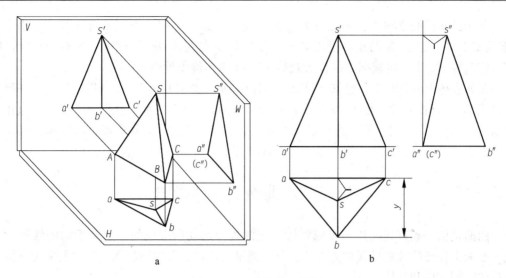

图 3－7　三棱锥的三视图

在三视图中的投影。

（2）画出顶点 S 的三面投影，用实线画出棱线 SA、SB、SC 的三面投影，得到三个棱面的三面投影。

（3）检查无误后用粗实线加深三视图的轮廓线，如图 3－7b 所示。

（三）求三棱锥表面上点的投影

由于三棱锥的表面有两种类型：特殊位置平面和一般位置平面，所以在求棱锥表面上点的时候，要看所求的点是落在哪个面上再确定求解的方法：

（1）在特殊位置平面上点的投影，可利用积聚性作图直接求得。

（2）在一般位置平面上点的投影，可以利用辅助直线的方法求得，如图 3－8 所示。

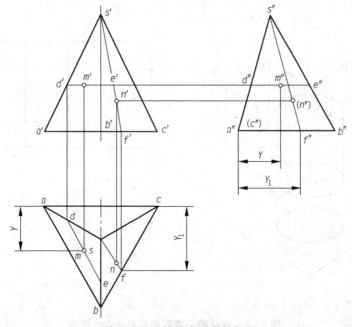

图 3－8　三棱锥表面点的投影

例如已知棱面△SAB上M点的H面投影m，要求m′、m″，可利用通过M点的水平线DE为辅直线，先求de的正面投影d′e′，由于M点在直线DE上，所以M点的正面投影m′一定落在d′e′上，再根据点的投影规律求出M点的侧面投影m″。

又如在棱面△SBC上，已知N点的V面投影n′，要求n、n″，可利用过顶点的一般位置直线SF为辅助直线，根据s′f′的正面投影先求出直线SF的水平投影sf，由于N点在直线SF上，所以N点的水平投影一定落在sf上，再根据点的投影规律即可求出n″。因N点在棱面△SBC上，而△SBC的W面投影为不可见，故n″不可见，表示为（n″）。

第三节　曲面立体的投影

曲面是由一条直线或是一段圆弧按一定的规律运动所形成的，这条运动的线称为母线，曲面上任意位置的母线称为素线。母线绕轴线旋转，形成回转面。常见的曲面立体有圆柱体、圆锥体和球体。

一、圆柱的三视图及表面点的投影

（一）圆柱的形体分析

圆柱是以一母线绕与它平行的轴线旋转一周所形成的面称为圆柱面。圆柱面和两端平面围成圆柱体，简称圆柱。

如图3-9a所示，圆柱是一个轴线为铅垂线的圆柱体。圆柱由圆柱面和上、下两底面组成。由于圆柱轴线垂直于水平面，所以圆柱面的水平面投影积聚为一个圆，同时，此投影也是两底面的投影。两底面在正面投影和侧面投影都积聚为一条直线，而圆柱面的正面和侧面投影要画出决定其投影范围的外形轮廓线，该线也是圆柱面上可见与不可见部分的分界线。

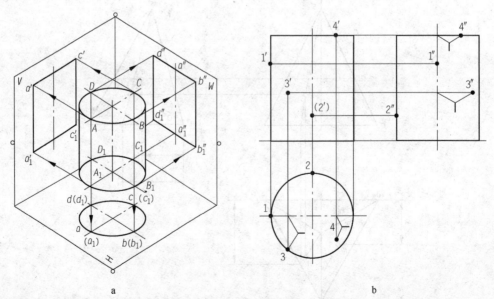

a　　　　　　　　　　　　　　　b

图3-9　圆柱的三视图及其表面点的投影

（二）作圆柱的三视图

圆柱三视图的作图步骤如下（见图 3 - 9b）：

（1）先用细点划线画出圆柱轴线的正面投影和水平面投影的对称中心线。

（2）画出水平面投影圆。

（3）画出两个端面的其他两投影。

（4）画出圆柱面投影的转向轮廓线。

（三）圆柱表面点的投影

例 3 - 1　已知圆柱表面的点的投影 1′、2′、3′、4，求其他两面投影。如图 3 - 9b 所示。

分析：由于圆柱的轴线为一铅垂线，所以圆柱面的水平投影积聚为一个圆，所以点Ⅰ、Ⅱ、Ⅲ的水平投影必定落在圆周上。Ⅳ点的水平投影落在顶面圆上，所以其正面投影必落在此圆积聚的线上。根据Ⅰ、Ⅱ、Ⅲ、Ⅳ的正面投影和水平投影即可求它们的侧面投影。

作图如下：

（1）由 1′、2′、3′作铅垂线与水平投影的圆相交，由于Ⅱ点的正面投影（2′）不可见，所以其水平投影 2 必在后半圆上，Ⅲ点的正面投影可见，所以其水平投影必在前半圆。Ⅳ点的水平投影可见，所以其正面投影落在上顶面。

（2）根据正面投影 1′、2′、3′、4′，水平投影 1、2、3、4，用点的投影规律就可以把侧面投影 1″、2″、3″、4″求出来，结果如图 3 - 9b 所示。

二、圆锥的三视图及表面点的投影

（一）圆锥形体分析

圆锥是以一母线，绕与它相交的轴线旋转一周形成圆锥面。圆锥面和锥底平面围成圆锥体，简称圆锥。

如图 3 - 10a 所示为一正圆锥。圆锥由两个面组成，一个是圆锥面，一个是锥底平面。由于圆锥轴线与 H 面垂直，为一铅垂线，所以底平面为水平面，在水平面上的投影反映实形，是一个圆，在正面和侧面的投影积聚为水平的直线段。圆锥面无积聚性，在正面和侧面要画出其转向轮廓的投影，即圆锥面上可见与不可见部分分界线的投影。

（二）作圆锥的三视图

圆锥三视图的作图步骤如下（见图 3 - 10b）：

（1）先用细点划线画出圆锥轴线和底圆的对称中心线。

（2）画出底圆的三面投影，水平投影为圆形，正面和侧面投影积聚为直线，画图时满足长对正、高平齐、宽相等。

（3）画出圆锥顶点的正投影和侧面投影。

（4）画出圆锥面转向轮廓线的投影。

（三）圆锥表面求点

例 3 - 2　已知Ⅰ、Ⅱ点的正面投影 1′ 和水平投影 2，求Ⅰ点的水平投影、侧面投影及Ⅱ点的正平投影和侧面投影，如图 3 - 10b。

分析：由于 1′ 落在三角形内部，可分析出空间Ⅰ点是落在圆锥面上，由于圆锥面的

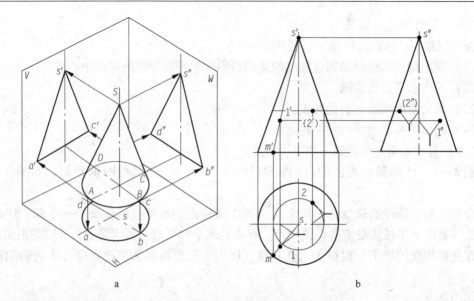

图 3 - 10　圆锥的三视图及其表面点的投影

三个投影面都没有积聚性，不能直接求出这个点的其他两面投影，必须先作辅助线。常用的方法有两种：

1. 辅助素线法

作图步骤为：

（1）过锥顶 S 和Ⅰ点作一辅助素线 SⅠ。连接 s'1'并延长交锥底于 m'。

（2）求出直线 SM 的水平投影 sm 和侧面投影 s"m"，由于点Ⅰ在 SM 直线上，其投影必在该线的同面投影上。

（3）按投影规律由 1'可求得 1 和 1"。Ⅰ点位于锥面的左前方，所以三个投影面的投影 1'、1、1"均可见。

2. 辅助圆法

作图步骤为：

（1）过 2 点作一平行于底面的水平辅助圆，先求该圆的正面投影，积聚为一直线，2'的正面投影落在这条线上。

（2）按投影规律由 2'和 2，可求得Ⅱ点的侧面投影 2"。

三、球的三视图及表面点的投影

（一）球的形体分析

球面是以半圆为母线，绕其轴线一周形成。

球体只有一个面，即球面，球面在三个投影面上的投影均为直径相等的圆。水平面的圆是上半球和下半球转向轮廓的投影，正平面的圆是前半球和后半球转向轮廓的投影，侧平面的圆是左半球和右半球转向轮廓的投影，如图 3 - 11a 所示。

（二）作球体的三视图

作图步骤为：

（1）先作三个圆的对称中心线，交点即为圆心。

（2）画出三个与球体直径相等的圆，如图 3 - 11b 所示。

（三）球体表面求点

例 3 - 3　已知 I 点的正面投影 1′，求 I 点的水平投影 1 和侧面投影 1″，如图 3 - 11b 所示。

分析：由 1′的落点，我们可以知道点 1 是落在球的左、上、前方。由于球面没有积聚性，所以求球面上点的投影必须要作辅助圆。

作图步骤为：

（1）过 1′作垂直于轴线的直线，该线与圆周有两个交点，以该线的 1/2 长度为半径作一水平圆。

（2）由于这个辅助圆是过 I 点所作，所以水平投影 1 必在此圆上，再由 1′、1 求出 1″。

同理可画出 II 点的三面投影，如图 3 - 11b 所示。

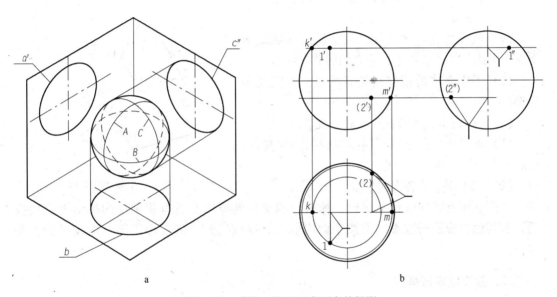

图 3 - 11　球的三视图及表面点的投影

第四章 基本立体的表面交线

第一节 平面立体表面的截交线

一、截交线概述

平面截切立体，在立体表面上产生的交线称为截交线。截切立体的平面叫截平面。截交线围成的图形称为截断面，如图 4-1 所示。

（一）平面立体截交线的特点

（1）截交线具有共有性，截交线既在截平面上又在平面立体的表面上，为它们的共有线。

（2）平面立体的截交线是直线段，并围成多边形。

（二）平面立体表面截交线的一般求法

（1）求平面立体上每一棱线与截平面的交点，然后用直线段连接这些交点。

（2）求平面立体各表面与截平面的交线。

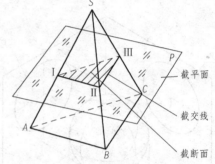

图 4-1 平面切割立体

当截平面为特殊位置平面时，那么，截交线就可以在具有积聚性的投影上直接找到，而其他投影面的投影，可按平面内取点、线或已知两面投影求第三面投影的方法求得。

二、截交线求法举例

例 4-1 用正垂面截切四棱锥，试画出四棱锥被截切后的投影，如图 4-2 所示。

分析：如图 4-2 所示，平面 P 与四棱锥的四个棱面相交，交线为四边形，四边形的顶点是四棱锥四条棱线与正垂面的交点。

（1）平面 P 为正垂面，其正面投影具有积聚性，可以直接得到各棱线与平面 P 交点的正面投影 1′、2′、3′、4′。

（2）由于 1′、2′、3′、4′点是四棱锥棱线上的点，所以其水平投影必然落在相应的棱线上，由此可以求出其水平投影 1、3。Ⅱ和Ⅳ点的水平投影不能直接求得，必须先求侧面投影 2″、4″，由 2′、4′和 2″、4″方可确定 2、4 的落点。

（3）依次连接各顶点的同面投影，即得截交线的水平投影 1234 和侧面投影 1″2″3″4″。

（4）整理轮廓线，并判断可见性。结果如图 4-2a 所示，其立体图如图 4-2b 所示。

例 4-2 补画立体的 W 面投影，如图 4-3a 所示。

分析：立体是由三棱柱被一个正垂面，一个水平面和一个侧平面切割而成。

（1）画出完整三棱柱的 W 面投影。如图 4-3b 所示。

（2）求作正垂面与三棱柱的表面交线。如图 4-3c 所示。

（3）求作水平面与三棱柱的表面交线。如图 4-3d 所示。

（4）求作侧平面与三棱柱的表面交线。如图 4-3e 所示。

（5）判别可见性，整理、加深图线，完成作图，如图 4-3f 所示。

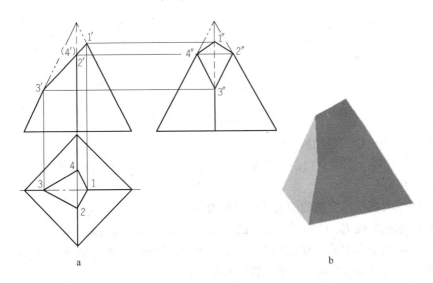

图 4-2 四棱锥的截交线

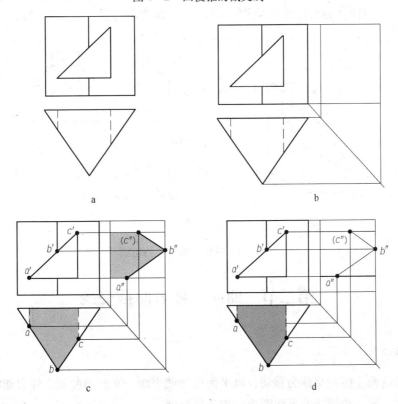

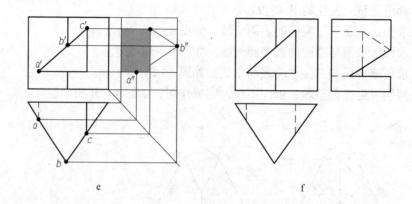

e　　　　　　　　　　　　　　　f

图4-3　三棱柱被切割的作图

例4-3　画出带切口四棱柱的投影，如图4-4a所示。

分析：四棱柱上部的切口由一个侧平面P和 个正垂面Q截切组成。

作图步骤为：

（1）用细实线作出完整的四棱柱的三面投影。

（2）根据截平面P、Q的正面投影的积聚性，完成切口的正面投影。

（3）画出截平面P有积聚性的水平投影，同时得到截平面Q的水平投影。加粗可见的轮廓线，完成带切口四棱柱的正面投影及水平投影。

（4）根据正面投影和水平投影，求得截平面P、Q与四棱柱的截交线的侧面投影。

（5）补画四棱柱的右棱线的侧面投影，右棱线为不可见，应画成虚线，如图4-4b所示。

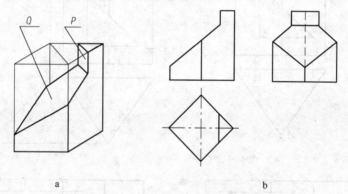

a　　　　　　　　　　　　　　b

图4-4　带切口四棱柱的切割

第二节　曲面立体表面截交线

一、概述

平面与曲面立体相交称为截切，该平面称为截平面。平面与曲面立体表面相交的交线称为截交线，截交线围成的平面图形，称为截断面。

（一）曲面立体表面截交线

曲面立体表面截交线的特点为：

（1）截交线有共有性，即：截交线既在截平面上又在曲面立体的表面上，为两者的共有线，也是两者共有点的集合。

（2）截交线的形状，通常是平面曲线，还可以是由直线段构成的封闭图形。

（二）一般求法

曲面立体上截交线的一般求法：

如果截平面有积聚性，作图时应从有积聚性的投影入手。要确定最高、最低、最前、最后、最左、最右位置的点，以及轮廓线上的点和可见、不可见的分界点。以上这些点统称为特殊点。先求出特殊点的投影，再求出一般位置的点，然后判别可见性，最后将这些点的同面投影光滑连接起来，即可得到截交线的投影。

二、圆柱体的截交线

当平面切圆柱体时，截平面相对圆柱体的方位不同，截交线有三种形状，见表4-1。当截平面垂直于圆柱轴线时，截交线为圆；当截平面平行于圆柱轴线时，截交线为矩形；当截平面倾斜于圆柱轴线时，截交线为椭圆。

表4-1　平面切割圆柱

截平面的位置	垂直于轴线	倾斜于轴线	平行于轴线
截交线	圆	椭　圆	矩　形
立体图	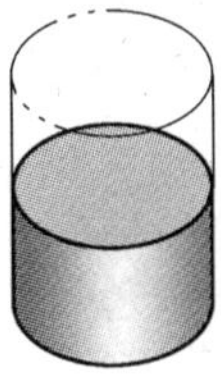	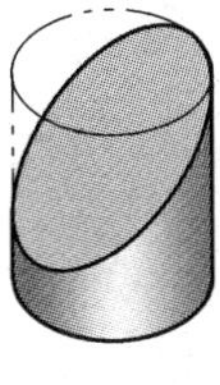	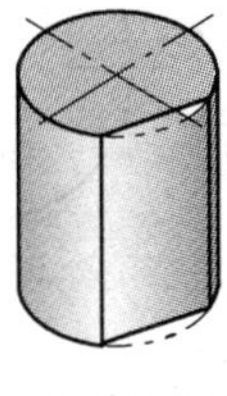
投影图	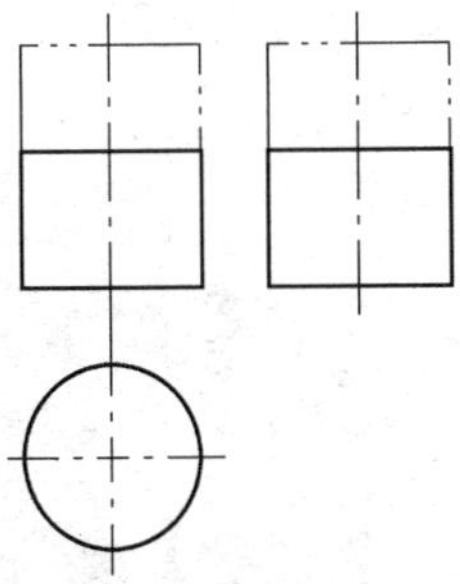	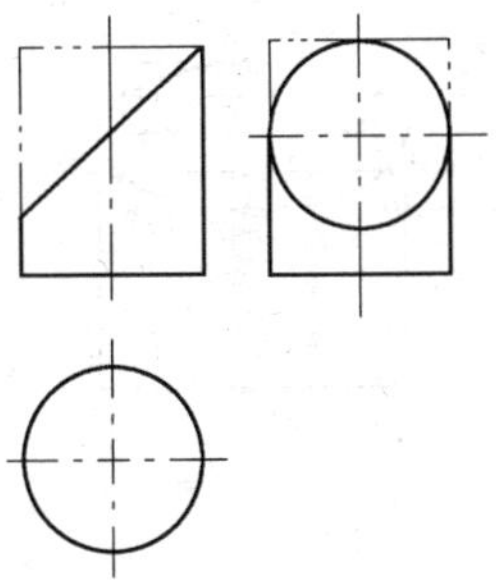	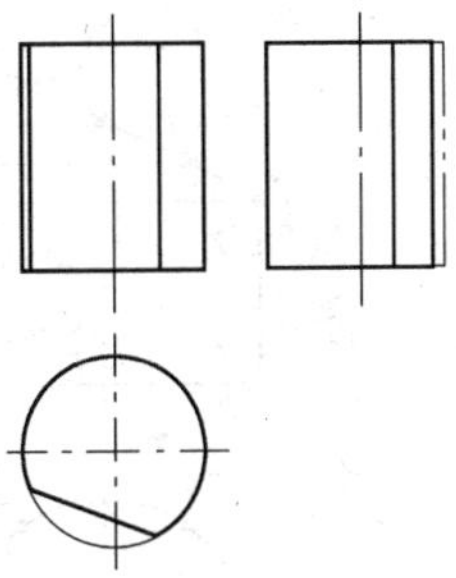

例4-4　完成截头圆柱体的 W 面投影，如图4-5a所示。

分析：如图4-5a所示，该截切体可视为由一平面斜截去圆柱的左上角而形成的。作图时，主要是求出截交线，再擦掉被截去部分的轮廓线。

圆柱体的轴线在铅直方向，截平面 P 为正垂面。它截切圆柱面所得截交线为椭圆。该椭圆的 V 面投影积聚成直线，H 面投影落在圆柱面有积聚性投影的圆周上；其 w 面投影为椭圆。该椭圆可取一系列点，再连线而成。

作图步骤为：

（1）作完整圆柱体的 w 面投影。

（2）求共有点：

1）特殊点。椭圆长轴和短轴的端点 Ⅰ、Ⅱ、Ⅲ、Ⅳ，这四点也是确定椭圆投影范围和外形素线上的点。按投影规律，由 1、2、3、4 和 1′、2′、3′、(4′)，作出 1″、2″、3″、4″，如图 4 – 5b 所示。

2）一般点。于特殊点之间取若干点，如点 Ⅴ、Ⅵ、Ⅶ、Ⅷ，按投影规律，由 5、6、7、8 和 5′、(6′)、7′、(8′)，作出 5″、6″、7″、8″，如图 4 – 5c 所示。

（3）连点成线：于 w 面投影上，依 1″–5″–2″–7″–3″–8″–4″–6″–1″顺序连成光滑曲线——椭圆，如图 4 – 5c 所示。

（4）截头圆柱的立体图如图 4 – 5d 所示。

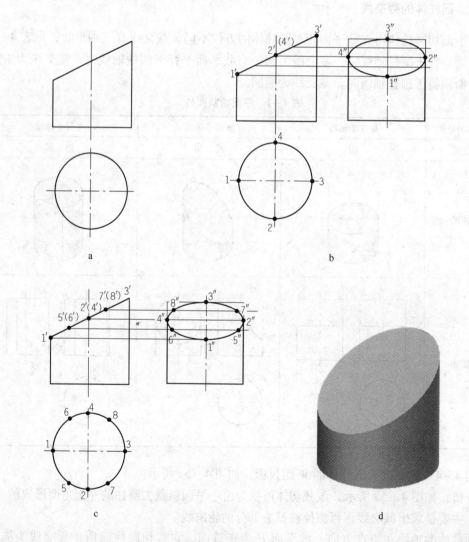

图 4 – 5   截头圆柱体

例 4 - 5 求作圆柱切口开槽后的投影，如图 4 - 6a 所示。

分析：如图 4 - 6a 所示，立体是一个圆柱体下部开槽（被两个侧平面和一个水平面切割而成），上部切肩（左、右被水平面和侧平面对称地切去两块而成），所产生的截交线均为直线和平行水平面的圆。

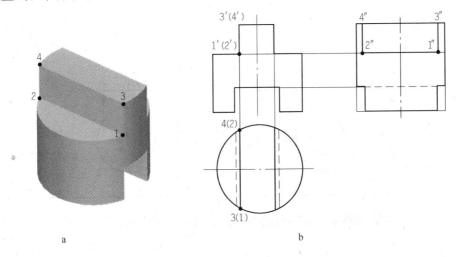

图 4 - 6 圆柱切口开槽后的投影

作图步骤为：

（1）先作出完整圆柱的投影。

（2）根据槽口的宽度，作槽的正面投影，由于槽开在下部，所以水平投影不可见，为两条虚线，再根据槽的正面投影和水平投影作槽的侧面投影。

（3）根据切肩的厚度，作出切肩的正面投影，再根据投影关系作出它的水平投影和侧面投影。

（4）判别可见性并整理图线。注意：1）被截去部分不应画出；2）看不见的部分画虚线，结果如图 4 - 6b 所示。

三、圆锥的截交线

当平面切割圆锥时，由于截平面与圆锥体的轴线相对位置不同，截交线有五种不同的形状，如表 4 - 2 所示。

表 4 - 2 平面切割圆锥

截平面的位置	过锥顶	垂直于轴线	倾斜于轴线 $\theta > \alpha$	倾斜于轴线 $\theta = \alpha$	倾斜或平行于轴线 $\theta < \alpha$ 或 $\theta = 0$
截交线	三角形	圆	椭圆	抛物线 + 直线	双曲线 + 直线
立体图					

截平面的位置	过锥顶	垂直于轴线	倾斜于轴线 $\theta > \alpha$	倾斜于轴线 $\theta = \alpha$	倾斜或平行于轴线 $\theta < \alpha$ 或 $\theta = 0$
截交线	三角形	圆	椭圆	抛物线 + 直线	双曲线 + 直线
投影图					

例 4 – 6　求作圆锥被侧平面切割后的投影，如图 4 – 7a 所示。

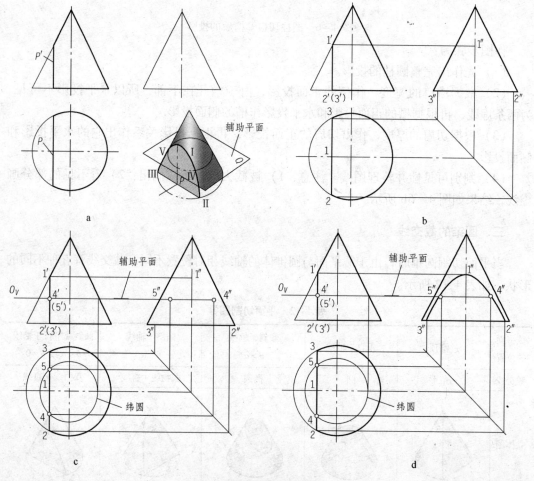

图 4 – 7　侧平面截切圆锥

分析：侧平面与圆锥轴线平行，与圆锥面的交线为双曲线，其侧面投影反映实形，正面和水平投影均积聚为直线，本题只要完成双曲线的侧面投影即可。

作图步骤为：

（1）求特殊点。先作出圆锥的侧面投影，Ⅱ、Ⅲ两点位于底圆上，是截交线的最低，最前和最后点，点Ⅰ位于圆锥的最左轮廓素线上，是最高点，可利用投影关系直接求得 $1''$、$2''$、$3''$，如图 4 – 7b 所示。

（2）求中间点。用纬圆法在特殊点之间再作若干中间点，Ⅳ、Ⅴ点，如图 4 – 7c 所示。

（3）依次光滑连接各点的侧面投影即为所求，如图 4 – 7d 所示。

四、圆球的截交线

平面与圆球截交，不论平面与球的相对位置如何，其截交线总是圆。根据平面对投影面的相对位置不同，截交线的投影可以是圆、直线或是椭圆，如表 4 – 3 所示。

表 4 – 3　平面切割圆球

截平面的位置	与 V 面平行	与 H 面平行	与 V 面垂直
立体图	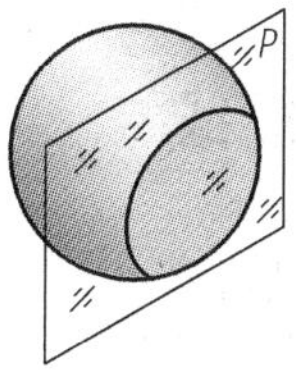	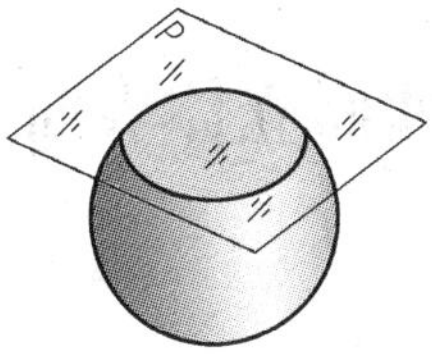	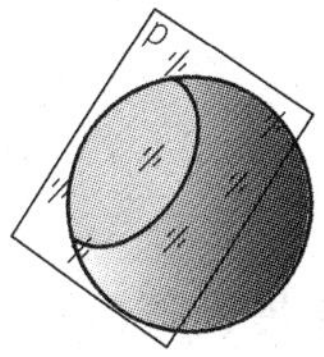
投影图	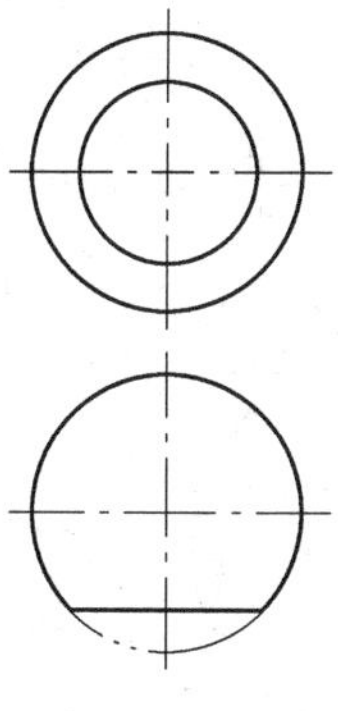	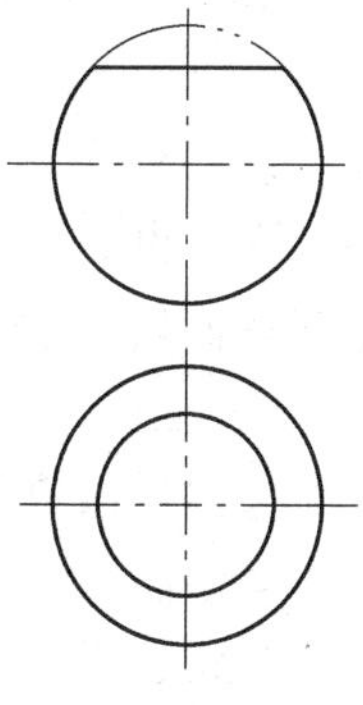	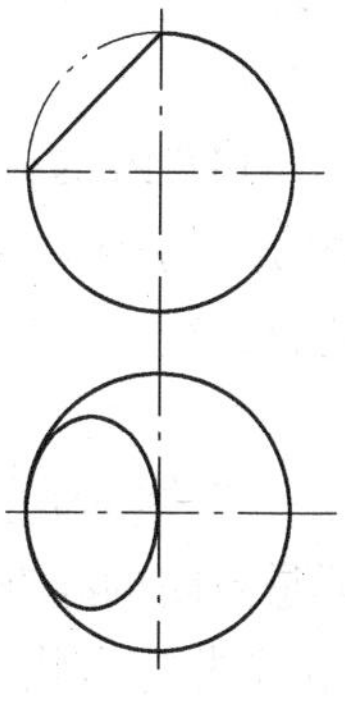

例 4 – 7　补全立体的三面投影，如图 4 – 8a 所示。

分析：半球是被两个侧平面 P 和一个水平面 Q 切割而成的，这三个面在正面投影上具有积聚性。根据切割的宽度和深度可以直接画出主视图。

画图步骤为：

（1）先画出半球没有被切割前的投影。

（2）作出平面 Q 的截交线。其正面投影和侧面投影为直线段，水平投影是半径为 R_2 的圆弧。

（3）作出平面 P 的截交线。其正面投影和水平投影为直线段，侧面投影为半径为 R_1

的圆弧。

（4）整理轮廓线，判别可见性，完成切口的投影。

结果如图 4－8b 所示。

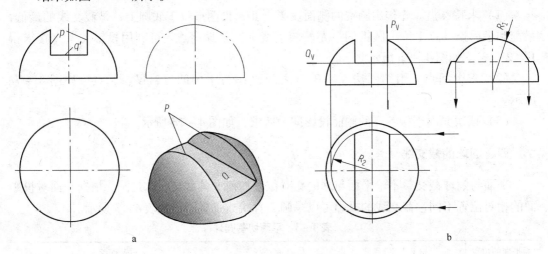

图 4－8　半球被切割

第三节　曲面立体表面的相贯线

一、相贯线概述

两个回转体表面的交线称为相贯线，如图 4－9 所示。

（一）特点

曲面立体相贯线的特点

（1）相贯线是两回转体表面的共有线，也是两相交立体的分界线。相贯线上的所有点都是回转体表面的共有点。

（2）由于立体的表面是封闭的，因此相贯线在一般情况下是封闭的线框。

（3）相贯线的形状决定于回转体的形状、大小以及两回转体之间的相对位置。一般情况下相贯线是空间曲线，在特殊情况下是平面曲线或直线。

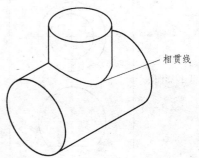

图 4－9　曲面立体的相贯线

（二）一般求法

相贯线的一般求法：

求两回转体相贯线的投影时，应先作出相贯线上一些特殊点的投影，如回转体投影的转向轮廓线上的点，以及最高、最低、最左、最右、最前、最后这些确定相贯线形状和范围的点，然后再作一般点，从而作出相贯线的投影。要注意的是一段相贯线只有同时位于两个立体的可见表面上时，这段相贯线的投影才是可见的。具体作图可采用表面取点法或辅助平面法。

二、正交两圆柱相贯线的求法

在相贯线上取一些点，按已知曲面立体表面上点的一个投影求另两面投影的方法，就称为表面取点法。采用表面取点法求两曲面立体的相贯线实质上是利用圆柱面具有积聚性投影的特性：即已知相贯线的一个投影求另外两面投影的问题。

例4-8　求轴线正交两圆柱相贯线的正面投影，如图4-10a所示。

分析：两圆柱轴线垂直相交，相贯线为前后、左右对称的一条闭合空间曲线。由于大小两圆柱的轴线分别为侧垂线和铅垂线，因此小圆柱的水平投影积聚为圆，该圆也是相贯线水平投影。同样，大圆柱的侧面投影积聚为圆，相贯线的侧面投影是大圆柱与小圆柱共有部分，即一段圆弧。因此相贯线的水平投影和侧面投影已知，只需求作其正面投影。

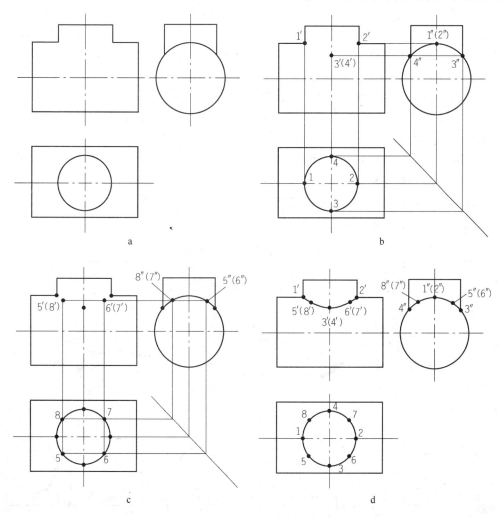

图4-10　轴线正交两圆柱的相贯线

作图步骤为：

（1）特殊点Ⅰ、Ⅱ、Ⅲ、Ⅳ。由图可知：Ⅰ点为最高、最左点；Ⅱ点为最高、最右点；Ⅲ点为最低、最前点；Ⅳ点为最低、最后点。这些点是圆柱面外形素线上的点，据此，依投影规律作出它们的 V 面投影：1′、2′、3′、(4′)，如图 4 – 10b 所示。

（2）一般点 Ⅴ、Ⅵ、Ⅶ、Ⅷ。为便于连线，在特殊点之间所取的一般点为：Ⅴ、Ⅵ、Ⅶ、Ⅷ，按投影规律作出它们的 V 面投影：5′、6′、(7′)、(8′)，如图 4 – 10c 所示。

（3）连点成相贯线。依 1′ – 5′ – 3′ – 6′ – 2′ –（7′）–（4′）–（8′）– 1′顺序连成光滑曲线。

（4）判别可见性并整理图线，如图 4 – 10d 所示。

轴线正交的两圆柱体相贯，当它们的直径相差较大且对相贯线形状的准确度要求不高时，可采用近似画法，即相贯线以大圆柱的半径画的圆弧来代替，如图 4 – 11 所示。

相贯线的简化画法：以相贯两圆柱轮廓素线的交点 a′ 或 c′ 为圆心，以相贯的两个圆柱中大圆柱的半径（R）为半径画弧，交小圆柱轴线于一点 o′，以这点为圆心，以相贯的两个圆柱中大圆柱的半径为半径在两轮廓素线之间所画的弧即为相贯线。

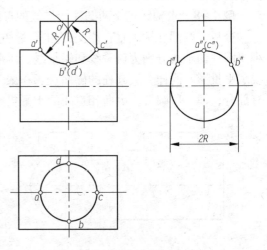

图 4 – 11　相贯线的简化画法

使用简化画法的条件：（1）两圆柱正交；（2）两圆柱直径不相等。

工程中常见的两圆柱轴线垂直相交相贯线的三种形式，如表 4 – 4 所示。

两圆柱相对大小的变化对相贯线的影响，如表 4 – 5 所示。

表 4 – 4　两圆柱相贯的三种形式

相交形式	两外表面相交	外表面与内表面相交	两内表面相交
立体图			
投影图			

表4-5　两圆柱相对大小的变化对相贯线的影响

两圆柱直径的关系	水平圆柱直径较大	两圆柱直径相等	水平圆柱直径较小
相贯线特点	上、下各一条空间曲线	两个相互垂直的椭圆	左、右各一条空间曲线
立体图	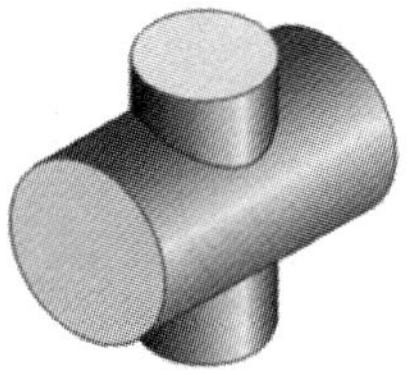	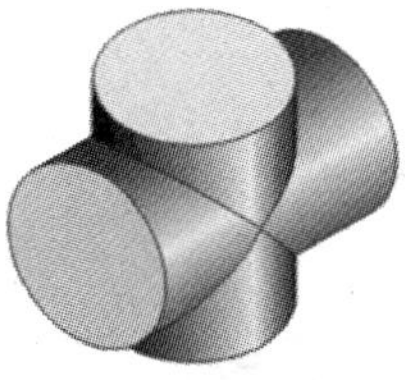	
投影图	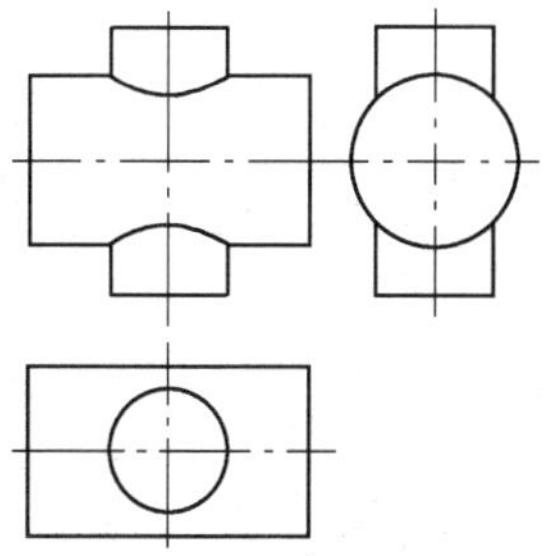	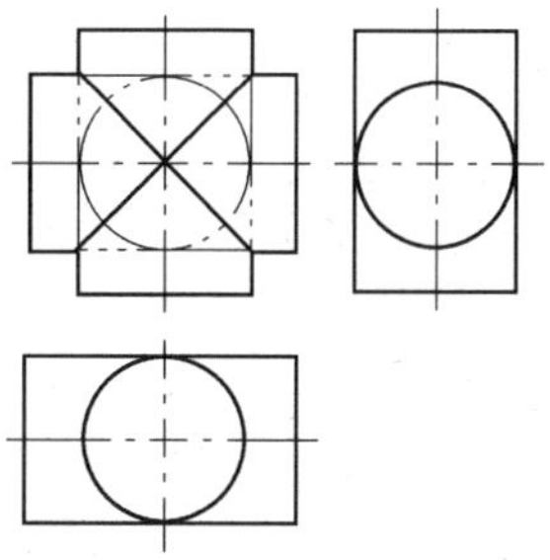	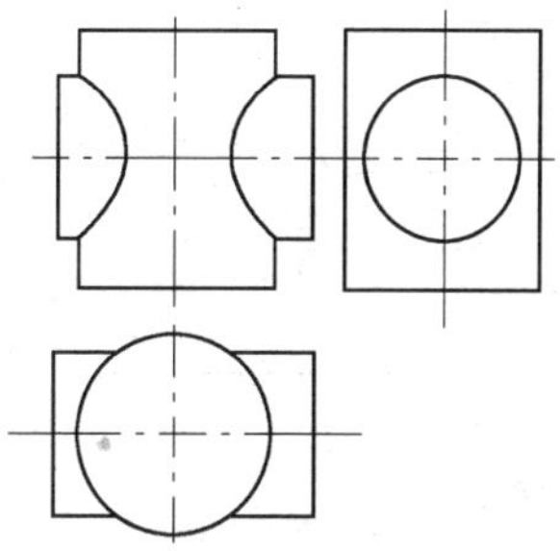

三、圆柱与圆锥的相贯线

求两回转体相贯线比较普遍的方法是辅助平面法。即作一辅助平面与相贯的两回转体相交，分别作出辅助平面与两回转体的截交线，这两条截交线的交点必为两立体表面的共有点，即为相贯线上的点。若作出一系列辅助平面，即可得相贯线上的若干个点，依次连接各点，就可得到相贯线。选择辅助平面的原则是使辅助平面与两回转面的交线为最简单的图形，比如圆或直线，这样可以使作图简便。

例4-9　圆柱与圆锥轴线正交，试求其相贯线的投影，如图4-12所示。

分析：由于圆柱和圆锥的轴线垂直相交，相贯线是前后对称的封闭空间曲线，其正面投影前后重影，水平投影为一封闭曲线，侧面投影重影于圆柱表面的侧面投影。圆锥表面的投影没有积聚性，可以采用垂直于圆锥轴线的辅助平面求出相贯线上若干点的水平投影和正面投影，然后按顺序连接各点的同面投影即得相贯线的投影。

（1）求特殊点。在正面投影中，圆柱的轮廓素线与圆锥左侧的轮廓素线相交于1′、2′两点，由1′、2′向 OX 轴作垂线与圆锥左侧轮廓素线的水平投影相交于1、(2)，它们是相贯线上的最高点和最低点，Ⅰ点是最高点，Ⅱ点是最低点。

过圆柱轴线作垂直于圆锥轴线的辅助平面 P_V，辅助平面与圆柱的截交线为圆柱前后两条轮廓线，与圆锥的截交线为一圆，两者交于Ⅲ、Ⅳ两点，这两点是相贯线上最前点和最后点，其水平投影是相贯线可见与不可见的分界点，作法如图4-12b。

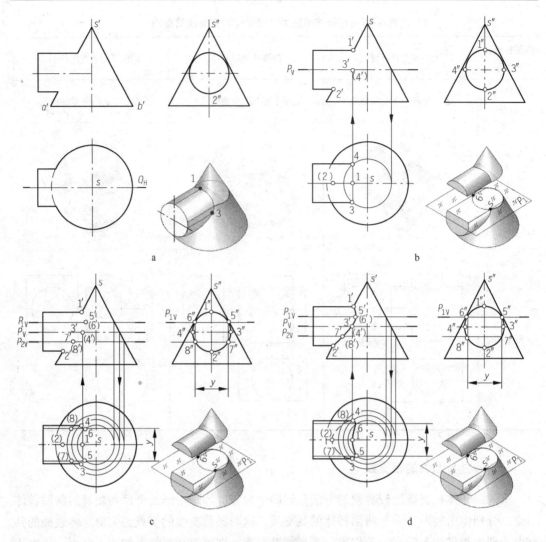

图 4 – 12　圆柱与圆锥相贯

（2）求中间点，如图 4 – 12c 所示，作垂直于圆锥轴线的辅助平面 P_{1V}，辅助平面与圆柱的截交线为平行圆柱轴线的两直线，与圆锥的截交线为一圆，两者相交于 Ⅴ、Ⅵ 两点，为相贯线上的中间点，作图方法如图 4 – 12c 所示，在水平面上找圆柱与圆锥截交线的交点即为相贯线的 Ⅴ、Ⅵ 两点的水平投影 5 和 6，根据点的投影规律可以求 Ⅴ、Ⅵ 两点的正面投影 5′、6′。同理，作垂直于圆锥轴线的辅助平面 P_{2V}，辅助平面与圆柱的截交线为平行圆柱轴线的两直线，与圆锥的截交线为一圆，两者相交于 Ⅶ、Ⅷ 两点，用相同的方法求 Ⅶ、Ⅷ 两点的水平投影和正面投影，如图 4 – 12c 所示。

（3）顺序平滑地连接各点的同面投影，即得相贯线的投影。在水平投影中，3、4 两点以左的相贯线为不可见，应画成虚线，如图 4 – 12d 所示。

四、相贯线的特殊情况

两回转体的相贯线一般是空间曲线，特殊情况下是平面曲线或直线。

（1）同轴的两回转体相交，相贯线为垂直于轴线的圆，当回转体轴线平行于某投影面时，这个圆在该投影面的投影为垂直于轴线的直线，如图 4 - 13 所示。

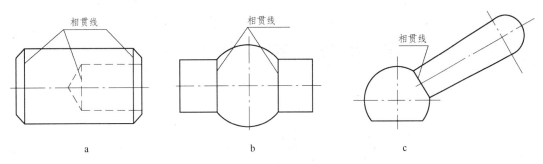

图 4 - 13　同轴两回转体的相贯线

a—圆柱与圆锥台相贯；b—圆柱与球体相贯；c—球体与圆柱相贯

（2）轴线平行的两圆柱相交或共锥顶的两圆锥相交，相贯线为直线，如图 4 - 14 所示。

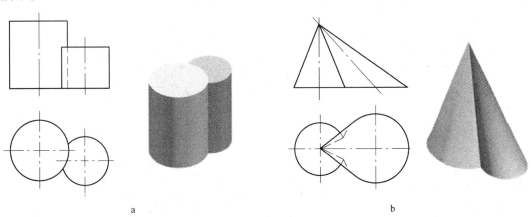

图 4 - 14　轴线平行两圆柱相交成共锥顶两圆锥相交的相贯线

a—轴线平行相交两圆柱的相贯线；b—共锥顶相交两圆锥的相贯线

（3）当两回转体相切于一个球时，相贯线为平面曲线，如图 4 - 15 所示。

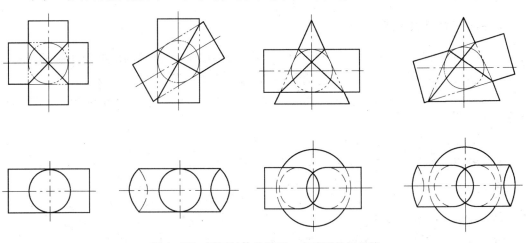

图 4 - 15　两回转体公切于一个球面的相贯线

第五章 轴 测 图

第一节 轴测图的基本知识

一、轴测图的形成

将物体连同其参考直角坐标系，沿不平行于任一坐标面的方向，用平行投影法将其投射在单一投影面上所得到的图形称为轴测图。轴测图又称立体图，如图 5-1 所示。

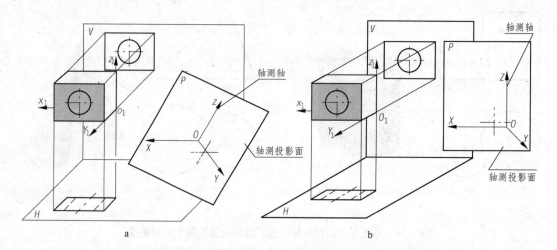

图 5-1 轴测图的形成

a—正轴测图；b—斜轴测图

二、轴间角与轴向伸缩系数

空间坐标轴的轴测投影 OX、OY 和 OZ 叫做轴测轴。两轴测轴间的夹角叫做轴间角。作图时，为了符合视觉习惯，一般将轴测轴 OZ 置于铅垂位置。

投影长度与其原长之比称为轴向伸缩系数。分别用 p、q、r 表示。各轴的轴向伸缩系数为：

X 轴向伸缩系数：$p = oa/OA$；

Y 轴向伸缩系数：$q = ob/OB$；

Z 轴向伸缩系数：$r = oc/OC$。

三、轴测图的投影特性

轴测图是由平行投影法得到的，因此，它具有的特性为：

（1）空间平行的两线段，其轴测投影仍保持平行。

（2）空间平行于某坐标轴的线段，其投影长度等于该坐标轴的轴向伸缩系数与线段长度的乘积。

第二节　正等轴测图

一、正等轴测图的轴间角与轴向伸缩系数

（一）轴间角

正等轴测图是当物体上的三个坐标轴 OX、OY、OZ 对轴测投影面 P 的倾角都相等时，用正投影法向 P 面进行投影得到的图形。投影后物体上三个坐标轴的单位投影长度都相等，且都比实长短，其轴向伸缩系数 $p_1 = q_1 = r_1 = 0.82$；三个轴测轴之间的夹角均为 $120°$，如图 5 – 2 所示。

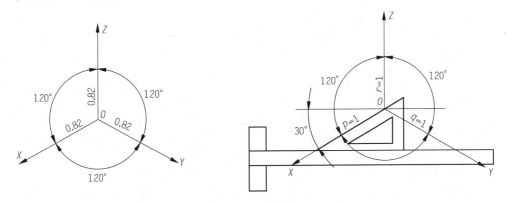

图 5 – 2　正等轴测图的轴间角和轴向伸缩系数

（二）轴向伸缩系数

平面按照这种轴向伸缩系数作图时，需把每个轴向尺寸乘以 0.82，很不方便。为使作图简便，实际作图中采用简化伸缩系数，即取 $p = q = r = 1$，这样，用简化伸缩系数画的图，比物体原来尺寸在三个方向上均放大了约 1.22 倍，但形状没有改变，如图 5 – 3 所示。

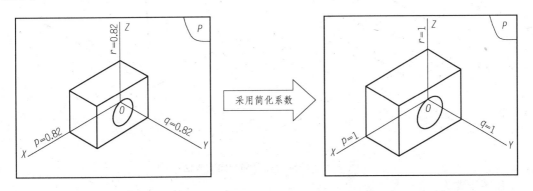

图 5 – 3　轴向伸缩系数为 0.82 和轴向伸缩系数为 1 所画的图

二、立体正等轴测图的画法

按照立体上点、直线、平面等的位置，沿着直角坐标轴的方向度量其长度，来画其轴测图是绘制轴测图的基本方法。这种作图方法称为坐标法。在坐标法的基础上，根据立体的形状，常采用切割法和堆积法及其组合，来画其轴测图。

在轴测图上，一般只画可见的轮廓线，不可见的轮廓线不画。作图时一般由上向下、由前向后、由左向右画，这样可以少画许多不必要的图线。

例 5 - 1　根据投影图作立体的正等轴测图，如图 5 - 4a 所示。

分析：该立体为四棱台，采用坐标法，把四棱台底面各顶点的坐标在轴测图中定下来，再由棱台的高度确定顶面的各个顶点，最后连接各相应顶点即可。

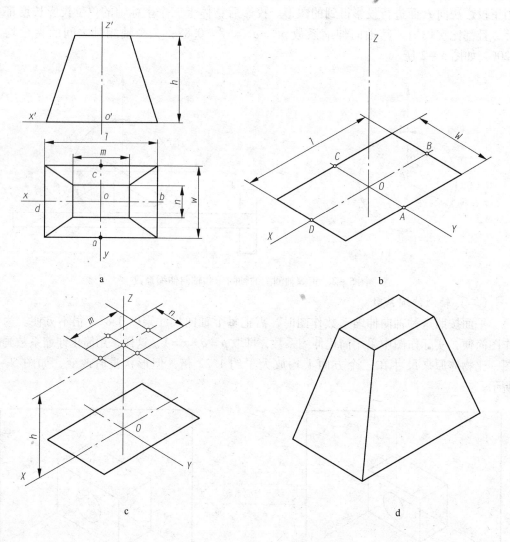

图 5 - 4　四棱台正等轴测图的画法

作图步骤为：

（1）在三视图上选定坐标轴和原点的位置。以四棱台底面中心为原点，根据三视图中的尺寸作出底面的轴测图，如图 5-4b 所示。

（2）根据四棱台的高度，确定顶面的中心，按给出的尺寸画出顶面的轴测图，如图 5-4c所示。

（3）连接对应的顶点，检查、加深图线，完成作图。如图 5-4d 所示。

例 5-2 根据三面投影图画立体的正等轴测图，如图 5-5a 所示。

作图步骤为：

（1）画出完整长方体，如图 5-5b 所示。

（2）画出左、前、上方切割的小长方体，如图 5-5c 所示。

（3）画出切割的三棱柱体，如图 5-5d 所示。

（4）擦去多余的作图线，加深可见轮廓线，即可得到由长方体切割而成立体的正等轴测图，如图 5-5e 所示。

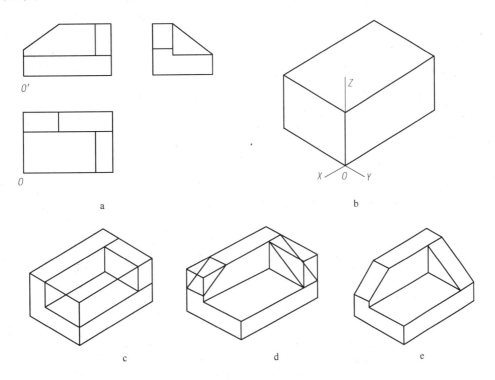

图 5-5 由长方体切割而成立体轴测图的画法

三、回转体正等轴测图的画法

常见的回转体有圆柱、圆锥、圆球等。在画它们的正等轴测图时，首先画出回转体中的平行于坐标面的圆的正等轴测图，然后再画出整个回转体的正等轴测图。

（一）平行于坐标面的圆的正等轴测图

平行于坐标面的圆，其正等轴测图是椭圆。画图时常用四心圆近似椭圆画法。

四心近似椭圆画法，是用光滑连接的四段圆弧代替椭圆曲线。作图时需求出这四段圆弧的圆心、切点及半径。

下面介绍图 5-6a 所示水平圆正等轴测图的四心近似椭圆画法。作图步骤为：

（1）以圆心 O 为坐标原点，OX、OY 为坐标轴，作圆的外切正方形，a、b、c、d 为四个切点，如图 5-6a 所示。

（2）画轴测轴，在 OX、OY 轴上，按 $OA=OB=OC=OD=R$ 得 A、B、C、D 四点，并作圆外切正方形的正等轴测图——菱形，其长对角线为椭圆长轴方向，短对角线为椭圆短轴方向，如图 5-6b 所示。

（3）连接 GA、GB、ED、EC 分别与菱形长对角线交于 1、2 两点，则 1、2、G、E 点分别为椭圆弧的四个圆心，如图 5-6c 所示。

（4）以 1、2 为圆心，$1D$、$2C$ 为半径作小圆弧 AD、CB，以 G、E 为圆心，GA、EC 为半径作大圆弧 AB、DC，即得到近似椭圆，如图 5-6d 所示。

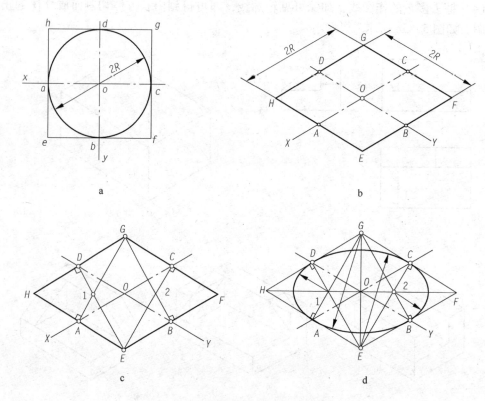

图 5-6　水平圆正等轴测图的画法

同理，可以画出平行于各坐标面圆的正等轴测图，如图 5-7 所示。

平行于坐标面的圆的正等轴测椭圆的长轴，垂直于与圆平面垂直的坐标轴的轴测投影（轴测轴），短轴则平行于这个轴测轴。例如平行于坐标面的 XOY 的圆的正等轴测圆的长轴垂直于 OZ 轴，而短轴则平行于 OZ 轴。用简化轴向伸缩系数画出的正等轴测圆，长轴约等于 $1.22d$，短轴约等于 $0.7d$。

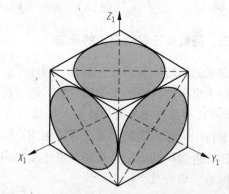

图 5-7　平行于三个坐标面圆正等轴测图的画法

（二）回转体的正等轴测图的画法举例

例5-3　画出图5-8所示圆柱的正等轴测图。

作图步骤为：

（1）在正投影图中选定坐标原点和坐标轴，画轴测轴，按圆柱高度确定上、下底中心，并作下底菱形，用四心圆法近似椭圆画法画出下底椭圆。

（2）用移心法作出上顶椭圆，并作上、下底椭圆的公切线。

（3）擦去多余作图线，加深可见轮廓线，即得到圆柱的正等轴测图，如图5-8所示。

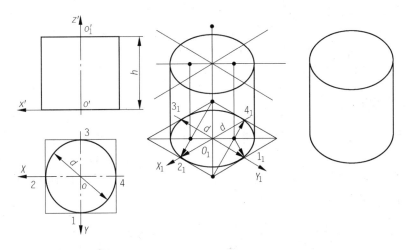

图5-8　圆柱正等轴测图的画法

例5-4　画出如图5-9a所示带圆角长方体的正等轴测图。

画图步骤为：

（1）首先画出轴测轴和长方体的正等轴测图，然后采用近似画法画圆角。如图5-9b所示，根据 R 确定切点，再由切点作相应边的垂线，其交点为 O_1、O_2，最后以 O_1、O_2 为圆心，以圆心到切点的距离为半径，在切点之间画弧。

（2）把圆心 O_1、O_2 和切点向下移动 h，画出底面圆弧的正等轴测图5-9b所示。

（3）擦去多余作图线，加深可见轮廓线，即得到带圆角长方体的正等轴测图，如图5-9c所示。

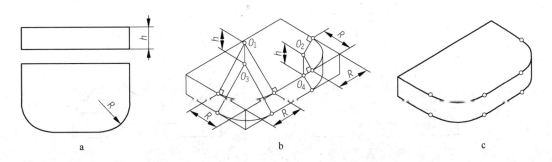

图5-9　带圆角长方体正等轴测图的画法

第三节　斜二轴测图

一、斜二轴测图的轴间角和轴向伸缩系数

斜二轴测图是用斜投影法得到的一种轴测图。当空间物体上的坐标面 XOZ 平行于轴测投影面，而投射方向与轴测投影面倾斜时，所得到的投影图就是斜二轴测图。

在国家标准推荐的斜二轴测图中，轴向伸缩系数 $p = r = 1$，$q = 0.5$，轴间角 $\angle XOZ = 90°$，$\angle XOY = \angle YOZ = 135°$。如图 5-10 所示，在斜二轴测图中，形体的正面投影反映实形，因此，物体在平行于正面 XOZ 方向有圆或形状较复杂时，可采用斜二测方法来表达。

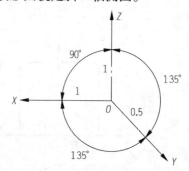

图 5-10　斜二轴测图的轴间角和轴向伸缩系数

二、斜二轴测图的画法

例 5-5　求作立体的斜二轴测图，如图 5-11a 所示。

分析：图示支座的前、后端面平行于 V 面，采用斜二轴测图作图最方便。

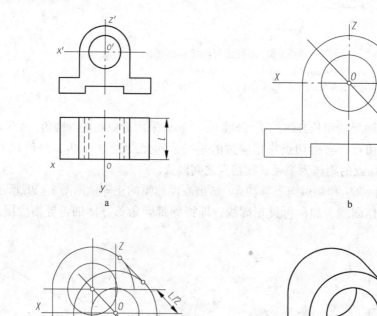

a

b

c

d

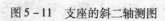

图 5-11　支座的斜二轴测图

（1）选择坐标轴和原点，如图 5 – 11a 所示。

（2）画轴测轴，并画出与主视图完全相同的前端面的图形，如图 5 – 11b 所示。

（3）由 O 沿 OY 轴向后移 L/2 得后端面的圆心，画出后端面的可见图形，再画出其他可见轮廓线以及圆弧的公切线，如图 5 – 11c 所示。

（4）擦去多余作图线，加深可见轮廓线，完成作图，如图 5 – 11d 所示。

第六章 组 合 体

第一节 组合体的组合形式

一、组合体的概念

任何复杂的形体，都可以看成是由一些基本的形体按照一定的方式组合而成的。常见的基本形体有棱柱、棱锥、圆柱、圆锥和球等。由基本形体组成的复杂形体我们称之为组合体。

二、组合体的组合形式

组合体的组成形式有叠加型、切割型和综合型三种，如图 6 - 1a 所示为叠加型的组合体，该组合体由长方体 I，长方体 II 和三棱柱体 III 叠加而成；如图 6 - 1b 所示为切割型的组合体，该组合体由长方体切割而成，首先在长方体的左上角切割了三棱柱体 I，然后在左前下方再切割一三棱柱体 II 而成。如图 6 - 1c 为一综合型的组合体。

无论以何种方式构成组合体，其基本形体的相邻表面都存在一定的相互关系。其形式一般可分为平齐、不平齐、相切、相交等情况。

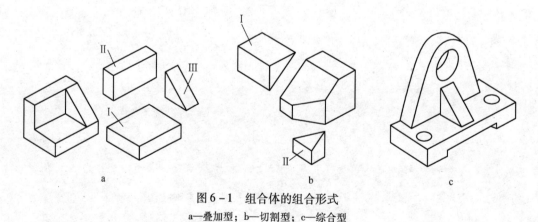

图 6 - 1 组合体的组合形式

a—叠加型；b—切割型；c—综合型

（1）不平齐。当叠加两基本体的表面不平齐时，两形体表面不共面，则两基本体之间在叠加处有分界线，如图 6 - 2a 所示。

（2）平齐。当叠加两基本体的表面平齐时，两形体表面为共面，则两基本体之间在叠加处无分界线，如图 6 - 2b 所示。

（3）相切。当两基本形体的表面相切时，两表面在相切处光滑过渡，不应画出切线，如图 6 - 3 所示。

（4）相交。当两基本形体的表面相交时，相交处会产生不同形式的交线，在视图中应画出这些交线的投影，如图6-3所示。

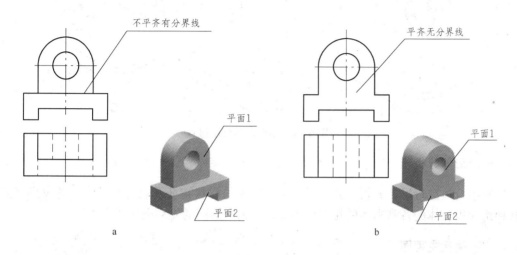

图6-2 两基本体不平齐及平齐时叠加处的画法
a—不平齐；b—平齐

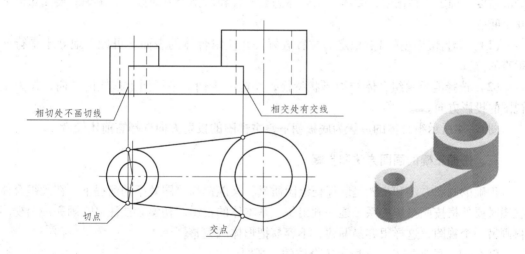

图6-3 两基本体相切及相交时叠加处的画法

第二节 组合体三视图的画法

在画组合体三视图前，必须假想将组合体分解成若干部分，即分解成若干个基本体，如棱柱、棱锥、圆柱、圆锥等，这个过程称之为化整为零的过程，也是促进思维发散的过程，然后根据它们的组合形式，分别画出各基本体的视图，以及它们之间连接关系的投影，分析各基本体之间的相对位置，最后有步骤地完成整个组合体的视图。

下边以图6-4为例，说明组合体画图的分析过程与画图的步骤。

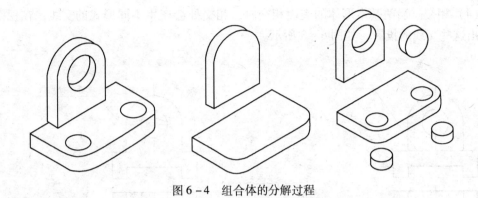

图 6-4　组合体的分解过程

一、形体分析 [1]

对组合体进行形体分析，充分了解作图对象的形状特征及思考各基本体的投影特点，按照组成组合体的各基本体的相互位置关系，确定画图的先后顺序。

二、确定主视图

主视图是三视图中最主要的视图，主视图选择是否恰当，直接影响到组合体视图表达的清晰度。确定主视图时，要考虑组合体怎么放置和从哪个方向投射，考虑时要注意以下几个问题：

（1）组合体应该按自然稳定的位置放置，并使组合体的表面尽可能多地处于平行或垂直的位置。

（2）选择能反映组合体结构形状特征，并能减少俯、左视图上虚线的方向，作为主视图的投影方向。

图 6-4 所示组合体的放置为底板朝下，主视图的投射方向选择右前比较恰当。

三、遵循正确的画图方法和步骤

正确的画图方法和步骤是既保证绘图质量，又能提高绘图效率的前提下，在画组合体视图时要严格按照投影关系，逐一画出每一基本体的投影。初学者往往喜欢画完一个视图再画另一个视图，这样很容易漏线，不容易把形体画完整。

例 6-1　绘制图 6-5a 所示组合体的三视图。

作图步骤为：

（1）选比例、定图幅。画图时尽可能按 1∶1 的比例，这样便于观察组合体的真实大小。选定好比例后，由组合体的长、宽、高尺寸分别计算每个视图所占的面积，并在各视图之间留出标注尺寸的位置和适当的间距，根据估算的结果，选择合适的图纸幅面。

（2）确定主视图的投射方向，如图 6-5a 所示。

（3）布局，画基准线。根据各视图的大小和位置，画出基准线。基准线是指画图和测量尺寸的基准，基准线可以确定各视图在图纸上的具体位置。基准线一般采用点画线绘制，如图 6-5b 所示。

[1] 王晓琴主编. 工程制图与图学思维方法，第 167 页，武汉：华中科技大学出版社，2009.

（4）画底稿。画底稿时，底稿线要准确，图线要用细实线轻轻画出。画底稿的顺序是先画主要形体，后画次要形体；先画外形轮廓，后画内部细节；先画可见部分，后画不可见部分。对称中心线和轴线直接画出，如图6-5c和图6-5d所示。

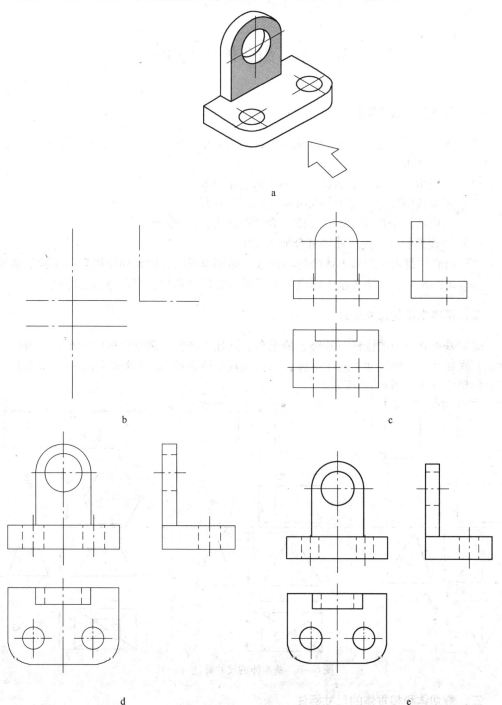

图6-5 组合体三视图的绘制

a—立体图的看图方向；b—画各视图基准线；c—画各视图基本体轮廓线；
d—画细部结构轮廓；e—加粗可见轮廓线

（5）标注尺寸。画完底稿后，可标注出组合体的定形尺寸和定位尺寸。

（6）检查、描深、完成全图。画完底稿后，要按形体逐个检查，纠正错误和补充遗漏，检查无误后，再来加粗图线。最后填写标题栏，完成整个组合体三视图的绘制，如图6-5e 所示。

第三节　组合体尺寸标注

一、标注尺寸的基本要求

组合体以视图表达其形状，而以尺寸表达其大小。组合体尺寸标注的要求是：完整、正确、清晰、合理。

（1）完整指所注尺寸不能遗漏、不多余、不重复。

（2）正确按国家标准规定的尺寸标注规则标注尺寸。

（3）清晰指的是把尺寸标注在图中合适的地方，以便于看图。

（4）合理指的是标注尺寸要符合加工要求。

由于组合体是由一些基本体经过叠加或是切割组成的，因此标注组合体尺寸的基础是标注基本体的尺寸、标注各基本体之间的相对位置尺寸和标注组合体的总体尺寸。

二、基本立体的尺寸标注

确定基本立体中的棱柱、棱锥、棱锥台、圆柱、圆锥、圆锥台等的大小，一般以标注确定其底面和高度的尺寸，对于球体，则标出其球体直径 $S\phi$ 或球体半径 SR。常见基本几何体的尺寸标注如图 6-6 所示。

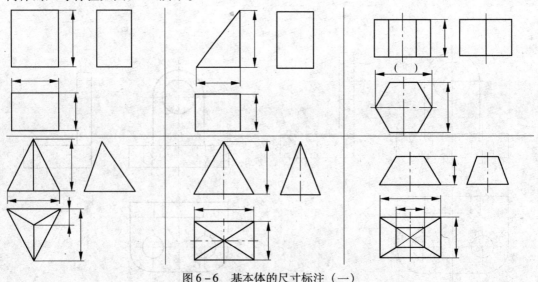

图 6-6　基本体的尺寸标注（一）

三、截切体和相贯体的尺寸标注

（一）截切体

截切体，是指由基本立体经若干平面截切而形成的立体。为说明其大小，除了标注反映基本立体大小的定形尺寸外，尚需注出确定截平面与基本立体相对位置的定位尺寸，如图6-7所示。

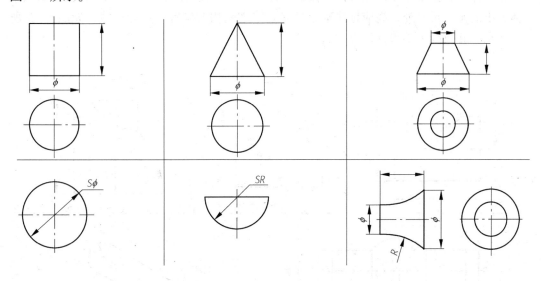

图6-7　基本体的尺寸标注（二）

确定截平面位置时，可以基本立体上的对称面、端面、底面、侧面、回转面轴线等作为起始——通常称之为基准（图6-8）。注意：截交线上不得注尺寸。

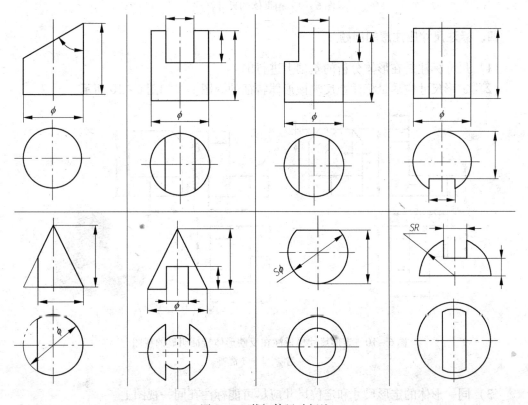

图6-8　截切体尺寸标注

（二）相贯体

相贯体，指由基本立体相交而组成的立体。为说明相贯体的大小，除了标注反映基本立体大小的定形尺寸外，尚应标注确定基本立体之间相对位置的定位尺寸，如图6-9所示。注意：相贯线上不得标注尺寸。

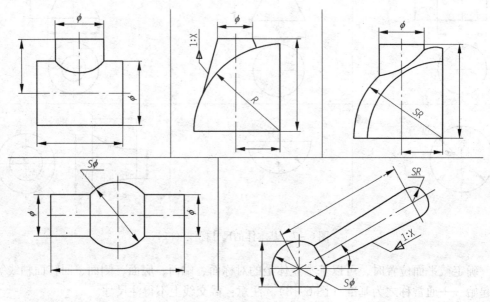

图6-9　相贯体的尺寸标注

四、标注尺寸应注意的问题

（1）尺寸标注是在形体分析的基础上进行的。

（2）定形尺寸应尽量标注在反映该形体特征的视图上，如图6-10所示。

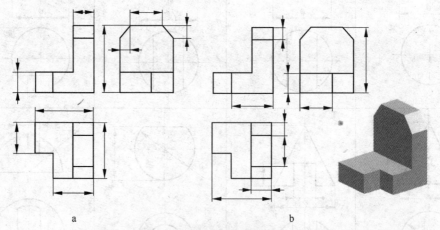

图6-10　定形尺寸尽量注在反映形体特征明显的视图上
a—清晰；b—不清晰

（3）同一形体的定形尺寸和定位尺寸应尽可能标注在同一视图上。

（4）不在尺寸基准上的基本体，应标注出该方向上的定位尺寸。

（5）尺寸排列要整齐，平行的几个尺寸要按小尺寸在里，大尺寸在外的原则，避免尺寸线与尺寸界线相交。

（6）内部尺寸和外形尺寸应分别标注在视图的两侧，避免混合标注在视图的同一侧。

（7）同轴回转体的直径，最好标注在非圆的视图上，避免用回转体的界限素线作为尺寸基准。

（8）尽可能不在图形轮廓线内标注尺寸，一般也不在虚线上标注尺寸。

（9）当立体被平面所截，出现截交线时，应在截平面的积聚投影中标注出截平面的定位尺寸。截交线是作图时自然画出来的，不用标注其尺寸。

五、组合体三视图标注尺寸的方法和步骤

组合体三视图标注尺寸的方法和步骤为：

（1）运用形体分析法将组合体分解为一些简单的基本体，由此确定出要标注哪些定形尺寸，再进一步分析组合体的各组成基本体之间的组合关系和相对位置，从而确定出需要标注哪些定位尺寸。

（2）选定长、宽、高三个方向的尺寸基准。

（3）逐个标注出各组成形体的定形尺寸和定位尺寸。

（4）将尺寸进行调整，标注出组合体的总体尺寸，去掉多余尺寸。

（5）检查尺寸有无遗漏、重复。

图6－11给出了常用底板的标注示例。

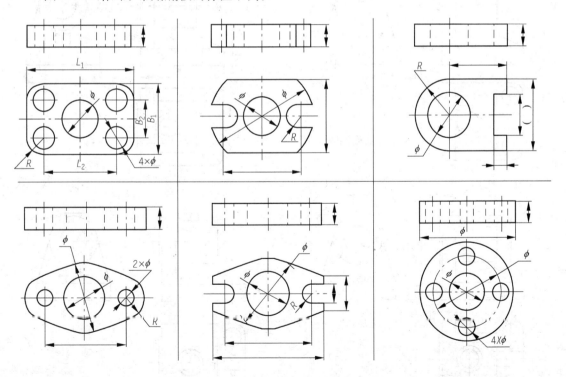

图6－11 常见底板的标注示例

例 6 – 2　标注图 6 – 12 所示轴承座的尺寸。

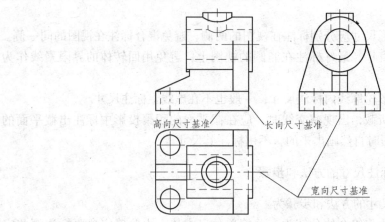

图 6 – 12　轴承座

（1）形体分析。

（2）选定尺寸标注的主要基准。图 6 – 13a 所示。

（3）采用形体分析法标注尺寸。首先标注底板的尺寸，如图 6 – 13b 所示；其次标注圆筒的尺寸，如图 6 – 13c 所示；再标注支承板的尺寸，如图 6 – 13d 所示；最后综合整理，如图 6 – 13e 所示。

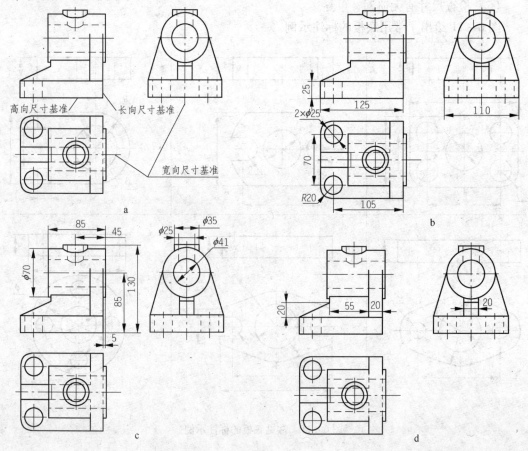

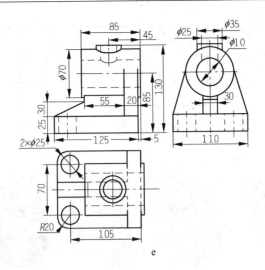

图 6 - 13 轴承座的尺寸标注

a—选定标注尺寸的主要基准；b—标注底板的尺寸；c—标注大、小圆筒的尺寸；

d—标注支承板及肋板的尺寸；e—整理检查得整体尺寸

第四节　组合体三视图的读法

读图是根据给定的视图，通过投影规律分析，想出组合体的空间形状。通过读图，能进一步提高空间想象能力，是建立空间概念的有力措施。读图实际上是画图的逆过程，画图是由物到图，读图则是由图想物，两者的实质都是反映图形与实物之间的对应关系，因此在方法上是互通的。读图时，同样要运用形体分析法，弄清投影图所示形体各部分的形状和相对位置，然后，综合想象出组合体的实际形状。相比较而言，读图是难点，必须通过大量的练习来提高空间想象能力和读图能力。

通常的读图方法有采用形体分析法和面线分析法。

一、读图应注意的问题

(一) 读图顺序

从主视图入手，几个视图联系起来读图。

看组合体时，仅靠一个视图是难于唯一确定其形状的。如图 6 - 14 所示，六个图形中主视图都是相同的，但它们对应的却是不同的组合体。因此，应将两个或两个以上的视图联系起来，才能唯一确定组合体的形状。

(二) 明确视图中线框及图线的真正含义

视图是由若干个封闭的线框构成的，每个封闭的线框一般来说都是形体上每个表面的投影。因此，弄清线框的含义，对读图是十分重要的：

(1) 一个封闭的线框，表示形体的一个表面，它可以是平面也可以是曲面。

(2) 相邻的两个封闭线框，表示形体上位置不同的两个表面。

(3) 在一个大封闭线框内包含的各个小线框，表示在大的平面体或是曲面体上凸出或凹下的各个小平面或是曲面。

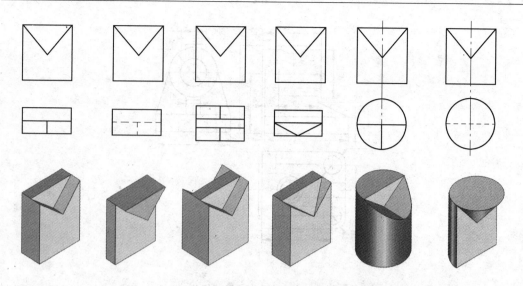

图 6 – 14　同一个 V 面投影表达不同的形体

（4）视图中的每条图线往往并不代表一条线，这可能有以下三种情况：

1）投影面垂直面的具有积聚性平面的投影。

2）两个面的交线的投影。

3）曲面转向轮廓线的投影，如图 6 – 15 所示。

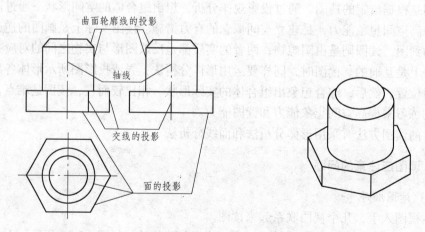

图 6 – 15　线框中图线的含义

（三）善于构思形体的形状

根据已知条件构思组合体的形状，并表达成图形的过程称为组合体的构形设计，是培养读图能力的有效方法。

在掌握组合体画图与读图的基础上，进行组合体构形设计训练，可以把空间想象、形体构思、与形体表达三者结合起来，不仅能促进画图、读图能力的提高，还能进一步提高空间想象能力和形体设计能力，发挥构思者的创造力。

如图 6 – 16 所示，已知形体的两个视图，构思不同的形体。图中给出了主视图和俯视图，我们可以构思出 a、b 甚至更多的几个图形。

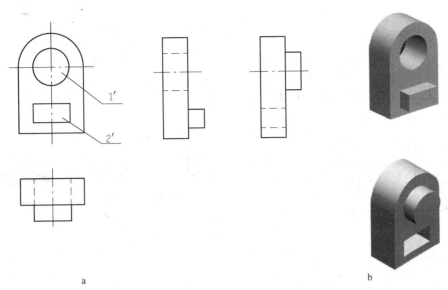

a　　　　　　　　　　　　　　　　b

图6-16　已知主、俯视图构思左视图

如图6-17所示已知形体的一个视图，构思不同的形体。由图中可以看出，所构思的五个形状不同的立体图，其投影图都是一样的，由此也可以知道，组合体的一个视图，不能反映物体的真实形状。

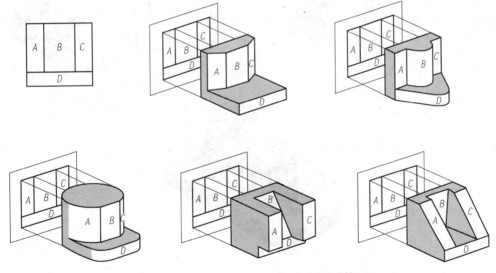

图6-17　给出一个视图构思不同的形体

二、读组合体视图的方法和步骤

读图的方法有两种：一是形体分析法，二是线面分析法。形体分析法是最基本的方法。

形体分析法是按给定的视图，依照投影规律，识别构成组合体的各形体的形状，然后辨明它们之间的相对位置及表面关系，最后综合起来想出整体形状，这就是形体分析法。这种方法，适于叠加式和混合式组合体的读图。现举例说明按形体分析法读图的步骤，如图6-18所示。

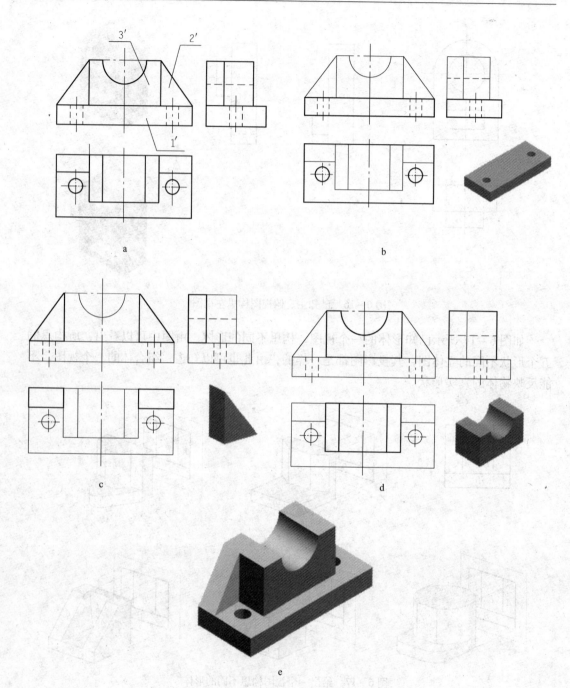

图 6－18　形体分析法看图

a—将组合体分解为三个部分；b—形体Ⅰ的三面投影；c—形体Ⅱ的三面投影；

d—形体Ⅲ的三面投影；e—想象出的物体形状

（1）首先粗略观察组合体的三个视图，大致了解形体的基本特点。然后从反映各组成部分位置特征最明显的视图入手，通常是主视图，将组合体分解为几个部分。如图 6－18a 将组合体大致分为 1、2、3 三个部分。

（2）用三视图的投影规律，想象各部分的形状。对于分解开来的每一部分，一般按照先主后次，先大后小，先易后难的顺序逐一地根据投影关系，分别找出它在其他两个视图上所对应的投影，并想象它们的形状。每一部分的三个投影正确找出后，还要找出哪一个投影反映该部分的形状特征，抓住特征视图就不难分析其形状，如图 6 – 18b、c、d 所示。

（3）分析各部分的相对位置，综合想象组合体的整体形状。分析出各组成部分的形状后，再根据三视图分析它们之间的相对位置和组合形式，最后综合想象组合体的整体形状，如图 6 – 18e 所示。

在一般情况下，对于组合关系比较清晰的组合体，用形体分析法很容易把形体分析出来，然而，有些组合体视图中局部复杂的地方，用形体分析法不容易看懂，这时就需要用线面分析法来分析。所以，对于复杂组合体，读图时以形体分析法为主，线面分析法为辅。

三、根据两视图补画第三视图或补画视图中缺漏的线

要提高读图能力，主要是靠多看多练，根据给出的两视图补画第三视图或补漏线的练习可以检验是否读懂了组合体的形状，是培养读图能力的有效方法。

例 6 – 3　已知组合体的主、俯视图，补画出左视图。如图 6 – 19 所示。

分析：由给出形体的已知视图，想象其形状。看图时是将主视图分为 1、2、3 三个部分来看图。利用投影关系将线框的主视图和俯视图联系起来分析，逐一想象出各部分的形状和位置。可以看出，形体 1 是一端为半圆柱的底板，上边有一圆柱孔，形体 2 是一个圆筒，放置形体 1 的上方，形体 3 为三棱柱体，综合起来，可以想象出立体形状。如图 6 – 19（f）所示。

补画出左视图：想象出物体形状后，用形体分析法依次作出各部分的左视图，作图时满足长对正，高平齐，宽相等。作图步骤如下：

（1）首先补画底板的左视图，如图 6 – 19b 所示。

（2）补画圆筒的左视图，如图 6 – 19c 所示。

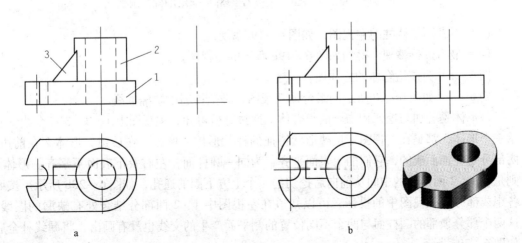

a　　　　　　　　b

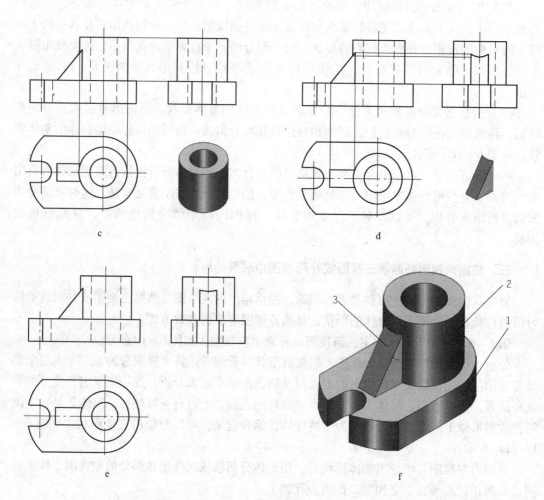

图 6 – 19　补画左视图

a—将主视图分为三个部分来看图；b—补画底板的左视图；c—补画圆筒的左视图；

d—补画三棱柱的左视图；e—综合整理；f—该组合体的立体图

（3）再补画三棱柱的左视图，如图 6 – 19d 所示。

（4）最后进行整理，得到如图 6 – 19e 所示的左视图。

图 6 – 19f 为该组合体的立体图。

例 6 – 4　如图 6 – 20 所示的组合体三视图，补全视图中缺漏的线。

该形体是叠加与挖切相结合的组合体，通过分析可知，主视图上 1、2、3 三个线框表示三个形体，都是在主视图上反映形状特征的柱状形体。形体 1 在后边，形体 2 在前边，两部分是叠加而成的，它们的上表面平齐，为同一圆柱面，左右及下表面不平齐。形体 3 则是在 1、2 两部分的中间从前向后挖切的一个上方下圆的通孔，如图 6 – 20b 所示。按照各组成部分在三视图中的投影，可以知道在左视图中 1、2 两部分结合处有缺漏的图线，这两个部分顶部的圆柱面与两个不同位置的侧平面产生的交线也没有画出，将漏线补全后如图 6 – 20c 所示。

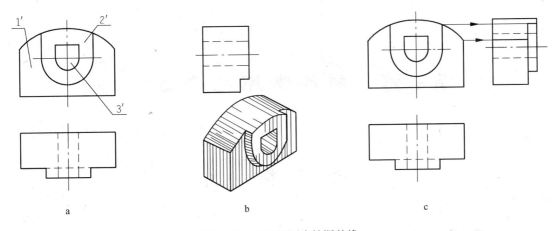

a　　　　　　　　　　　　b　　　　　　　　　　　　c

图 6 - 20　补画视图中缺漏的线

第七章 机件常用的表达方法

第一节 视 图

一、基本视图

（一）基本视图的形成

视图——主要用于表达机件的外形结构。它包括：基本视图、向视图、局部视图、斜视图。

当机件形状较复杂，需从前、后、左、右、上、下等六个方向反映其形状时，可在原来三个投影面的基础上再增加三个投影面，从而构成一个正立六面体的投影体系。该六个面称为基本投影面。

将机件置于六面体当中，向六个基本投影面投射而得到的视图，称为基本视图。这六个基本视图，除了原有的主视图、俯视图和左视图外，新增加的三个视图，一个是自右向左投射而得的视图称右视图，另一个是自下向上投射而得的视图称仰视图，再一个就是自后向前投射而得的视图称后视图，如图 7-1 所示。

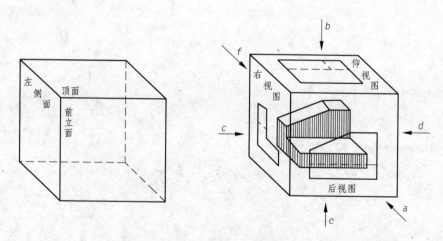

图 7-1 基本视图的组成

六个基本投影面的展开，如图 7-2 所示，正投影面保持不动，其他基本投影面按箭头指向逐步展开到与正投影面位于同一平面的平面内。

（二）基本视图与机件对应关系

（1）尺寸方面：主、俯、仰、后视图均反映机件长度方向的尺寸；俯、左、右、仰视图均反映机件宽度方向的尺寸；主、左、右、后视图均反映机件高度方向的尺寸。

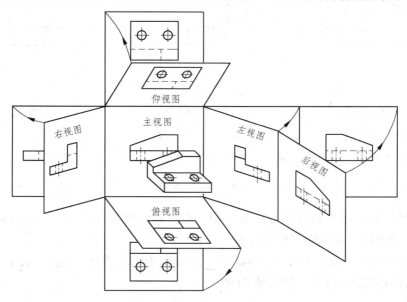

图7-2 六个基本视图的展开方法

（2）方位方面：主、左、右、后视图同时反映机件的上、下方位；主、俯、仰、后视图同时反映机件的左、右方位；俯、左、右、仰视图都反映机件的前、后方位。

实际画图的时候，并不是要把所有的基本视图都画出来，应视机件形状的复杂程度而定，但其中必有主视图。

二、向视图

对于展开后不按图7-3位置作配置的基本视图，称为向视图。此时，它应作标注：在基本视图上方标注"×"，×指的是大写字母，即 A、B、C、D 等中的任一个，而在相应视图上画出箭头指明投射方向及标注相同的大写字母，如图7-4所示。

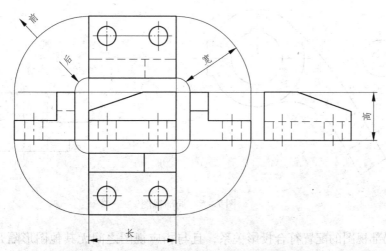

图7-3 六个基本视图与机件方位的对应关系

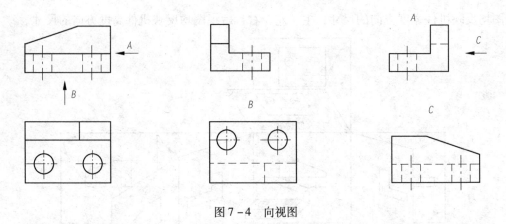

图 7-4　向视图

向视图与基本视图都是用于表达机件的外形，但向视图的配置位置比基本视图灵活，可根据图纸的情况，放在合适的位置上。

向视图，在《机械制图》（GB 4458.1—2002）中仍称为基本视图，只不过它的配置不按展开后的位置配置的，同样也作标注。

三、局部视图

当机件的大部分形状在已有的基本视图或向视图上表达清楚后，对尚未表达清楚的某部分形状，就没有必要画出完整的视图，而只需画出反映该局部形状的图形即可。这种将机件上的某个部分向基本投影面作投射而得到的视图，称为局部视图。

画局部视图时应注意的问题：

（1）局部视图中，作为机件上被表达部分的断裂边界以波浪线或双折线表示。当局部视图的局部结构是完整的其外轮廓线封闭，这时，断裂边界线可以省略不画。如图 7-5 中的 C 向局部视图。

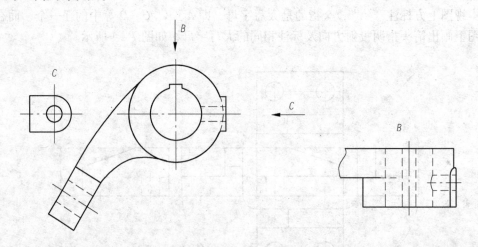

图 7-5　局部视图

（2）局部视图的配置符合投影关系，且与相应视图之间无其他图形隔开时，可省略标注。若局部视图的配置不符合投影关系，则应在其上方标出视图名称"×"，而在相应视图上标出相应字母和箭头说明局部视图表达的部位和投射方向及局部视图的名称，如图 7 –5 所示。

四、斜视图

机件上的倾斜部分，由于它与任何基本投影面都不平行，在基本投影面上的投影不能反映实形。为此，将这部分倾斜结构向一个与其表面平行的辅助投影面投射，即可获得反映实形的图形。这种将机件上的倾斜部分向不平行于基本投影面的平面投射而得到的视图，称为斜视图。画斜视图应注意的问题有：

（1）斜视图中，机件上倾斜部分的断裂边界以波浪线或双折线表示，如图 7 – 6 所示。

（2）斜视图的上方应标出视图名称"×"，而在相应视图上用字母和箭头说明斜视图表达的部分及投射方向，如图 7 –6a 所示。为便于画图，也可将斜视图摆正。此时，除了注出视图名称"×"外，还要标出说明斜视图摆正时旋转的方向，如图 7 –6b 所示。

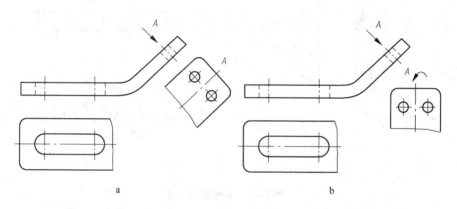

图 7 – 6　斜视图

第二节　剖　视　图

一、剖视图概述

用视图表达机件时，机件的内部结构和被遮盖的外部形状在视图中是以虚线示出的，从而造成层次感差、表达不清晰，画图、读图和标注尺寸也不够方便。为了完整、清晰地表达机件的内外部结构，《机械制图》国家标准规定用剖视方法来表达这些不可见的结构形状。

（一）剖视的概念

假想用剖切面将物体某处切开，移去剖切面与观察者之间的部分，然后将留下的部分向投影面投射，由此而得到的图形称为剖视图，如图 7 –7d 所示。

（二）剖面符号

在剖视图中，剖切到的断面称为剖面。为了分清剖面与非剖面，国家标准规定在剖面

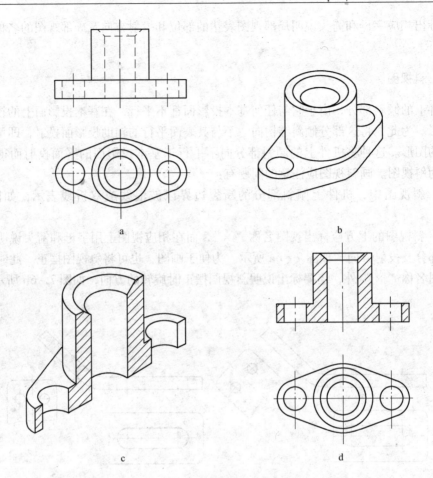

图 7-7　剖视图的形成

a—主视图中虚线较多；b—立体图；c—将立体剖开；d—主视图画成剖视图

上应画上剖面符号。不需在剖面区域中表示材料的类别时，剖面符号可采用通用的剖面线。通用剖面线应以适当的角度的细实线绘制，一般情况与主要轮廓成 45°角，如图 7-8 所示，同一物体的各个剖面区域，其剖面线的方向要一致。

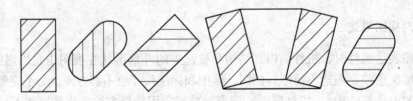

图 7-8　剖面线的方向

为了区分被剖切物体的材料，国家标准《机械制图》规定了各种材料符号的画法，如图 7-9 所示。

（三）剖视图的画法

（1）确定剖切的位置。为使剖视图能反映机件内部结构的实形，应假想剖切面平行

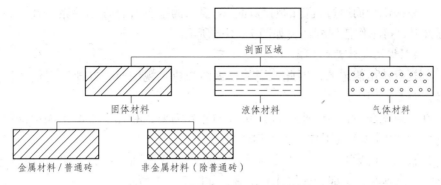

图 7-9 特定剖面符号的分类结构

于基本投影面，并通过孔、槽等内部结构的轴线，或与机件的对称面重合，将机件剖开。

（2）移去位于观察者与剖切面之间的部分，画出断面的图形，并画上剖面符号。这时由于机件内部的孔、槽被显示出来了，在画图时，原来不可见的虚线就要画成实线。

（3）画出剖面之后的所有可见轮廓线。

（4）加深可见轮廓。

（四）剖视图的标注

（1）剖切符号和投射箭头。剖切符号是指在剖切面起始、转折和终止位置所画的两条短的粗实线，线宽约为（1~1.5）b、长约 5~7mm，通常画在剖切面具有积聚性投影的那个视图上。箭头画在表示起始、终止的线端处。箭头表示剖视图的投射方向，如图 7-10a 所示。

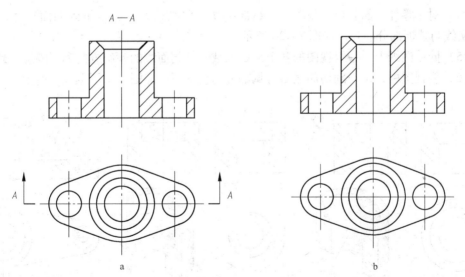

图 7—10 剖视图的标注
a—剖视图的完整标注；b—剖视图省略标注的情况

（2）字母，说明剖视图的名称。它标注在箭头的外侧，并在相应的剖视图上方标注剖视图名称"×-×"。

（3）当剖视图的配置符合投影关系，中间又没有其他图形隔开，此时可省略箭头。

（4）当单一剖切面通过机件的对称面，剖视图的配置符合投影关系，且中间又无其他图形隔开时，可不作任何标注，如图 7 – 10b 所示。

（五）画剖视图要注意的问题

（1）剖视画法是假想的，因此，当某一视图画成剖视图时，其他视图仍应按完整的机件画出，如图 7 – 10 所示。

（2）在一组视图中，可以根据表达机件的实际需要，在几个视图中采用剖视，如图7 – 13所示。主视图和俯视图均采用了剖视图。

（3）剖视图中的虚线，一般不必画出，只有当虚线不画而导致无法确定机件上相关部分的形状或位置时，这部分虚线才画出来，如图 7 – 11 所示。

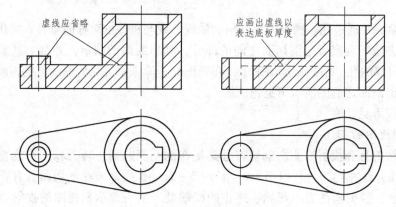

图 7 – 11　剖视图的画法

（4）对于零件上的肋板、轮辐，当纵向剖切这些结构时，通常不画剖面符号，而是用粗实线与邻近部分隔开，如图 7 – 26 所示。

（5）同一图纸上，一组视图的各个剖面区域，其剖面线的倾斜方向和间隔应一致。

（6）剖视图中，位于剖切面之后可见部分的投影不应漏画，如图 7 – 12 所示。

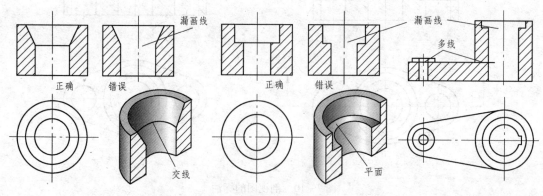

图 7 – 12　剖切面之后的可见轮廓线不应漏画

二、剖视图的种类

（一）全剖视图

用剖切面完全地剖开机件所得的剖视图，称为全剖视图。全剖视图较充分地表达机件的内形，因此，它适用于内形较复杂，而外形较简单的机件结构的表达。如图 7 – 10 所示，就为一个全剖视图。

（二）半剖视图

用剖切平面剖开具有对称性的机件，在垂直于对称面的投影面上所得的剖视图，可以对称线为分界线，一半画剖视图，另一半画视图。这种由半个剖视图和半个视图拼成的图形，称为半剖视图，如图 7 – 13 所示。

画半剖视图时应注意的问题：

（1）半剖视图为全剖视图的特殊画法。半剖视图上，剖与不剖的分界线为对称线，而非粗实线。

（2）半剖视图中的半个视图部分内，仍可作局部剖视。如图 7 – 13c 所示的主视图中的小圆柱孔作了局部剖视。

半剖视图，可内外形兼顾，所以适用于表达对称机件的内外结构形状。

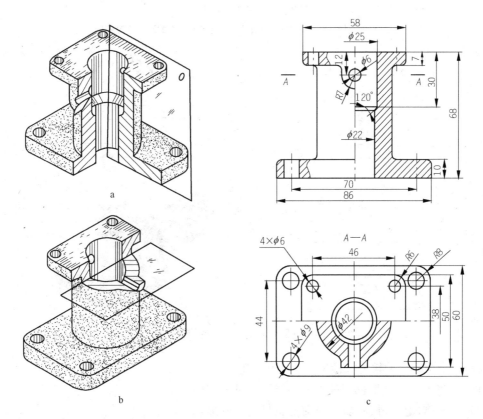

图 7 – 13 半剖视图

（二）局部剖视图

用剖切面部分地剖开机件，而得的剖视图称为局部剖视图，如图 7 – 14 所示。

画局部剖视图时应注意的问题：

（1）局部剖视的范围，既可大于机件的一半，也可小于一半。

（2）局部剖视图中，表示剖切的断裂边界线为波浪线或双折线。

（3）采用单一剖切平面，而且剖切位置明确时，局部剖视图不必标注。

（4）局部剖视图中常见的错误画法，如图 7－15 所示。

（5）局部剖视画法灵活，但一个视图中切忌局部剖视数量太多，以免使图形显得太零碎。

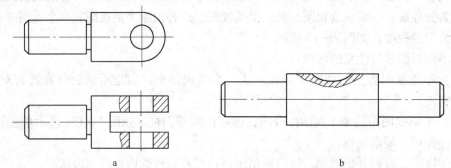

图 7－14　局部剖视图

a—表达机件上局部结构的内部形状；b—表达实心杆上的孔、槽等结构

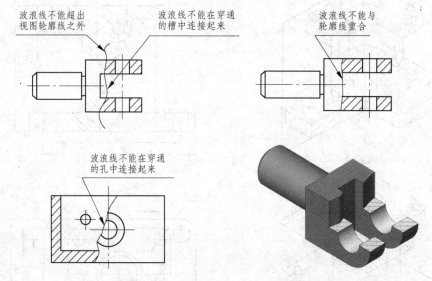

图 7－15　常见局部剖视图中的错误画法

局部剖视图是一种较为灵活的表达方法，它可用于：

（1）机件上，在其他视图尚未表达清楚的部分内形。

（2）在一视图中，同时表达不对称机件的内外形。

（3）轮廓线与对称线重合的对称性机件，此时不宜画成半剖视图，其画法如图 7－16 所示。

三、机件的剖切方法

（一）单一剖平面的剖切

剖视图是由单一剖切面剖切机件而形成的。前边所介绍的全剖视图、半剖视图和局部剖视图均是采用单一平行于基本投影面的剖切平面剖开机件。

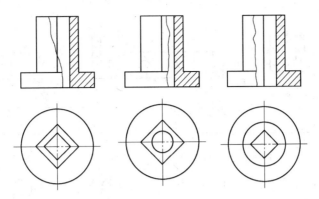

图 7 - 16　不宜采用半剖的画法

如图 7 - 17 所示的为斜剖，也是属于用单一的剖切面剖开机件。只不过剖切平面与基本投影面不平行。

（二）几个平行剖切平面的剖切

用几个平行的剖切平面剖开机件来获得剖视图的方法，称为阶梯剖，如图 7 - 18 所示。画阶梯剖视图时应注意的问题：

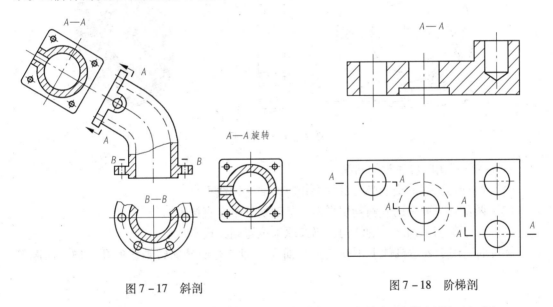

图 7 - 17　斜剖　　　　　　　　　　　　图 7 - 18　阶梯剖

（1）阶梯剖视图中，不应画出相邻两剖切平面之间转折处的投影，如图 7 - 19a 所示。

（2）阶梯剖切平面的转折处不要与轮廓线重合，如图 7 - 19b 所示。

（3）阶梯剖视图中，不应出现不完整的结构要素，如图 7 - 19c 所示。

阶梯剖适用于表达机件上分布于若干平行平面上的孔、槽、内腔等结构。

（三）两相交剖切面的剖切

用相交两剖切面剖开机件得到剖视图的方法，称为旋转剖。画其剖视图时，一定要将倾斜剖切面剖切到的结构旋转至平行于预定的基本投影面，然后再作投射，如图 7 - 20 所示。

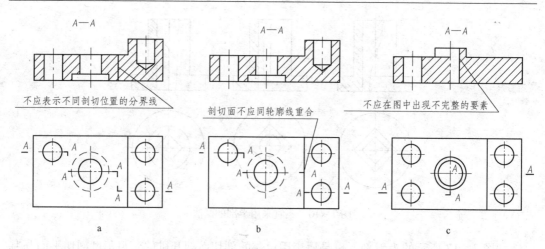

图 7 - 19　画阶梯剖视图注意事项

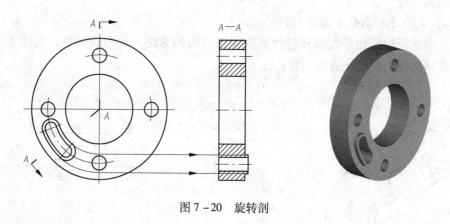

图 7 - 20　旋转剖

画旋转剖视图时应注意的问题:

(1) 两剖切平面的交线必与机件上相应的回转轴线重合。

(2) 两剖切平面中的倾斜剖切平面,其剖切处不得直接投射。

(3) 位于剖切平面之后的结构,仍按原来位置画其投影。

旋转剖适用于表达机件上不在同一平面内,却具有明显回转轴线的孔、槽、内腔等结构。

第三节　断　面　图

一、断面图概述

(一) 断面图的概念

如图 7 - 21 所示,假想用一剖切面将物体的某处断开,仅画出该剖切面与物体接触部分的图形,这种图形称为断面图。

(二) 断面图与剖视图的区别

画断面图时,应特别注意断面图与剖视图之间的区别。断面图只画出物体被切处的断

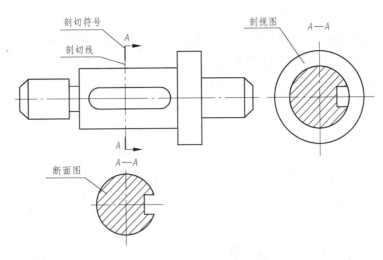

图7-21 断面图与剖视图的区别

面形状,而剖视图除了画出其断面形状之外,还必须画出断面之后所有的可见轮廓。图7-21表示出剖视图和断面图之间的区别。

二、断面图的种类

断面图可分为移出断面图和重合断面图。

(一) 移出断面图

1. 移出断面图的概念

画在视图轮廓线之外的断面图,称为移出断面图,如图7-21所示。

2. 画移出断面图要注意的问题

(1) 移出断面的轮廓线用粗实线绘制。

(2) 剖切平面一般应垂直于被剖切部分的主要轮廓线。当遇到如图7-22所示的肋板机构时,可用两个相交的剖切平面,分别垂直于左、右肋板进行剖切。这时所画的断面图一般用波浪线断开。

(3) 当断面图形一致或均匀变化时,断面图可画在视图的中断处。

(4) 当剖切平面通过由回转面形成的孔和凹坑等结构的轴线时,这些结构应按剖视图画出。

(5) 当剖切平面通过非圆孔,会导致出现完全分离的两个断面时,这些结构应按剖视图绘制。

3. 移出断面图的标注

(1) 当移出断面图按投影关系配置或断面图对称时均可省略箭头。

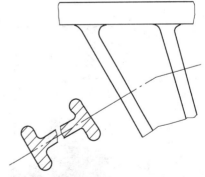

图7-22 画移出断面图应注意的问题

(2) 当断面图配置在剖切线的延长线上时,如果断面图是对称图形,则不必标注,如图7-23c所示。若断面图图形不对称,则必须用符号表示剖切位置、用箭头指明投射方向，不必标字母，如图 7-23b 所示。

（3）当断面图配置在其他位置时，若断面图形对称则不必标注箭头，如图 7-23a 所示。当断面图配置在其他位置时，若断面图形不对称时，应画出剖切符号和箭头，并用大写字母标注断面图名称，如图 7-23d 所示。

（4）配置在视图中断处的对称断面图，不必标注。

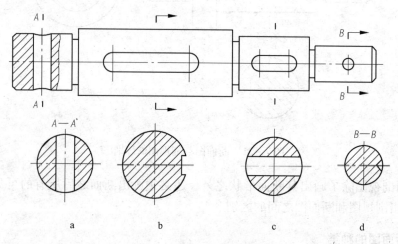

图 7-23　移出断面图的标注

（二）重合断面图

配置在视图轮廓线内的断面图，称为重合断面图，如图 7-24 所示。其轮廓线为细实线，而视图中的轮廓线在重合断面图形内不应中断。

重合断面图的标注：

（1）重合断面图不对称时，应标注剖切符号和投影方向，但断面图名称不注，如图 7-24a 所示。

（2）重合断面图对称时，则不作任何标注，如图 7-24b 所示。

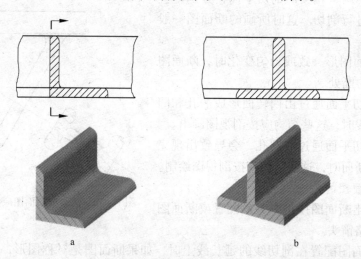

图 7-24　重合断面图

第四节　机件的其他表达方法

为了把机件的结构形状表达得更清楚，除了视图、剖视图和断面图等表达方法之外，再介绍一些常见的表达方法。

一、局部放大图

将机件的部分结构，用大于原图形所采用的比例画的图形，称为局部放大图。局部放大图可画成视图、剖视图或断面图。画局部放大时要用细实线圆圈圈出被放大的部位，并在局部放大图上方注出作图的比例。若有几处作局部放大，则在每个放大图上方标出相应的罗马数字和所用的比例，如图 7 - 25 所示。

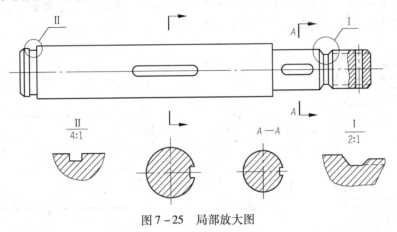

图 7 - 25　局部放大图

二、简化画法

（1）当机件回转体上均匀分布的筋、孔等结构，不处在剖切平面上时，可按旋转剖视画出，并画成对称形式，如图 7 - 26 所示。均匀的孔只画一个，其余只用点画线画出相应位置，但在图上只注明孔的总数。

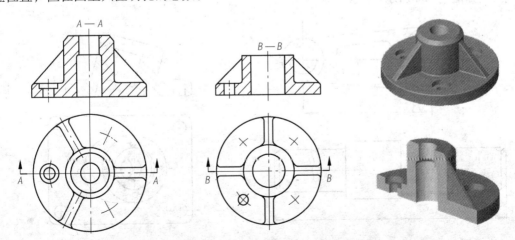

图 7 - 26　机件上均匀分布的筋、孔的简化画法

（2）在不引起误解的情况下，对称机件的视图可以只画一半，如图 7 - 27a 所示，或者是四分之一如图 7 - 27b。但要在对称线的两端画两条与中心线垂直的细实线。

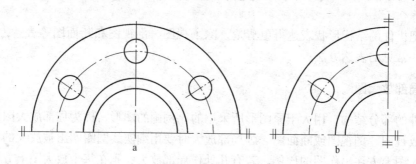

图 7 - 27　对称图形的简化画法

（3）当机件上具有若干相同要素并按规律分布时，可画出几个要素，其余则用细实线连接，图中要注明总的个数，如图 7 - 28 所示。

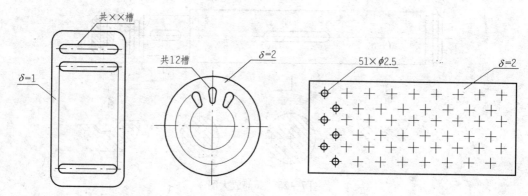

图 7 - 28　相同结构的简化画法

（4）较长机件在沿长度方向的形状一致或按一定规律变化时，允许断开表达，但所标注的尺寸一定是机件的真实尺寸，如图 7 - 29 所示。

（5）当圆或者圆弧所在平面与投影面的倾角不大于 30°时，其投影允许用圆或圆弧来代替，如图 7 - 30 所示。

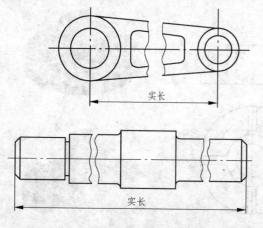
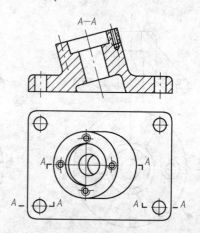

图 7 - 29　较长机件断开画法图　　　　图 7 - 30　倾斜圆或圆弧的简化画法

（6）当图形不能充分表示平面时，可用平面符号，如图7-31所示。

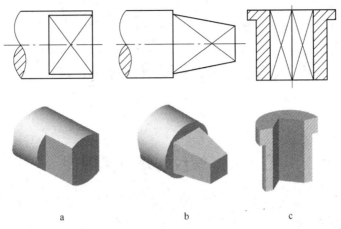

图7-31　平面符号

（7）对于机件上较小结构，如已有其他图形表示清楚，且又不影响读图时，可不按投影而按简化画法画出或省略。如图7-32所示，视图上的相贯线省略不画。

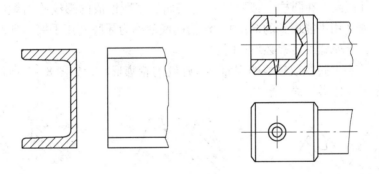

图7-32　较小结构的简化画法

（8）移出断面在不引起误解时，可以不画剖面符号，如图7-33所示。

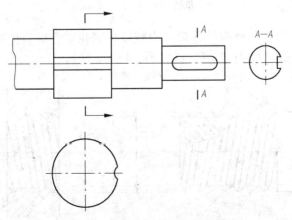

图7-33　省略剖面符号的简化画法

第八章　标准件与常用件

第一节　螺纹与螺纹紧固件

一、螺纹的要素

在圆柱或圆锥表面上，沿着螺旋线所形成的具有规定牙型的连续凸起，称为螺纹。它可视为一平面图形（如三角形、梯形、矩形等）绕一圆柱（或圆锥）做螺旋运动，从而形成一圆柱（或圆锥）螺旋体。螺纹分外螺纹和内螺纹，在圆柱（或圆锥）外表面加工形成的螺纹称外螺纹，在圆柱（或圆锥）内表面加工所形成的螺纹称内螺纹。螺纹凸起的顶部称为牙顶（用手能摸到的部位），沟槽的底部称为牙底（用手摸不到的部位）。内、外螺纹旋合时，下列螺纹要素必须相同。

（1）牙型：在通过螺纹轴线的剖面上，螺纹的轮廓形状，如图8-1所示。常见的螺纹牙型有三角形、梯形、锯齿形等。

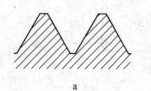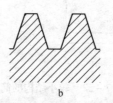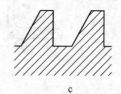

a　　　　　　　　b　　　　　　　　c

图8-1　螺纹的牙型

a—三角形；b—梯形；c—锯齿形

（2）大径（D，d）：与外螺纹牙顶或内螺纹牙底相重合的假想圆柱面的直径。一般公制普通螺纹其大径尺寸即为其公称直径，如图8-2所示。

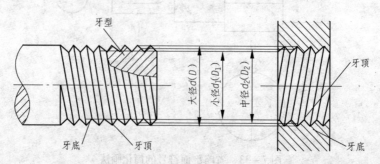

图8-2　螺纹的要素

（3）小径（D_1，d_1）：与外螺纹牙底或内螺纹牙顶相重合的假想圆柱面的直径，如图8-2所示。

（4）中径（D_2，d_2）：是一个假想圆柱面的直径，该圆柱的母线通过牙型上沟槽和凸起宽度相等，此假想圆柱的直径称为中径，如图8-2所示。

（5）线数（n）：又称头数，即在同一圆柱表面上形成螺纹的条数。螺纹有单线螺纹和多线螺纹之分，由一条螺旋线所形成的螺纹，称为单线螺纹如图8-3a所示。沿两条或两条以上，在轴向等距分布的螺旋线上所形成的螺纹，称为多线螺纹，如图8-3b所示。

（6）螺距（P）与导程（P_h）

螺距（P）：相邻两牙在中径线上对应两点的轴向距离，如图8-3所示。

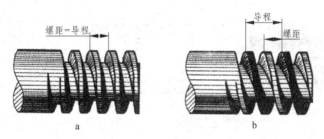

图8-3　螺纹的线数

a—单线螺纹；b—双线螺纹

导程（P_h）：同一条螺旋线上相邻两牙在中径线上对应两点间的轴向距离。

螺距与导程的关系：导程（P_h）＝螺距（P）×线数（n）。

（7）旋向：螺纹的旋进方向，有右旋与左旋之分。按顺时针方向旋进的螺纹称为右旋螺纹；反之，称为左旋螺纹，一般常用的螺纹为右旋螺纹，如图8-4所示。

二、螺纹的画法

（一）外螺纹的画法

（1）大径画粗实线，小径画细实线，螺纹终止线画粗实线。

（2）在投影为圆的视图上，表示牙底的细实线只画3/4圆，不画倒角圆的投影。

（3）在投影为非圆的视图中，牙底的细实线应画入倒角内，如图8-5所示。

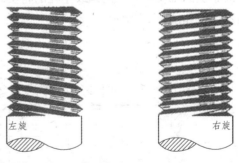

图8-4　螺纹的旋向

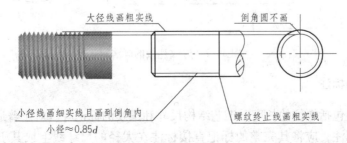

图8-5　外螺纹的画法

（4）在螺纹的剖视图中，螺纹的终止线只画出大径和小径之间的部分，剖面线要画到粗实线处。

（二）内螺纹的画法

（1）当螺纹为不可见时，表示螺纹的所有图线均按虚线绘制。

（2）在剖视图中，内螺纹的小径画粗实线，大径画细实线，螺纹终止线画粗实线。

（3）在投影为圆的视图上，表示大径的细实线只画 3/4 圆，不画倒角圆的投影。

（4）剖面线要画到粗实线，即画到小径线处，如图 8-6 所示。

（5）绘制不通孔时，一般应将钻孔深度与螺纹深度分别画出，钻头角按 120° 来画。

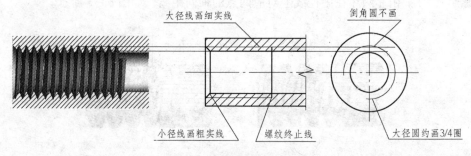

图 8-6　内螺纹的画法

（三）螺纹连接的画法

（1）内、外螺纹旋合的部分，按外螺纹画法，未旋合部分，内螺纹按内螺纹的画法，外螺纹按外螺纹的画法。

（2）内、外螺纹旋合时，外螺纹大径的粗实线必须与内螺纹大径的细实线对齐，外螺纹小径的细实线要与内螺纹小径的粗实线对齐，并注意不要将外螺纹的终止线画入内螺纹之内，如图 8-7 所示。

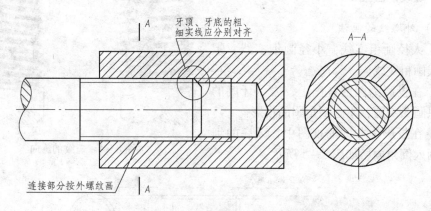

图 8-7　螺纹连接的画法

三、螺纹的标注

螺纹的标注包括螺纹的长度、工艺结构尺寸和螺纹的标记等。对于普通螺纹和传动螺纹在图样上的标注，应将其完整的标记直接标注在大径的尺寸线上或其引出线上，如图 8-8 和图 8-9 所示。不同种类的螺纹标记形式不同。其标注格式如下。

（一）普通螺纹的标注

普通螺纹标记形式：螺纹代号 – 螺纹公差带代号 – 旋合长度代号

1. 螺纹代号形式

螺纹特征代号　公称直径×螺距　旋向

（1）普通螺纹的特征代号用字母"M"表示；

（2）普通螺纹的公称直径为螺纹的大径；

（3）普通粗牙螺纹不标注螺距，普通细牙螺纹必须标注螺距；

（4）右旋螺纹不标注旋向，左旋螺纹应标注字母"LH"。

2. 螺纹公差带代号

由表示公差等级的数字和字母组成。大写字母代表内螺纹，小写字母代表外螺纹。螺纹公差带代号包括中径公差带代号和顶径公差带代号，标注时中径公差带代号在前，顶径公差带代号在后，当中径公差带代号和顶径公差带代号相同时，只标注一个代号。

3. 旋合长度代号

普通螺纹的旋合长度分为短、中、长三种，短旋合代号用 S，中旋合代号用 N，长旋合代号用 L，相应的长度可根据螺纹公称直径及螺距从标准中查出。若是中等旋合长度，其旋合代号 N 可省略不注。

普通螺纹标记形式如图 8 – 8 所示。

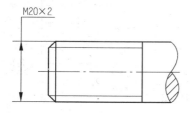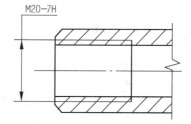

图 8 – 8　普通螺纹的标注

（二）梯形螺纹和锯齿形螺纹的标注

梯形螺纹和锯齿形螺纹标记形式：螺纹代号 – 中径公差带代号 – 旋合长度代号

1. 螺纹代号的标注形式

螺纹特征代号　公称直径×螺距　旋向

（1）梯形螺纹的特征代号为 Tr，锯齿形螺纹的特征代号为 B；

（2）梯形螺纹和锯齿形螺纹的公称直径为螺纹的大径；

（3）多线梯形螺纹应标注"导程（P 螺距）"；

（4）右旋螺纹不标注旋向，左旋螺纹应标注代号"LH"。

梯形螺纹和锯齿形螺纹只标注中径公差带代号。

2. 旋合长度代号

梯形螺纹和锯齿形螺纹的旋合长度也是分为短、中、长三种，其代号分别是 S、N、L。若是中等旋合长度，其旋合代号 N 可省略不注。梯形螺纹标记形式如图 8 – 9 所示。

（三）管螺纹的标注

常用的管螺纹分为螺纹密封的管螺纹和非螺纹密封的管螺纹。

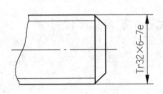 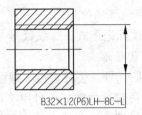

图 8 – 9　梯形螺纹及锯齿形螺纹的标注

1. 非螺纹密封的管螺纹的标注

非螺纹密封的管螺纹的标注形式：螺纹特征代号 尺寸代号 公差等级代号 – 旋向代号

（1）非螺纹密封的管螺纹特征代号为 G。

（2）管螺纹的尺寸代号并不是指螺纹大径，也不是管螺纹本身任何一个直径，而是管子的通径。

（3）它的公差等级代号分 A、B 两个精度等级。外螺纹需要注明，内螺纹只有一个等级，不标注此项代号。

（4）右旋螺纹不标注旋向，左旋螺纹应标注代号"LH"。

非螺纹密封管螺纹标记形式如图 8 – 10a 所示。

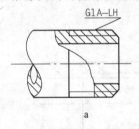 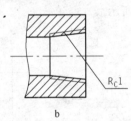 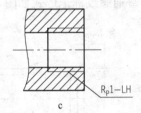

图 8 – 10　管螺纹的标注

非螺纹密封管螺纹标记示例：

G1A – LH：表示尺寸代号为 1，公差等级为 A 级的左旋外螺纹。

2. 用螺纹密封的管螺纹的标注

用螺纹密封的管螺纹的标注形式：螺纹特征代号 尺寸代号 – 旋向代号

（1）螺纹特征代号分为与圆柱内螺纹相配合的圆锥外螺纹 R_1、与圆锥内螺纹相配合的圆锥外螺纹 R_2，圆锥内螺纹 R_C 及圆柱内螺纹 R_P；

（2）右旋螺纹不标注旋向，左旋螺纹应标注代号"LH"。

用螺纹密封管螺纹标记形式如图 8 – 10b 和图 8 – 10c 所示。

用螺纹密封管螺纹标记示例：

R_P1 – LH：表示与 R_1 圆锥外管螺纹相配合的圆柱内管螺纹，它的尺寸代号为 1，为左旋螺纹。

四、螺纹紧固件及其连接

用螺纹起连接和紧固作用的零件称为螺纹紧固件。常用的螺纹紧固件有螺栓、螺钉、双头螺柱、螺母和垫圈等，这些均为标准件，在设计时，这些标准件不需画零件图，只需在装配图中画出，并注写标记。

（一）螺纹紧固件的标记

国家标准 GB/T 1237—2000《紧固件标记方法》中规定有完整标记和简化标记两种，并规定了完整标记的内容和格式，以及标记的简化原则。

螺纹紧固件的简化标记为：名称　标准编号　螺纹规格　性能等级或硬度

螺纹紧固件的简化标记示例：规格 M12、公称长度为 80mm、性能等级为 8.8 级、产品等级为 A 级，表面氧化处理的六角头螺栓，其标记为：螺栓 GB/T 5782 M12×80。

表 8-1 列出了一些常用螺纹紧固件及其简化标记。

表 8-1　常用螺纹紧固件及其简化标记

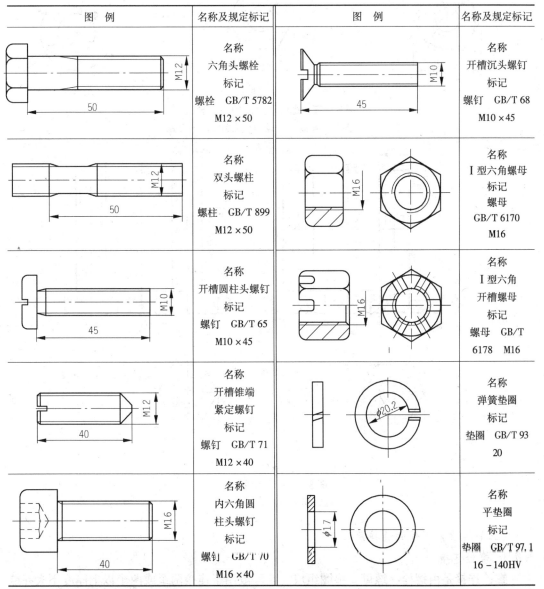

图　例	名称及规定标记	图　例	名称及规定标记
M12　50	名称 六角头螺栓 标记 螺栓　GB/T 5782 M12×50	M10　45	名称 开槽沉头螺钉 标记 螺钉　GB/T 68 M10×45
M12　50	名称 双头螺柱 标记 螺柱　GB/T 899 M12×50	M16	名称 I 型六角螺母 标记 螺母 GB/T 6170 M16
M10　45	名称 开槽圆柱头螺钉 标记 螺钉　GB/T 65 M10×45	M16	名称 I 型六角 开槽螺母 标记 螺母　GB/T 6178　M16
M12　40	名称 开槽锥端 紧定螺钉 标记 螺钉　GB/T 71 M12×40	$\phi20.2$	名称 弹簧垫圈 标记 垫圈　GB/T 93 20
M16　40	名称 内六角圆 柱头螺钉 标记 螺钉　GB/T 70 M16×40	$\phi17$	名称 平垫圈 标记 垫圈　GB/T 97.1 16-140HV

（二）螺纹紧固件的画法

螺纹紧固件的画法有两种，一种是查表法，另一种是比例法。查表法是在画图时根据其规定标记查阅有关标准，从标准中查出螺纹紧固件各个部分参数的方法。比例法是为了简便画图，将螺纹紧固件各部分的尺寸用公称直径的不同比例画出的方法。如图 8 - 11 所示为螺母和垫圈的比例画法。如图 8 - 12 所示为螺栓的比例画法。

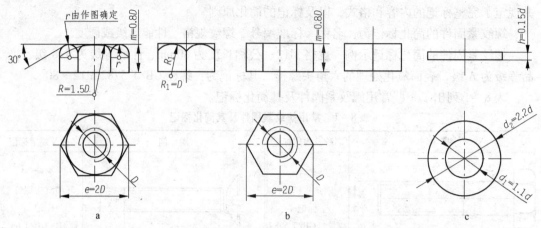

图 8 - 11　螺母和垫圈的比例画法
a—螺母规定画法；b—螺母简化画法；c—垫圈

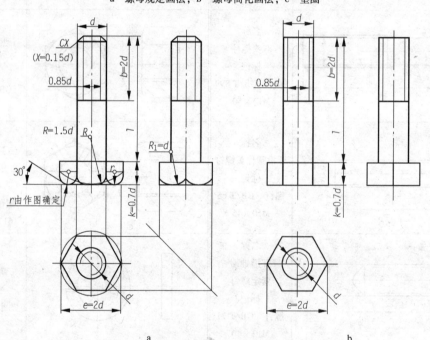

图 8 - 12　螺栓的画法
a—螺栓的规定画法；b—螺栓的简化画法

（三）螺纹紧固件的连接画法

1. 螺栓连接

螺栓连接是由螺栓、螺母、垫圈组成，它一般用于连接两个或两个以上厚度不大并能钻成通孔的零件，如图 8 - 13 所示。

在装配图中，螺纹紧固件采用图 8 - 13 所示的比例画法，其各部分比例尺寸如图。绘图时应注意：

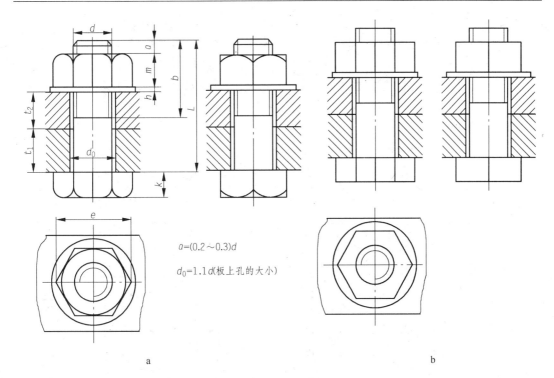

图 8 – 13 螺栓连接画法

a—规定画法；b—简化画法

（1）被连接零件的孔径 $d_0 = 1.1d$（d 是螺纹公称直径）。

（2）螺栓长度 $L \geq (t_1 + t_2)$（两被连接零件厚度）$+ 0.15d$（垫圈高度）$+ 0.8d$ 的（螺母厚）$+ (3 \sim 5)$（螺栓露出螺母长度）。然后查表取标准的 L 值。

（3）当剖切平面通过螺栓的轴线时，螺栓、螺母、垫圈均按未剖绘制。

（4）相邻两零件的接触表面只画一条粗实线，不接触表面则要画各自轮廓线。

（5）剖视图中，相接触的两零件的剖面线应不同，而同一零件的剖面线应相同。

2. 双头螺柱连接

双头螺柱连接适用于被连接零件之一较厚或不允许钻成通孔的情况，双头螺柱的两端都加工有螺纹，一端和被连接件旋合，另一端和螺母旋合。双头螺柱的比例画法和螺栓连接的比例画法基本相同。如图 8 – 14 所示。双头螺柱的旋入端长度要根据被旋入件的材料而定。

钢： $b_m = d$

铸铁： $b_m = (1.25 \sim 1.5)d$

铝合金： $b_m = 2d$

螺柱的公称长度： $L \geq t + s + m + (0.2 \sim 0.3)d$

根据计算出的螺柱长度，对照有关手册中螺柱的标准长度系列，选取与其相近的标准长度值作为 L 的值。

绘图时应注意：

（1）在较厚被连接件上绘制螺纹孔。

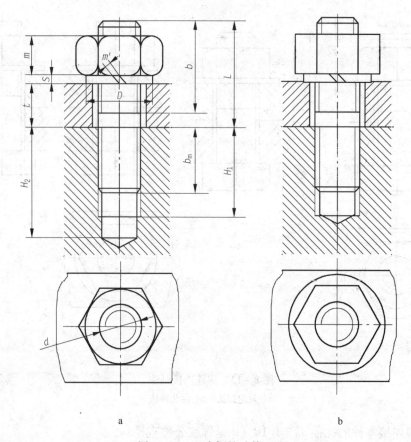

图 8 – 14　双头螺柱连接画法

a—规定画法；b—简化画法

（2）将螺柱短端旋入螺孔，使终止线与被连接件表现平齐。

（3）将另一被连接件加工出直径为 1.1d 的通孔，并穿过螺柱与之配合。

（4）在螺柱上套入垫片、螺母。

3. 螺钉连接

螺钉连接用于不经常拆开和受力较小的场合。螺钉连接的比例画法中，其旋入端与螺柱相同，被连接板孔部的画法与螺栓相同。螺钉头部的结构常见的有圆柱头和沉头等，其比例画法如图 8 –15 所示。

螺钉和被连接件上的孔的尺寸，都可根据螺钉的类型和公称尺寸 d，在有关手册中查出。其中螺钉的旋入端深度 L_1 由带螺孔的被连接件的材料决定，并与确定螺柱旋入端长度 b_m 的方法相同。

绘制螺钉连接图时应注意：

（1）为了使螺钉头能压紧被连接件，螺钉的螺纹终止线应高出螺孔的端面。

（2）对于开槽螺钉，其头部改锥槽在投影为圆的视图不按投影关系绘制，应画成与圆的对称中心线倾斜 45°，如图 8 –15 所示。

4. 紧定螺钉连接

紧定螺钉连接常用于定位、防松而且受力较小的场合，其连接的画法过程如图 8 – 16 所示。

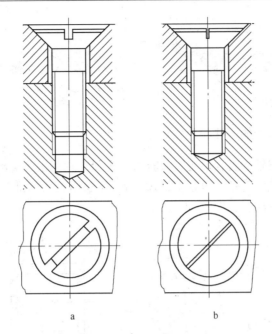

图 8-15 螺钉连接的画法
a—规定画法；b—简化画法

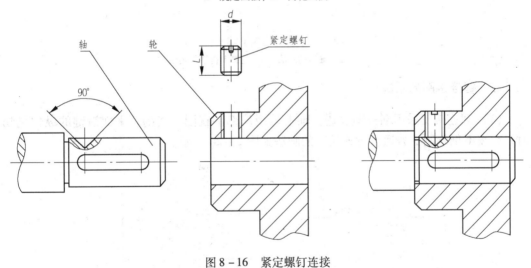

图 8-16 紧定螺钉连接

第二节 键连接和销连接

键用于连接轴和轴上传动件，如齿轮、带轮等，起传递扭矩的作用。

一、常用键及其标记

常用键包括普通平键、半圆键和钩头楔键等，如图 8-17 所示。普通平键又有 A、B、C 三种型式。A 型代表圆头平键，B 型代表方头平键，C 型代表单圆头平键，如图 8-18 所示。

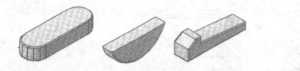

图 8－17　常用键的形式

图 8－18　普通平键的形式

二、轴和轮毂上键槽的画法和尺寸标注

键和键槽尺寸根据轴的直径确定，可查有关手册或在附录中查出。对于普通平键，键的长度 L 一般应比相应的轮毂长度短 5～10mm，并取相近的标准值。轴上的键槽和轮毂上的键槽画法及尺寸标注，如图 8－19 所示。

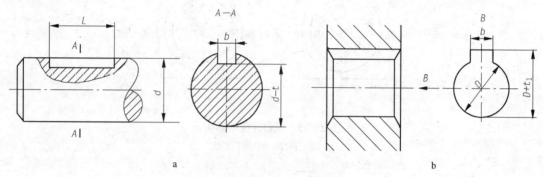

图 8－19　轴和轮毂上键槽的画法

a—轴上键槽的画法；b—轮毂上键槽的画法

三、键连接图的画法

（1）键连接图采用剖视图表达，轴上采用局部剖视图，当剖切平面沿键的纵向剖切时，键按不剖绘制。普通平键连接图的画法如图 8－20 所示。

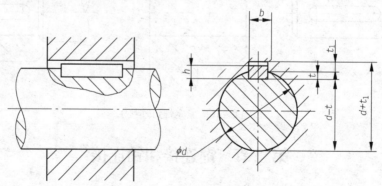

图 8－20　普通平键连接图的画法

（2）剖切平面沿键的横向剖切时，键应画出剖面线。

（3）普通平键和半圆键的侧面是工作面，因此，键与轴、孔的键槽侧面是没有间隙的，键的底面与轴接触，应画一条线，而键的顶面与轮毂键槽之间有间隙，应画两条线。

（4）钩头楔键的顶面有 1∶100 的斜度，连接时就将键打入键槽，键的顶面和底面为工作面。

四、销及其连接的画法

常用的销有圆柱销、圆锥销和开口销三种。如图 8-21 所示圆柱销和圆锥销用作零件间的连接和定位；开口销用来防止螺母松动或固定其他零件。

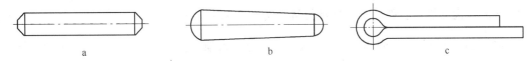

图 8-21 常用销的型式
a—圆柱销；b—圆锥销；c—开口销

销是标准件，其规格、尺寸可以从有关标准中查到。画销连接图时，当剖切平面通过销的轴线时，销按不剖切来绘制，如图 8-22 所示。

销GB/T119.1-2000 6×18   销GB/T117-2000 6×25

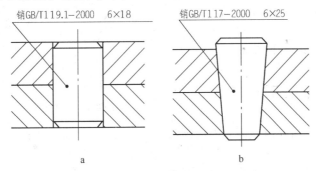

a   b

图 8-22 销连接图的画法
a—圆柱销；b—圆锥销

第三节 齿 轮

齿轮在机器设备中应用十分广泛，它们的主要作用是用来传递动力，变换运动方向和速度。常见的传动齿轮有三种：圆柱齿轮、圆锥齿轮和蜗轮蜗杆，如图 8-23 所示。图8-23a所示为圆柱齿轮，用于两平行轴间的传动；图 8-23b 所示为圆锥齿轮，用于两相交轴间的传动；图 8-23c 所示为蜗轮和蜗杆传动，用于两垂直交叉轴间的传动。图 8-23d 所示为齿轮齿条

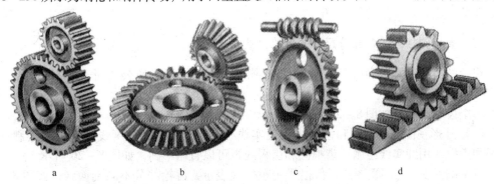

a   b   c   d

图 8-23 齿轮传动的类型

传动。它们的运动方式均为回转运动。还有一种是齿轮和齿条传动，它们是回转与直线运动的转换。根据齿轮齿廓形状，齿轮又具有渐开线、摆线、圆弧等形状。其中由渐开线形成的齿轮应用最为广泛。本节主要介绍渐开线齿轮的有关知识和规定画法。

圆柱齿轮按其齿形方向可分为直齿、斜齿和人字齿等。这里主要介绍直齿圆柱齿轮。

一、直齿圆柱齿轮各部分名称及代号（见图 8 - 24）

（1）齿顶圆 d_a：通过齿轮各齿顶端的圆，称为齿顶圆。

（2）齿根圆 d_f：通过齿轮各齿槽底部的圆，称为齿根圆。

（3）分度圆 d：齿轮上的一个假想圆，在该圆上齿槽宽 e 与齿厚 s 相等。

（4）齿距 p：分度圆上相邻两齿廓对应点之间的弧长，称为齿距。$p = s + e = 2s = 2e$。

（5）齿顶高 h_a：是齿顶圆和分度圆之间的径向距离。

（6）齿根高 h_f：是分度圆和齿根圆之间的径向距离。

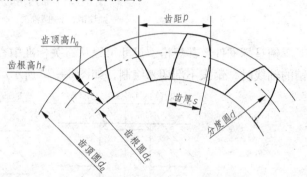

图 8 - 24　直齿圆柱齿轮

（7）齿高 h：轮齿在齿顶圆和齿根圆之间的径向距离，称为齿高。

$$h = h_a + h_f$$

（8）中心距：两啮合齿轮轴线之间的距离。

二、直齿圆柱齿轮的基本参数

（1）齿数 z：齿轮的个数。

（2）模数 m：齿距 p 与圆周率 π 的比值，即 $m = p/\pi$。模数的单位为毫米。因为 $\pi d = zp$，所以 $d = zp/\pi = zm$。一对相互啮合的齿轮的模数相等。模数是计算齿轮的主要参数，且已标准化。

（3）齿形角 α：

齿形角是两齿轮啮合时，在节点 P 处两齿廓的公法线（受力方向）与两节圆的公切线（速度方向）之间的夹角称为齿形角，又叫压力角，如图 8 - 25 所示。我国标准渐开线齿廓的齿轮，其齿形角等于 20°。

三、直齿圆柱齿轮各部分尺寸的计算公式

齿轮的齿数、模数和齿形角确定后，齿轮各部分尺寸的计算公式列于表 8 - 2 中。

1. 单个齿轮的画法

单个齿轮画法，如图 8 - 26 所示。

（1）外形视图：齿顶圆和齿顶线用粗实线绘制；分度圆和分度线用点画线绘制；齿根圆和齿根线用细实线绘制；齿根圆和齿根线也可以省略不画，如图 8 - 26 所示。

（2）剖视图：在剖视图中，齿根线用粗实线表示，齿轮部分不画剖面线，如图 8 - 26 所示。

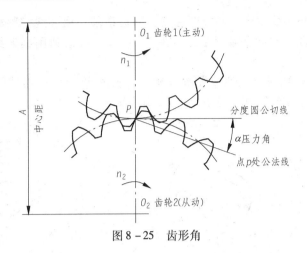

图 8-25　齿形角

表 8-2　标准直齿圆柱齿轮各基本尺寸计算公式　　　　　（mm）

名　称	代号	计算公式	说　明
齿　数	z	根据设计要求或测绘而定	z、m 是齿轮的基本参数，设计计算时，先确定 m、z，然后得出其他各部分尺寸
模　数	m	$m = p/\pi$ 根据强度计算或测绘而得	
分度圆直径	d	$d = mz$	
齿顶圆直径	d_a	$d_a = d + 2h_a = m(z + 2)$	齿顶高 $h_a = m$
齿根圆直径	d_f	$d_f = d - 2h_f = m(z - 2.5)$	齿根高 $h_f = 1.25m$
齿　宽	b	$b = 2p \sim 3p$	齿距 $p = \pi m$
中心距	a	$a = (d_1 + d_2)/2 = (z_1 + z_2)M/2$	齿高 $h = h_a + h_f$

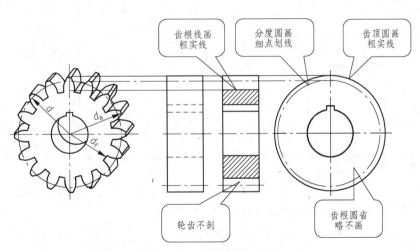

图 8-26　圆柱齿轮的画法

　　若为斜齿轮或人字形齿轮，则在其投影为非圆的视图上，用三条互相平行的细实线或人字线表示轮齿方向。

　　齿轮轮齿部分以外的结构，均按其真实投影绘制。

　　2. 两齿轮啮合的画法

　　两齿轮啮合时，除啮合区外，其余部分的结构均按单个齿轮绘制。

（1）在投影为圆的视图中，两节圆相切，两齿顶圆用粗实线完整绘制，如图8-27b所示，啮合区内齿顶圆也可省略不画，见图8-27c，齿根圆用细实线绘制，也可省略不画。

（2）在非圆的剖视图上，两节线重合用细点画线绘制，齿根线用粗实线绘制，一个齿轮的齿顶线画粗实线，另一个齿轮的齿顶线画虚线或省略不画，如图8-27a所示。

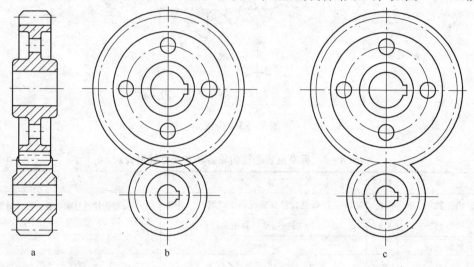

图8-27　圆柱齿轮啮合的画法

齿轮零件图如图8-28所示。

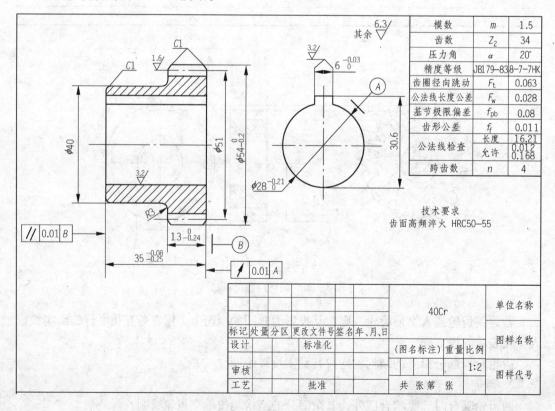

模数	m	1.5
齿数	Z_2	34
压力角	α	20°
精度等级	JBl79-83	8-7-7HK
齿圈径向跳动	F_t	0.063
公法线长度公差	F_w	0.028
基节极限偏差	f_{pb}	0.08
齿形公差	f_f	0.011
公法线检查	长度	16.21
	允许	0.012 0.168
跨齿数	n	4

技术要求
齿面高频淬火　HRC50-55

图8-28　圆柱齿轮零件图

第四节　弹　簧

弹簧是机械、电器设备中常用的零件，其种类很多，常见的有圆柱螺旋弹簧、板弹簧、平面涡卷弹簧等。圆柱螺旋弹簧按所受载荷不同，又分为压缩弹簧、拉伸弹簧和扭转弹簧等。本节主要介绍圆柱压缩弹簧的有关知识和规定画法。常见弹簧如图8-29所示。

压缩弹簧　　　　　拉伸弹簧　　　　　扭转弹簧　　　　　涡卷弹簧　　　　　　板弹簧

图8-29　弹簧种类

一、普通圆柱螺旋压缩弹簧的参数及标记

（1）簧丝直径 d：制造弹簧的钢丝直径。

（2）弹簧外径 D_2：弹簧的最大直径。

（3）弹簧内径 D_1：弹簧的最小直径。

（4）弹簧中径 D：弹簧的平均直径。

$$D = (D_2 + D_1)/2 = D_1 + d = D_2 - d$$

（5）节距 t：相邻两有效圈在中径上对应点间的轴向距离。

（6）有效圈数 n：弹簧上能保持相同节距的圈数。

（7）支承圈数 n_2：为使弹簧端面受力均匀，放置平稳，制造时将弹簧两端并紧、磨平。这部分圈数仅起支承作用，常见的为1.5~2.5圈，2.5圈为最多。

（8）弹簧总圈数 n_1：弹簧的有效圈数和支承圈数之和为总圈数，即：$n_1 = n + n_2$

（9）弹簧的自由高度 H_0：弹簧在未受外力作用下的高度（或长度），由下式计算：

$$H_0 = nt + (n_2 - 0.5)d$$

（10）弹簧展开长度 L：绕制弹簧时钢丝的长度。

（11）旋向：螺旋弹簧分右旋和左旋两种。

普通圆柱螺旋压缩弹簧的参数如图8-30所示。

二、圆柱螺旋压缩弹簧的规定画法

（1）在平行于螺旋弹簧轴线的投影面的视图中，各圈的轮廓线画成直线。

（2）有效圈数多于四圈时，可在每一端画出1~2圈（支承圈除外），其余省略不画，只用细点画线相连。

（3）螺旋弹簧均可画成右旋，但左旋弹簧不论画成左旋或右旋，均要加注旋向"左"字。

（4）螺旋压缩弹簧如要求两端并紧且磨平时，不论支承圈多少均按2.5圈绘制，必要时可按支承圈实际结构绘制。如图8-31所示。

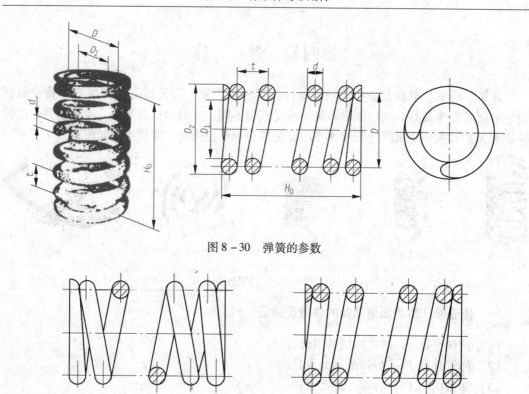

图 8-30　弹簧的参数

图 8-31　圆柱螺旋压缩弹簧的画法

a—外形图；b—剖视图

在装配图中，弹簧可视为实心物体，被弹簧挡住的结构一般不画出，可见部分应画到弹簧的轮廓中心线处，图 8-32a 所示。被剖切后弹簧钢丝直径小于 2mm 时，可用涂黑表示，且各圈轮廓线不画，如图 8-32b 所示。也可以采用示意图画法，如图 8-32c 所示。

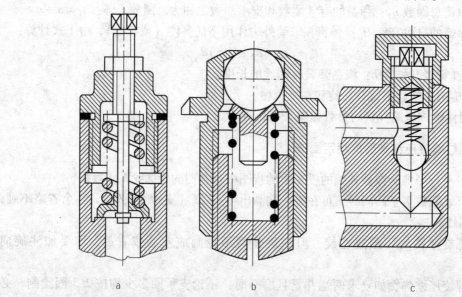

图 8-32　装配图中弹簧的画法

三、圆柱螺旋压缩弹簧的画图步骤

已知一圆柱螺旋压缩弹簧的簧丝直径 d、中径 D_2、有效圈数 n、总圈数 n_1 和旋向，即可按下边的步骤画出弹簧：如图 8 - 33 所示。

（1）计算节距。根据 $H_0 = nt + (n_2 - 0.5)d$ 得出：$t = [H_0 - (n_2 - 0.5)d]/n$

（2）以自由高度 H_0 和弹簧中径 D_2 作矩形，如图 8 - 33a 所示。

（3）根据 d，画出两端支承圈部分，如图 8 - 33b 所示。

（4）根据节距 t，画有效圈部分，省略中间圈，如图 8 - 33c 所示。

（5）按右旋方向画出相应圆的公切线，完成视图或剖视图，如图 8 - 33d 所示。

（6）圆柱螺旋压缩弹簧结果如图 8 - 33e 所示。

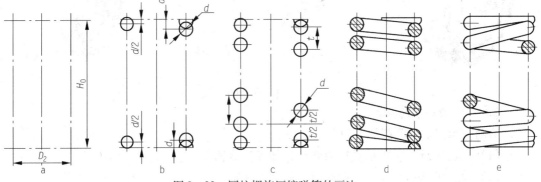

图 8 - 33　圆柱螺旋压缩弹簧的画法

圆柱螺旋压缩弹簧零件图示例，如图 8 - 34 所示。弹簧的参数应直接注在图形上，也可以在"技术要求"中说明。当需要表明弹簧的机械性能时，必须用图解表示。图中主视图上方直角三角形的斜边表示外力与弹簧变形之间的关系，其中 P_1、P_2 为弹簧的工作负荷，P_j 为工作的极限负荷，F_1、F_2、F_j 分别为相应负荷下弹簧的轴向变形量。

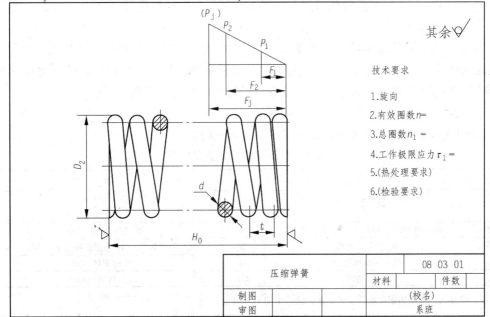

图 8 - 34　弹簧零件图

第五节　滚 动 轴 承

一、滚动轴承的结构与分类

（一）滚动轴承的结构

滚动轴承一般由内圈、外圈、滚动体和保持架四部分组成，如图 8 - 35 所示。

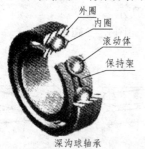
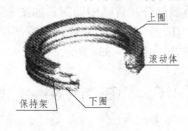
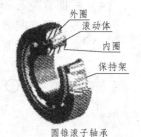

深沟球轴承　　　　　　　　　推力球轴承　　　　　　　　圆锥滚子轴承

图 8 - 35　轴承的结构

（二）滚动轴承的分类

滚动轴承按承受载荷的方向分为三类。

（1）向心轴承：主要承受径向载荷，如深沟球轴承。

（2）推力轴承：只承受轴向载荷，如推力球轴承。

（3）向心推力轴承：同时承受轴向和径向载荷，如圆锥滚子轴承。

二、滚动轴承的标记与代号

滚动轴承的代号由基本代号、前置代号和后置代号组成，其排列如下：

　　　　　前置代号　　　　基本代号　　　　后置代号

（一）基本代号

基本代号表示滚动轴承的基本类型、结构和尺寸，是滚动轴承代号的基础。滚动轴承（除滚针轴承外）基本代号由轴承类型代号、尺寸系列代号、内径代号构成。类型代号用阿拉伯数字或大写拉丁字母表示，尺寸系列代号和内径代号用数字表示。

1. 类型代号

类型代号由数字和字母组成，其含义如表 8 - 3 所示。

表 8 - 3　滚动轴承的类型代号

代号	轴 承 类 型	代号	轴 承 类 型
0	双列角接触球轴承	6	深沟球轴承
1	调心球轴承	7	角接触球轴承
2	调心滚子轴承和推力调心滚子轴承	8	推力圆柱滚子轴承
3	圆锥滚子轴承	N	圆柱滚子轴承，双列或多列用字母 NN 表示
4	双列深沟球轴承	U	外球面球轴承
5	推力球轴承	QJ	四点接触球轴承

注：代号的后或前加字母或数字表示该轴承中的不同结构。

类型代号有的时候可以省略。如双列角接球轴承的代号"0"均不写，调心球轴承的代号"1"有时也可以省略。

2. 尺寸系列代号

尺寸系列代号由滚动轴承的宽（高）度系列代号和直径代号组合而成，向心轴承和推力轴承的尺寸系列代号见表8－4。

表8－4 滚动轴承尺寸系列代号

直径系列代号	向心轴承								推力轴承			
	宽度系列代号								高度系列代号			
	8	0	1	2	3	4	5	6	7	9	1	2
	尺寸系列代号											
7	—	—	17	—	37	—	—	—	—	—	—	—
8	—	08	18	28	38	48	58	68	—	—	—	—
9	—	09	19	29	39	49	59	69	—	—	—	—
0	—	00	10	20	30	40	50	60	70	90	10	—
1	—	01	11	21	31	41	51	61	71	91	11	—
2	82	02	12	22	32	42	52	62	72	92	12	22
3	83	03	13	23	33	—	—	—	73	93	13	23
4	—	04	—	24	—	—	—	—	74	94	14	24
5	—							—		95		

常用滚动轴承的类型代号、尺寸系列代号及由类型代号和尺寸系列代号组成的组合代号如表8－5所示。

表8－5 常用滚动轴承的类型代号、尺寸系列代号组成的组合代号

轴承类型	简 图	类型代号	尺寸系列代号	组合代号	标准编号
圆锥滚子轴承		3	02	302	GB/T 297—1994
		3	03	303	
		3	13	313	
		3	20	320	
		3	22	322	
		3	23	323	
		3	29	329	
		3	30	330	
		3	31	331	
		3	32	332	
推力球轴承		5	11	511	GB/T 301—1995
		5	12	512	
		5	13	513	
		5	14	514	

续表 8 - 5

轴承类型	简　图	类型代号	尺寸系列代号	组合代号	标准编号
深沟球轴承		6	17	617	
		6	37	637	
		6	18	618	
		6	19	619	
		16	(0) 0	160	GB/T 276—1994
		6	(1) 0	60	
		6	(0) 2	62	
		6	(0) 3	63	
		6	(0) 4	64	

3. 内径代号

表示轴承的公称内径，一般由两个数字构成，见表 8 - 6。

表 8 - 6　滚动轴承内径代号

轴承公称内径/mm		内径代号	示　例
0.6 到 10（非整数）		用公称内径毫米数直接表示，在其与尺寸系列代号之间用"/"分开	深沟球轴承 618/2.5 $d = 2.5$mm
1 到 9（整数）		用公称内径毫米数直接表示，对深沟及角接触球轴承 7，8，9 直径系列，内径与尺寸系列代号之间用"/"分开	深沟球轴承 625 618/5 $d = 5$mm
10 到 17	10	00	深沟球轴承 6200 $d = 10$mm
	12	01	
	15	02	
	17	03	
20 到 480 （22，28，32 除外）		公称内径除以 5 的商数，商数为个位数，需在商数左边加 "0"，如 08	调心滚子轴承　23208 $d = 40$mm
大于和等于 500 以及 22，28，32		用公称内径毫米数直接表示，但在与尺寸系列之间用"/"分开	调心滚子轴承　230/500 $d = 500$mm 深沟球轴承 62/22 $d = 22$mm

4. 前置代号和后置代号

当滚动轴承在结构形状、尺寸、公差、技术要求等有改变时，在其基本代号左右添加的补充代号，即为前置代号和后置代号。前置代号用字母表示，后置代号用字母或字母加数字表示。

（二）滚动轴承的标记

例如，轴承标记为"轴承 6208 GB/T 276—1994"，其中 6208 是轴承的基本代号，"6"是类型代号，代表深沟球轴承；"2"尺寸系列代号，表示 02 系列（0 省略）；08 是内径代号，表示公称内径是 40mm。

三、滚动轴承的画法（GB/T 4459.7—1998）

滚动轴承的画法有规定画法和示意画法。

（1）常用滚动轴承的规定画法：如图 8－36 所示。

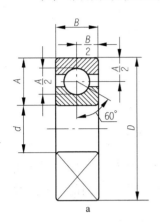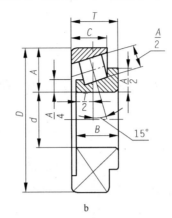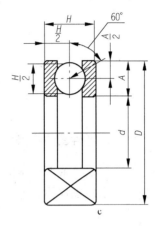

图 8－36 常用滚动轴承的规定画法

a—深沟球轴承；b—圆锥滚子轴承；c—推力球轴承

（2）常用滚动轴承的示意画法：如图 8－37 所示。

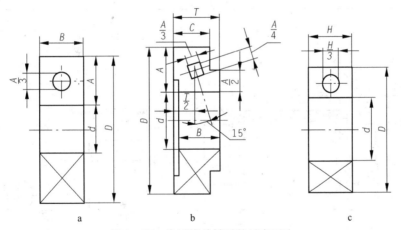

图 8－37 常用滚动轴承的示意画法

a—深沟球轴承；b—圆锥滚子轴承；c—推力球轴承

（3）常用滚动轴承的图示符号：如图 8－38 所示。

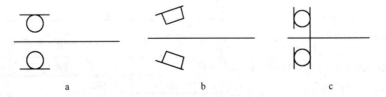

图 8－38 常用滚动轴承的图示符号画法

a—深沟球轴承；b—圆锥滚子轴承；c—推力球轴承

第九章 零件图

第一节 零件图的作用和内容

一、零件图的作用

一台机器或部件是由许多相互联系的零件装配而成的。表示单个零件的结构、尺寸和技术要求的图样称为零件图。它是制造和检验零件的依据，是设计和生产部门的重要技术文件。

二、零件图的内容

如图 9-1 所示，一张完整的零件图应包括以下几部分内容。

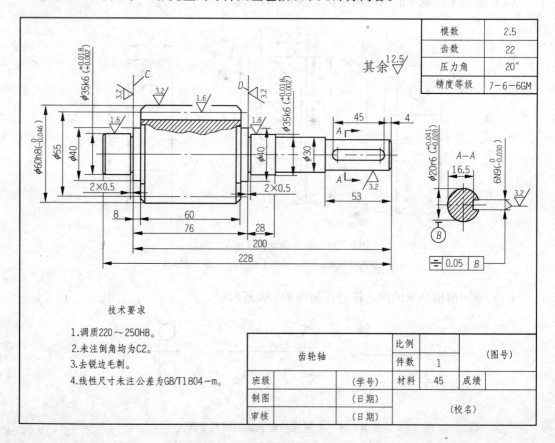

图 9-1 零件图

（1）一组视图。应依据零件的结构特点，选择适当的表达方法，用最简明的方法完整、清晰地表达零件的结构形状。

（2）完整的尺寸。零件图上的尺寸标注要完整、准确、合理，要满足零件制造和检验的需要。

（3）技术要求。零件图上的技术要求包括表面粗糙度、尺寸公差、形位公差、材料、热处理等。

（4）标题栏。填写零件名称、数量、材料、比例、图号以及设计、制图、校核等人的签名及日期等。

第二节　零件图视图的选择

零件的视图选择，就是要求选择适当的视图、剖视、剖面等各种表达方法，将零件的各部分结构形状完整、清晰地表达出来。力求画图简便、利于看图。为此，就要对零件的结构形状进行分析，依据其结构特点、用途及主要加工方法，选择主视图和其他视图。

一、主视图的选择

主视图是零件图中的核心，主视图的选择直接影响其他视图的选择。选择主视图就是确定零件的摆放位置和主视图的投影方向。因此，主视图的选择应考虑如下原则：

（1）形状特征原则：能充分反映零件的结构形状特征。即选择最能表达零件结构形状的方向作为主视图的投射方向。

（2）工作位置原则：能反映零件在机器或部件中工作的位置作为主视图的投射方向。

（3）加工位置原则：能反映零件在主要加工工序中或装夹时的位置作为主视图的投射方向。

二、其他视图的选择

对于结构形状较为复杂的零件，主视图不可能完全反映其结构形状，必须选择其他视图。其他视图的选用原则是：

（1）其他视图要配合主视图，在完整、清晰地表达零件结构形状的前提下，尽量减少视图数量。

（2）其他视图应优先选用其他基本视图，并采用相应的剖视、剖面图。对于尚未表达清楚的局部形状和细小结构，补充必要的局部视图、局部放大图。

（3）能采用省略、简化画法表达的地方要尽量采用。

第三节　零件上常见的工艺结构

零件的结构既要满足使用要求，又要符合制造工艺要求，本节介绍一些常见的工艺结构的画法及尺寸标注。

一、零件的机械加工工艺结构

（一）倒角和圆角

为便于操作和装配，常在零件端部或孔口处加工出倒角，常见倒角为45°，也有30°

和60°等。常见45°倒角标记为"CX"，（X为倒角的轴向尺寸），如图9-2a所示。其余角度的倒角需注明角度值。零件中倒角尺寸全部相同且为45°时，可在图样右上角注明"全部倒角CX"，当零件倒角无一定要求时，则可在技术要求中注明"锐边倒钝"。

为避免阶梯轴轴肩或阶梯孔的孔肩处因产生应力集中而断裂，常以圆角过渡，称为倒圆，倒圆较小时允许简化（小圆角省略不画）。如图9-2a所示，R2为圆角。

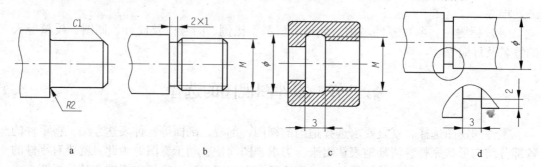

图9-2　零件常见机械加工工艺结构
a—倒角和圆角；b—外螺纹退刀槽；c—内螺纹退刀槽；d—砂轮越程槽

（二）退刀槽和越程槽

在切削加工中，为了使刀具易于退出，并在装配中容易与有关零件靠紧，常在加工表面的台肩处加工有退刀槽或越程槽。常见的有外螺纹退刀槽如图9-2b所示、内螺纹退刀槽如图9-2c所示、砂轮越程槽如图9-2d所示。

退刀槽的尺寸标注形式，一般可按"槽宽×直径"或"槽宽×槽深"标注，如图9-2b所示。越程槽一般用局部放大图画出，如图9-2d所示。

（三）钻孔结构

零件上的孔常用钻头加工而成，钻孔端面应与钻头垂直。为此，对于斜孔，曲面上的孔应制成与钻头垂直的平面，如图9-3所示。

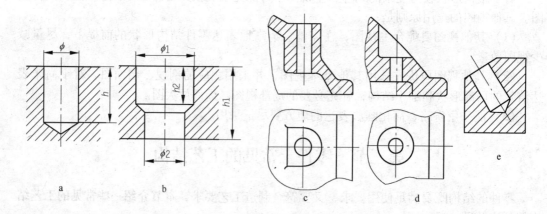

图9-3　钻孔端面
a—盲孔；b—阶梯孔；c—凸台；d—凹坑；e—斜面

当钻削不通孔时，在孔底将形成120°锥角，孔的深度不包括锥角，如图9-3a所示在钻阶梯孔时，其大小孔的过渡处也将形成120°锥角的圆台，大孔深度也不包括锥角圆台，如图9-2b所示。

（四）接触面的工艺结构

零件上的安装接触面，一般应进行机械加工，为了减少加工表面，减轻零件重量，提高加工精度和装配精度，常在两接触面处制成凸台或凹坑等结构，具体结构参看图9-4所示。

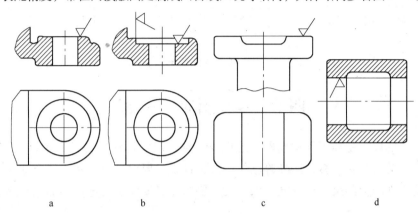

图9-4　加工面结构

a—凸台；b—凹坑；c—凹槽；d—凹腔

二、零件的铸造工艺结构

（一）拔模斜度

拔模斜度是为了起模顺利，而在沿起模方向的内外壁上留出的斜度，一般为3°~5°，如图9-5a所示。通常拔模斜度在图样上不画出，也不标注，如图9-5b所示。只是在技术要求中用文字加以说明。

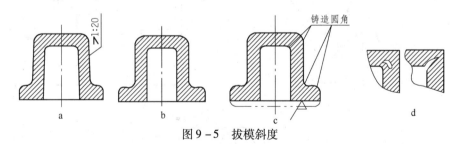

图9-5　拔模斜度

a—起模斜度；b—省略的起模斜度；c—铸造圆角；d—铸造缺陷

（二）铸造圆角

铸件上相邻表面相交处应做成圆角。这主要是基于浇注工艺和防止裂纹等方面考虑的。如图9-5c所示。圆角一般为R3~R5，可集中标注在右上角，也可写在技术要求中。铸件上的缺陷通常有缩孔和裂纹。如图9-5d所示。

（三）铸件壁厚

铸件各部分壁厚应尽量均匀，在不同壁厚处应使厚壁与薄壁逐渐过渡，避免出现材料过于集中，如图9-6所示。

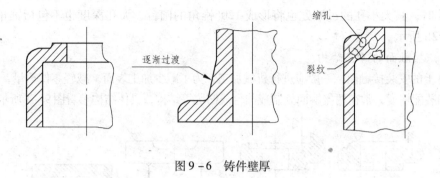

图 9 - 6　铸件壁厚

第四节　零件图的尺寸标注

零件图中的尺寸是加工和检验零件的重要依据。尺寸标注要做到完整、正确、清晰、合理。以前有关章节对完整、清晰等已讨论过，这里主要讨论尺寸标注的合理性。所谓合理性，就是零件图上的尺寸标注既要保证设计要求，又要便于对零件的加工和测量。

一、尺寸基准

零件在设计、制造和检验时，计量尺寸的起点为尺寸基准。根据基准的作用不同，分为设计基准、工艺基准、测量基准等。

（1）设计基准：设计时确定零件表面在机器中的位置所依据的点、线、面。

（2）工艺基准：加工制造时，确定零件在机床或夹具中的位置所依据的点、线、面。

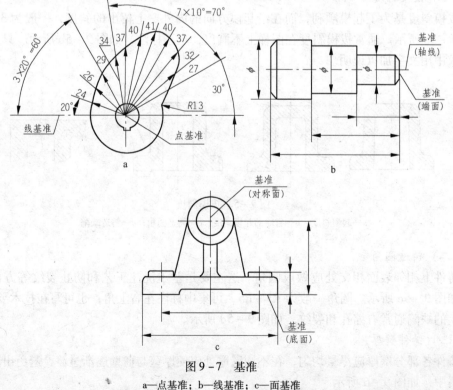

图 9 - 7　基准

a—点基准；b—线基准；c—面基准

（3）测量基准：测量某些尺寸时，确定零件在量具中的位置所依据的点、线、面。点基准、线基准和面基准如图9-7所示。

每个零件都有长、宽、高三个方向的尺寸，每个尺寸都有基准。因此，每个方向至少有一个尺寸基准。如图9-8所示，标注了零件在长、宽、高三个方向的尺寸基准。

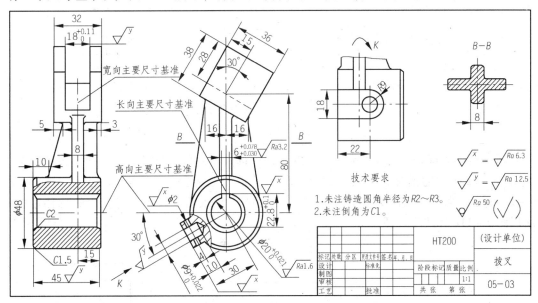

图9-8 尺寸基准

同一方向上可以有多个尺寸基准，但其中必定有一个是主要的称为主要基准，其余的称为辅助基准。辅助基准与主要基准之间应有尺寸相关联。

可作为设计基准或工艺基准的点、线、面主要有：对称平面、主要加工面、安装底面、端面、孔轴的轴线等。这些平面、轴线常常是标注尺寸的基准。

二、标注尺寸应注意的问题

（1）重要尺寸必须直接标出，以保证设计要求。如反映零件规格性能的尺寸，零件间的配合尺寸和有装配要求的尺寸等。

（2）尺寸不能注成封闭的尺寸链。同一方向的尺寸串联并首尾相接成封闭的形式，称封闭尺寸链，此种注法，各段精度相互影响，总尺寸也难以保证，如图9-9所示。

（3）标注尺寸要符合工艺要求，应有利于加工和测量。显然，这方面的知识要有设

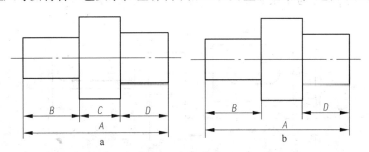

图9-9 避免标注成封闭的尺寸链
a—不正确；b—正确

计和工艺等方面的专业素养作保证，还要通过其他有关课程的学习和实践来掌握。又如图
9-10所示的套筒加工，图9-10a 中的尺寸 A 不方便游标卡尺测量，故图9-10b 更为合理。

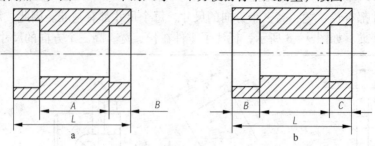

图 9-10　尺寸标注要便于测量

a—不方便测量；b—方便测量

　　（4）有联系或相关的尺寸要协调一致，保证部件各零件间的配合、连接、传动要求。
如图 9-11a 所示的槽配合，它们的凸台和凹槽是相互配合的，所以标注尺寸时应按图
9-11b 所示。若标注成图 9-11c 的形式，则可能会导致两零件配合时较大的偏移错位。
所以图 9-11c 标注不合理。

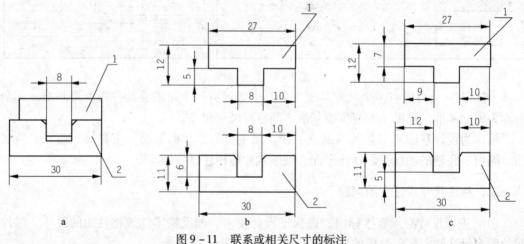

图 9-11　联系或相关尺寸的标注

a—槽配合；b—合理的标注；c—不合理的标注

　　（5）要使零件图上所标的尺寸清晰，便于查找，不同工种的尺寸宜分开标注。如图
9-12所示，铣工的尺寸标注在上方，车工的尺寸标注在下方。

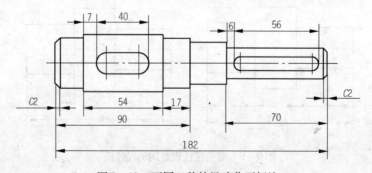

图 9-12　不同工种的尺寸分开标注

（6）某一结构同工序尺寸应集中标注。如图 9－13a 所示标注分散，如图 9－13b 所示，标注相对集中。

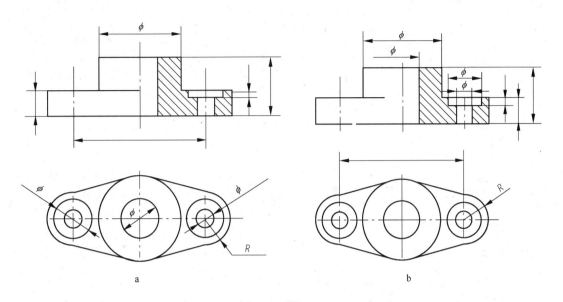

a　　　　　　　　　　　　　　　　　　b

图 9－13　某一结构同工序尺寸的标注
a—标注分散；b—标注集中

三、常见孔的尺寸标注

零件上常见光孔的尺寸标注如表 9－1 所示。

表 9－1　零件上常见光孔的尺寸标注

结构类型		普通注法	旁注法	说　　明
光孔	一般孔	$4\times\phi5$	$4\times\phi5\ \Psi10$　　$4\times\phi5\ \Psi10$	$4\times\phi5$ 表示四个孔的直径均为 $\phi5$。三种注法任选一种均可（下同）
	精加工孔	$4\times\phi5^{+0.012}_{0}$	$4\times\phi5^{+0.012}_{0}\ \Psi10$　　$4\times\phi5^{+0.012}_{0}\ \Psi10$	钻孔深为 12，钻孔后需精加工至 $\phi5^{+0.012}_{0}$ 精加工深度为 9
	锥销孔	锥销孔$\phi5$	锥销孔$\phi5$　　锥销孔$\phi5$	$\phi5$ 为与锥销孔相配的圆锥销小头直径（公称直径）。锥销孔通常是相邻两零件装在一起时加工的

零件上常见沉孔的尺寸标注如表 9－2 所示。

表 9 – 2　零件上常见沉孔的尺寸标注

结构类型		普通注法	旁注法		说　明
沉孔	锥形沉孔				$6×\phi7$ 表示 6 个孔的直径均为 $\phi7$。锥形部分大端直径为 $\phi13$，锥角为 90°
	柱形沉孔				四个柱形沉孔的小孔直径为 $\phi6.4$，大孔直径为 $\phi12$，深度为 4.5
	锪平面孔				锪平面 $\phi20$ 的深度不需标注，加工时一般锪平到不出现毛面为止

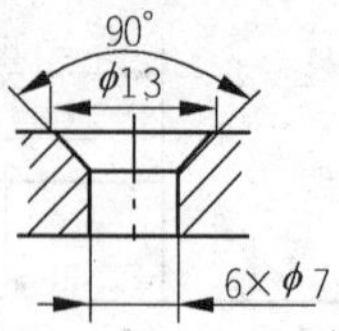

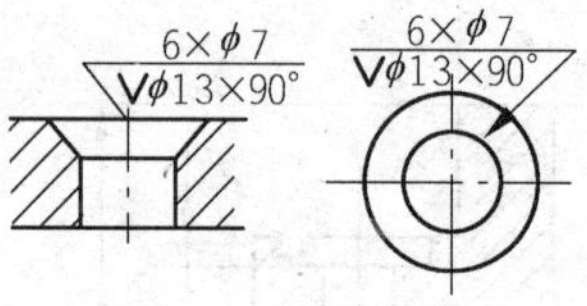

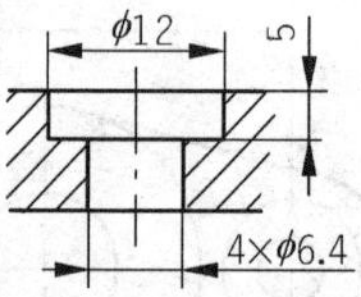

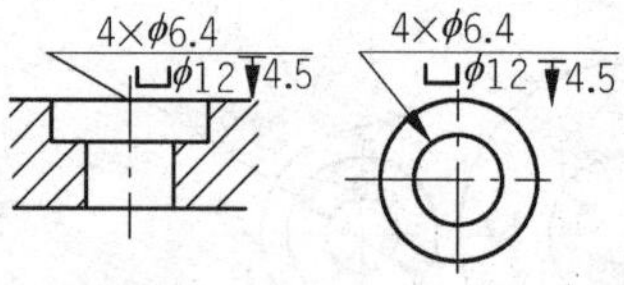

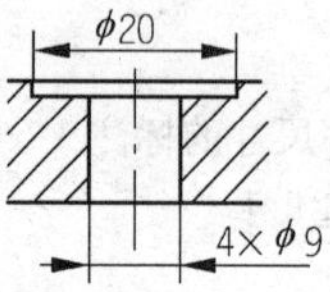

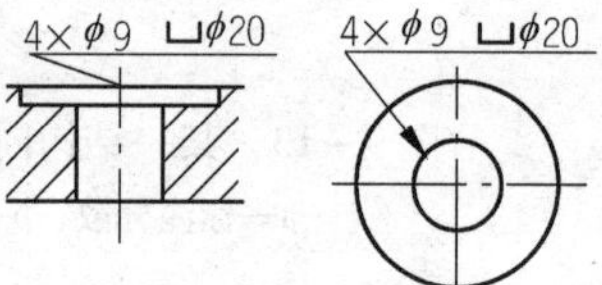

零件上常见螺纹孔的尺寸标注如表 9 – 3 所示。

表 9 – 3　零件上常见螺纹孔的尺寸标注

结构类型		普通注法	旁注法		说　明
螺纹孔	通孔				$3×M6–7H$ 表示 3 个直径为 6，螺纹中径、顶径公差带为 7H 的螺孔
	不通孔				深 10 是指螺孔的有效深度尺寸为 10，钻孔深度以保证螺孔有效深度为准，也可查有关手册确定
	不通孔				需要注出钻孔深度时，应明确标注出钻孔深度尺寸

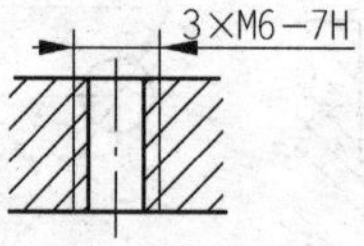

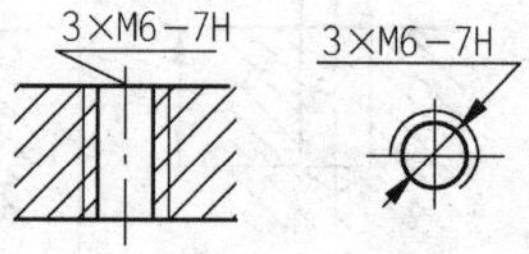

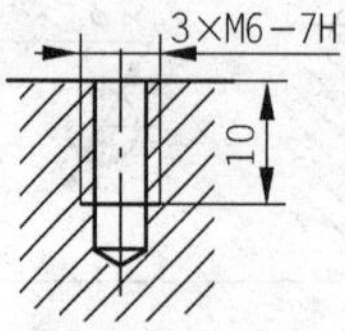

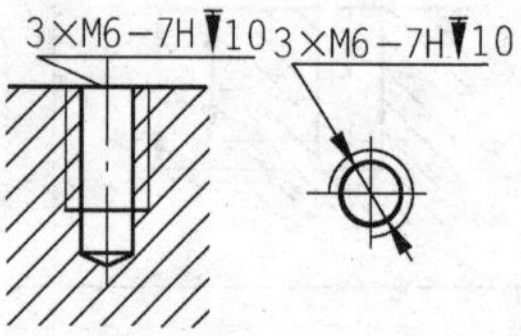

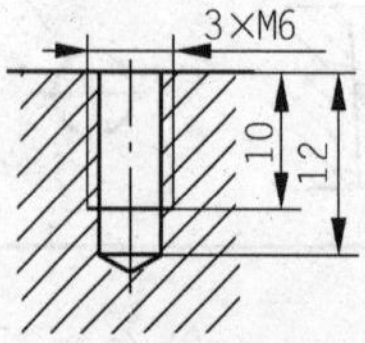

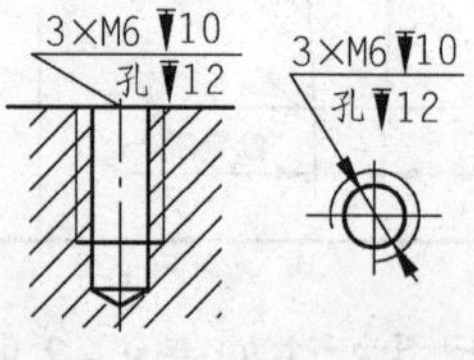

第五节　零件图上的技术要求

零件图的技术要求是制造和检验零件的依据。通常技术要求包括表面粗糙度、尺寸公差、表面形状和位置公差、材料及热处理等内容。

一、表面粗糙度

（一）表面粗糙度的概念

在零件加工时，刀具在零件表面上会留下刀痕，加之切削变形和机床振动等因素，使零件的实际加工表面存在着微观的高低不平，这种微观的高低不平程度称为表面粗糙度，它表明零件表面在小区间内高低不平程度，是评定零件表面质量的重要技术文件。如图9-14所示。降低零件表面粗糙度，可以提高其表面密封性，耐腐蚀、耐磨性和抗疲劳等性能。

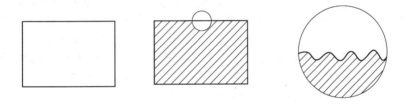

图9-14　零件加工表面微观状况

（二）表面粗糙度的评定参数

表面粗糙度的评定参数有轮廓算术平均偏差（Ra）轮廓最大高度（Rz）。零件图上多采用轮廓算术平均偏差 Ra 值来评定表面粗糙度。

轮廓算术平均偏差 Ra 是指在一个取样长度 L 内纵坐标值 $Z(x)$ 绝对值的算术平均值。

轮廓的最大高度 Rz 是指在同一取样长度内，最大轮廓峰高和最大轮廓谷深之和的高度。

（三）表面粗糙度的选用

在选用表面粗糙度数值时，在满足功能和使用要求的前提下，一般尽量选用较大的表面粗糙度数值。表面粗糙度选择时，还要考虑以下情况：

（1）同一零件上，工作表面比非工作表面的参数值要小。

（2）摩擦表面要比非摩擦表面的参数值小。有相对运动的工作表面，运动速度愈高，其参数值愈小。

（3）配合精度越高，参数值越小。间隙配合比过盈配合的参数值小。

（4）配合性质相同时，零件尺寸越小，参数值越小。

（5）要求密封、耐腐蚀或具有装饰性的表面，参数值要小。

Ra 值的获得与加工方法有关，参见表9-4。表面质量要求越高即表面越光滑。

表 9 - 4　表面结构参数 *Ra* 值应用举例

$Ra/\mu m$	表面特征	表面形状	获得表面结构的举例	应用举例
100	粗糙面	明显可见的刀痕	锯断、粗车、粗铣、粗刨、钻孔及用粗纹锉刀、粗砂轮等加工	粗加工表面，一般很少使用
50		可见的刀痕		
25		微见的刀痕		
12.5	半光面	可见加工痕迹	拉制（钢丝）、精车、精铣、粗铰、粗铰埋头孔、粗剥刀加工、刮研	支架、箱体、离合器、带轮螺钉孔、轴或孔的退刀槽、量版、套筒非配合面、齿轮非工作面、主轴的非接触外表面、IT8 ~ IT11 级公差的结合面
6.3		微见加工痕迹		
3.2		看不见加工痕迹		
1.6	光　面	可辨加工痕迹的方向	精磨、金刚石车刀的精车、精铰、拉制、剥刀加工	轴承的重要表面、齿轮轮齿的表面、普通车床导轨面、滚动轴承相配合的表面、机床导轨面、发动机曲轴、凸轮轴的工作面、活塞外表面等 IT6 ~ IT8 级公差的结合面
0.8		微辨加工痕迹的方向		
0.4		不可辨加工痕迹的方向		
0.2	最光面	暗光泽面	研磨加工	活塞销和涨圈的表面、分气凸轮、曲柄轴的轴颈、气门及气门座的支持表面、发动机气缸内表面
0.1		亮光泽面		
0.05		镜状光泽面		
0.025		雾状镜面		

（四）表面粗糙度的代号与符号

GB/T 131—2006 规定了表面粗糙度代号，是由规定的符号和有关参数值组成，表面粗糙度的符号画法如图 9 - 15 所示。

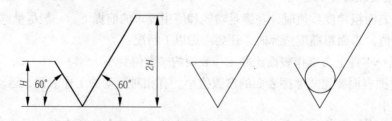

图 9 - 15　表面粗糙度的符号画法
$H = 1.4h$，h 为字体高度

表面粗糙度符号、代号及意义如表 9 - 5 所示。

表 9 - 5　表面粗糙度代号及意义

代号（旧）	代号（新）	含义/解释	代号（旧）	代号（新）	含义/解释
3.2 ∕	√ Ra 3.2	表示任意加工方法，单项上限值，粗糙度的算数平均偏差为 3.2μm。在文档中可表达为：APA Ra3.2	3.2max ∕	√ Ra max 3.2	表示去除材料，单项上限值，粗糙度的算数平均偏差的最大值为 3.2μm。在文档中可表达为：MRR Ramax3.2
Ry 3.2 ∕	√ Rz 3.2	表示去除材料，单项上限值，粗糙度的最大高度为 3.2μm。在文档中可表达为：MRR Ra3.2	3.2 1.6 ∕	√ U Ra 3.2 L Ra 1.6	表示去除材料，双项极限值。上限值：算数平均偏差为 3.2μm，下限值：算数平均偏差为 1.6μm。在文档中可表达为：MRR URa3.2；L Ra1.6
3.2 ∕	√ Ra 3.2	表示不去除材料，单项上限值，粗糙度的算数平均偏差为 3.2μm。在文档中可表达为：NMR Ra3.2		铣 √ Ra3 6.3 1 √x	表示用铣削加工，单项上限值，算数平均偏差为 6.3μm，评定长度为 3 个取样长度，纹理为交叉方向。加工余量为 1mm。对投影视图上封闭的轮廓线所表示的各表面有相同的表面结构要求

（五）表面粗糙度代号和表面热处理在图样上标注方法

表面粗糙度的代号和表面热处理在图样上的标注方法，如图 9 - 16 和图 9 - 17 所示。

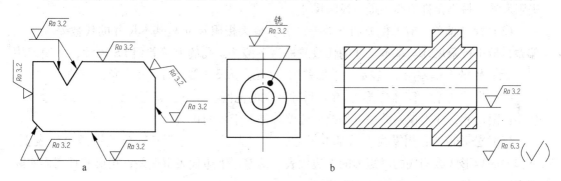

图 9 - 16　表面粗糙度代号在图样上的标注

a—表面结构符号的方向；b—相同表面结构要求的标注

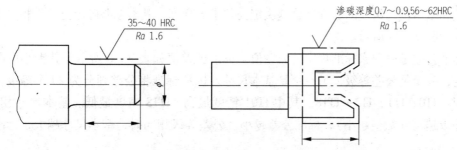

图 9 - 17　表面热处理的标注

二、公差与配合

（一）公差与配合的概念

1. 互换性

在成批或大量生产中，一批零件在装配前不经过挑选，在装配过程中不经过修配，装配后即可满足设计和使用性能要求，零件的这种在尺寸与功能上可以互相代替的性质称为互换性。

2. 基本术语

基本术语，如图 9 - 18 所示。

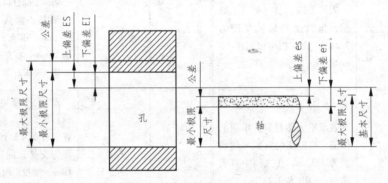

图 9 - 18　公差的有关术语

（1）基本尺寸：设计时给定的名义尺寸。

（2）极限尺寸：允许实际加工尺寸变化的极限值。加工尺寸的最大允许值称为最大极限尺寸，最小允许值称为最小极限尺寸。

（3）尺寸偏差：有上偏差和下偏差之分。最大极限尺寸与基本尺寸的代数差称为上偏差；最小极限尺寸与基本尺寸的代数差称为下偏差。孔的上偏差用 ES 表示，下偏差用 EI 表示；轴的上偏差用 es 表示，下偏差用 ei 表示。尺寸偏差可为正、负或零值。

（4）尺寸公差（简称公差）：允许尺寸变动的范围。尺寸公差等于最大极限尺寸减去最小极限尺寸，或上偏差减去下偏差。公差总是大于零的正数。

（5）公差带图：用零线表示基本尺寸，上方为正，下方为负。公差带是由代表上、下偏差的矩形区域构成的。矩形的上边代表上偏差，下边代表下偏差，矩形的长度无实际意义，高度代表公差。如图 9 - 19 所示。

（6）标准公差与基本偏差：国家标准（GB/ T 1800.1—1997）中规定公差带是由标准公差和基本偏差组成的。标准公差决定公差带的高度，基本偏差确定公差带相对零线的位置，如图 9 - 20 所示。

标准公差是由国家标准规定的公差值。标准公差值如表 9 - 6 所示。其大小由两个因素决定，一个是公差等级，另一个是基本尺寸。国家标准将公差划分为 20 个等级，分别为 IT01、IT0、IT1、IT2…IT18。其中 IT01 精度最高，IT18 精度最低。基本尺寸相同时，公差等级越高（数值越小），标准公差越小，公差等级相同时，基本尺寸越大，标准公差越大。

基本偏差是用以确定公差带相对于零线位置的那个极限偏差，一般为靠近零线的那个偏差，如图 9 - 20 所示。当公差带在零线上方时，基本偏差为下偏差；当公差带在零线下方时，基本偏差为上偏差。当零线穿过公差带时，离零线近的偏差为基本偏差。

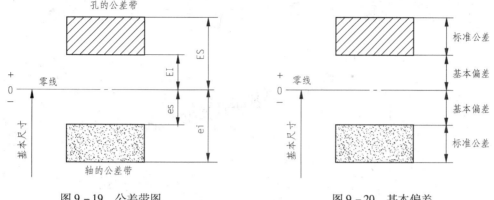

图 9 - 19　公差带图　　　　　　　　　　图 9 - 20　基本偏差

表 9 - 6　标准公差数值（GB/T 1800.3—1998）

基本尺寸 /mm		标准公差等级																			
		μm												mm							
大于	至	IT01	IT0	IT1	IT2	IT3	IT4	IT5	IT6	IT7	IT8	IT9	IT10	IT11	IT12	IT13	IT14	IT15	IT16	IT17	IT18
—	3	0.3	0.5	0.8	1.2	2	3	4	6	10	14	25	40	60	0.1	0.14	0.25	0.40	0.60	1.0	1.4
3	6	0.4	0.6	1	1.5	2.5	4	5	8	12	18	30	48	75	0.12	0.18	0.30	0.48	0.75	1.2	1.8
6	10	0.4	0.6	1	1.5	2.5	4	6	9	15	22	36	58	90	0.15	0.22	0.36	0.58	0.90	1.5	2.2
10	18	0.5	0.8	1.2	2	3	5	8	11	18	27	43	70	110	0.18	0.28	0.43	0.70	1.10	1.8	2.7
18	30	0.6	1	1.5	2.5	4	6	9	13	21	33	52	84	130	0.21	0.33	0.52	0.84	1.30	2.1	3.3
30	50	0.6	1	1.5	2.5	4	7	11	16	25	39	62	100	160	0.25	0.39	0.62	1.00	1.60	2.5	3.9
50	80	0.8	1.2	2	3	5	8	13	19	30	46	74	120	190	0.30	0.46	0.74	1.20	1.90	3.0	4.6
80	120	1	1.5	2.5	4	6	10	15	22	35	54	87	140	220	0.35	0.54	0.87	1.40	2.20	3.5	5.4
120	180	1.2	2	3.5	5	8	12	18	25	40	63	100	160	250	0.40	0.63	1.00	1.60	2.50	4.0	6.3
180	250	2	3	4.5	7	10	14	20	29	46	72	115	185	290	0.46	0.72	1.15	1.85	2.90	4.6	7.2
250	315	2.5	4	5	8	12	16	23	32	52	81	130	210	320	0.52	0.81	1.30	2.10	3.2	5.2	7.1
315	400	3	5	7	9	13	18	25	36	57	89	140	230	360	0.57	0.89	1.40	2.30	3.60	5.7	7.9
400	500	4	6	8	10	15	20	27	40	63	97	155	250	400	0.63	0.97	1.55	2.50	4.00	6.3	9.7

基本偏差代号用拉丁字母表示，大写的字母表示孔，小写的字母表示轴，各有 28 个，形成基本偏差系列，如图 9 - 21 所示。

孔、轴偏差计算公式为：$ES = EI + IT$，$es = ei + IT$

（7）孔、轴的公差带代号：由基本偏差代号和公差等级数字组成。例如 $\phi30H8$ 表示基本尺寸为 $\phi30$、基本偏差代号为 H、公差等级为 8 级、公差带代号为 H8 的一个孔的尺寸；又如 $\phi40f7$ 表示基本尺寸为 $\phi40$、基本偏差代号为 f、公差等级为 7 级、公差带代号为 f7 的一个轴的尺寸。

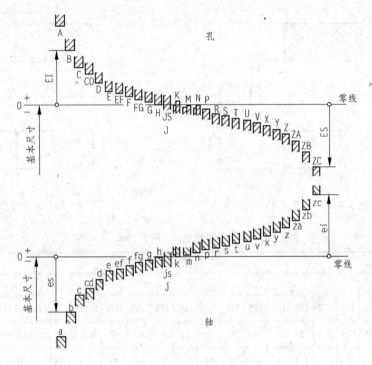

图 9 – 21　基本偏差系列

3.　配合

A　配合类别

基本尺寸相同时，相互结合的孔和轴公差带之间的关系称为配合。由于孔和轴的配合性质不同，配合又分为间隙配合、过盈配合和过渡配合三类。

a　间隙配合

具有间隙（包括最小间隙等于零）的配合。此时，孔的公差带在轴的公差带上方。如图 9 – 22 所示。间隙配合常用在两零件有相对运动的场合。

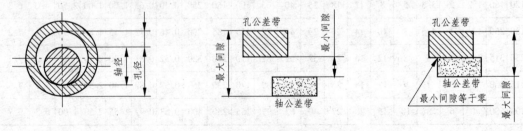

图 9 – 22　间隙配合

b　过盈配合

具有过盈（包括最小过盈等于零）的配合。此时，孔的公差带在轴的公差带下方。如图 9 – 23 所示。过盈配合常用在两零件需要牢固连接的场合。

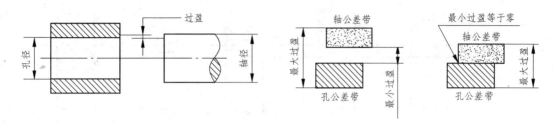

图 9 - 23 过盈配合

c   过渡配合

可能具有间隙或过盈的配合。此时，轴和孔的公差带相互交叠，如图 9 - 24 所示。过渡配合常用在两零件没有相对运动，孔与轴对中性要求高、经常拆装的场合。

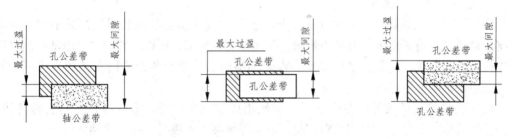

图 9 - 24 过渡配合

B   配合制

采用配合制是为了统一基准件的极限偏差，为了便于设计制造，实现配合标准化，为此，国家标准规定了两种配合制，即基孔制和基轴制。

基孔制是基本偏差为 H 的孔的公差带与不同基本偏差的轴的公差带形成各种配合的制度。它是在同一基本尺寸的配合中，将孔的公差带固定，通过变动轴的公差带位置形成不同配合。此孔为基准孔，基本偏差代号为 H，其最小极限尺寸与基本尺寸相等，孔的基本偏差（下偏差）为零。如图 9 - 25 所示。

基轴制是基本偏差为 h 的轴的公差带与不同基本偏差的孔的公差带形成各种配合的制度。它是在同一基本尺寸的配合中，将轴的公差带固定，通过变动孔的公差带位置形成不同配合。此轴为基准轴，基本偏差代号为 h，其最大极限尺寸与基本尺寸相等，轴的基本偏差（上偏差）为零。如图 9 - 26 所示。

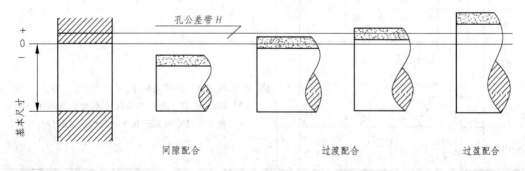

图 9 - 25 基孔制配合

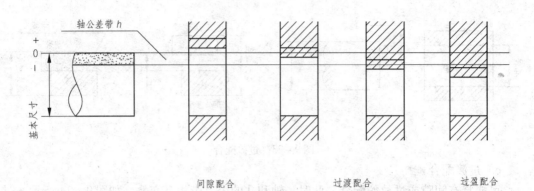

图 9-26　基轴制配合

C　极限与配合的选用

（1）配合制的选择：正确选择极限与配合，对提高机器的组装质量，减小加工成本具有重要意义。由于机床、刀具的限制，孔比轴更难加工，所以一般优先采用基孔制，以减少孔的公差数量，但是，如果要在一根光轴不同的轴颈上装上不同孔径的轴承、齿轮时，采用基轴制会更经济合理一些。

（2）公差等级的选择：在保证零件的使用要求的条件下，应选择较低的公差等级，以降低制造成本。由于孔加工困难一些，公差等级高于 8 级时，孔可比轴低一级。

（3）配合的选择：国家标准根据需要，并考虑各种产品的不同特点，制定了优先和常用的配合。见表 9-7 和表 9-8。

表 9-7　基孔制优先、常用配合

基准孔	轴																					
	a	b	c	d	e	f	g	h	js	k	m	n	p	r	s	t	u	v	x	y	z
	间隙配合								过渡配合			过盈配合										
H6						$\frac{H6}{f5}$	$\frac{H6}{g5}$	$\frac{H6}{h5}$	$\frac{H6}{js5}$	$\frac{H6}{k5}$	$\frac{H6}{m5}$	$\frac{H6}{n5}$	$\frac{H6}{p5}$	$\frac{H6}{r5}$	$\frac{H6}{s5}$	$\frac{H6}{t5}$					
H7						$\frac{H7}{f6}$	$\frac{H7}{g6}$▲	$\frac{H7}{h6}$▲	$\frac{H7}{js6}$	$\frac{H7}{k6}$▲	$\frac{H7}{m6}$	$\frac{H7}{n6}$▲	$\frac{H7}{p6}$▲	$\frac{H7}{r6}$	$\frac{H7}{s6}$▲	$\frac{H7}{t6}$▲	$\frac{H7}{u6}$▲	$\frac{H7}{v6}$	$\frac{H7}{x6}$	$\frac{H7}{y6}$	$\frac{H7}{z6}$
H8					$\frac{H8}{e7}$	$\frac{H8}{f7}$▲	$\frac{H8}{g7}$	$\frac{H8}{h7}$▲	$\frac{H8}{js7}$	$\frac{H8}{k7}$	$\frac{H8}{m7}$	$\frac{H8}{n7}$	$\frac{H8}{p7}$	$\frac{H8}{r7}$	$\frac{H8}{s7}$	$\frac{H8}{t7}$	$\frac{H8}{u7}$				
				$\frac{H8}{d8}$	$\frac{H8}{e8}$	$\frac{H8}{f8}$		$\frac{H8}{h8}$													
H9			$\frac{H9}{c9}$	$\frac{H9}{d9}$	$\frac{H9}{e9}$	$\frac{H9}{f9}$		$\frac{H9}{h9}$▲													
H10			$\frac{H10}{c10}$	$\frac{H10}{d10}$				$\frac{H10}{h10}$													
H11	$\frac{H11}{a11}$	$\frac{H11}{b11}$	$\frac{H11}{c11}$▲	$\frac{H11}{d11}$				$\frac{H11}{h11}$▲													
H12		$\frac{H12}{b12}$						$\frac{H12}{h12}$													

注：（1）标"▲"为优先配合。

　　（2）H7/n6、H7/p6 在基本尺寸不大于 3mm 和 H8/r7 在基本尺寸不大于 100mm 时为过渡配合

表 9 – 8　基轴制优先、常用配合

基准孔	孔																				
	A	B	C	D	E	F	G	H	JS	K	M	N	P	R	S	T	U	Y	X	Y	Z
	间隙配合								过渡配合			过盈配合									
h5						$\frac{F6}{h5}$	$\frac{G6}{h5}$	$\frac{H6}{h5}$	$\frac{JS6}{h5}$	$\frac{K}{h5}$	$\frac{M6}{h5}$	$\frac{N6}{h5}$	$\frac{P6}{h5}$	$\frac{R6}{h5}$	$\frac{S6}{h5}$	$\frac{T6}{h5}$					
h6						$\frac{F7}{h6}$	$\frac{G7}{h6}$▲	$\frac{H7}{h6}$▲	$\frac{JS7}{h6}$	$\frac{K7}{h6}$▲	$\frac{M7}{h6}$	$\frac{N7}{h6}$▲	$\frac{P7}{h6}$▲	$\frac{R7}{h6}$	$\frac{S7}{h6}$▲	$\frac{T7}{h6}$	$\frac{U7}{h6}$▲				
h7					$\frac{E8}{h7}$	$\frac{F8}{h7}$▲		$\frac{H8}{h7}$▲	$\frac{JS8}{h7}$	$\frac{K}{h7}$	$\frac{M8}{h7}$	$\frac{N8}{h7}$									
h8				$\frac{D8}{h8}$	$\frac{E8}{h8}$	$\frac{F8}{h8}$		$\frac{H8}{h8}$													
h9				$\frac{D9}{h9}$▲	$\frac{E9}{h9}$	$\frac{F9}{h9}$		$\frac{H9}{h9}$▲													
h10				$\frac{D10}{h10}$				$\frac{H10}{h10}$													
H11	$\frac{A11}{h12}$	$\frac{B11}{h11}$	$\frac{C11}{h11}$▲	$\frac{D11}{h11}$				$\frac{H11}{h11}$													
h12		$\frac{B12}{h12}$						$\frac{H12}{h12}$	注：标"▲"为优先配合												

（二）公差与配合的标注

1. 公差与配合在零件图中的标注

（1）注出基本尺寸和公差带代号，如图 9 – 27a 所示。

（2）注基本尺寸和上、下偏差，如图 9 – 28b 所示。

（3）既标注公差带代号，又标注上、下偏差，但偏差值应用括号括起来如图 9 – 27c 所示。

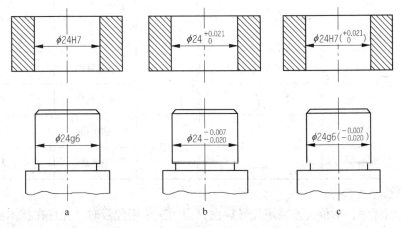

图 9 – 27　零件图中尺寸公差的标注方法

2. 公差与配合在装配图中的标注

在装配图上一般只标注配合代号。配合代号用分数表示，分子为孔的公差带代号，分母为轴的公差带代号，如图 9 – 28 所示。

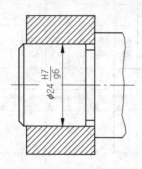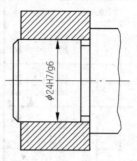

图 9 – 28　装配图中尺寸公差的标注方法

（三）形位公差

1. 形位公差的概念

零件经过加工后，不仅会产生尺寸误差和表面粗糙度，还会产生表面形状和位置误差。形状误差是指实际表面和理想几何表面的差异；位置误差是指相关联的两个几何要素的实际位置相对于理想位置的差异。形状误差和位置误差会影响零件的安装和使用性能，因此必须对一些零件的重要表面或轴线的形状和位置误差进行限制。形状和位置误差的允许变动量称为形状和位置公差，简称形位公差，其分类和各项符号如表 9 – 9 所示。

表 9 – 9　形位公差的分类与项目符号

公差类型	特 征	符 号	公差类型	特 征	符 号
形状公差	直线度	—	方向公差	线轮廓度	⌒
	平面度	▱		面轮廓度	⌓
	圆 度	○	位置公差	位置度	⊕
	圆柱度	⌭		同轴(同心)度	◎
	线轮廓度	⌒		对称度	═
	面轮廓度	⌓		线轮廓度	⌒
方向公差	平行度	∥		面轮廓度	⌓
	垂直度	⊥	跳动公差	圆跳动	↗
	倾斜度	∠		全跳动	↗↗

2. 形位公差的代号

在技术图样中，形位公差采用代号标注，当无法采用代号时，允许在技术要求中用文字说明。形位公差代号由形位公差符号、框格、公差值、指引线、基准符号和其他有关符号组成。

形位公差的框格及基准代号画法如图 9 - 29 所示。指引线的箭头指向被测要素的表面或其延长线，箭头方向一般为公差带的方向。h 为字体高度，b 为粗实线宽度。框格中的字符高度与尺寸数字的高度相同，基准中的字母要水平书写。

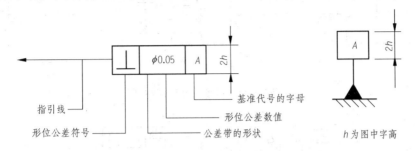

图 9 - 29　形位公差代号及基准符号

3. 被测要素

用带箭头的指引线将被测要素与公差框格一端相连，指引线箭头指向公差带的宽度方向或直径方向。指引线箭头所指的部位可有：

（1）被测要素为整体轴线或公共中心平面时，指引线箭头可直接指在轴线或中心线上，如图 9 - 30a 所示。

（2）当被测要素为轴线、球心或中心平面时，指引线箭头应与该要素的尺寸线对齐，如图 9 - 30b 所示。

（3）当图 9 - 31 为线或表面时，指引线箭头应指向该要素的轮廓线或其引出线上，并应明显与尺寸线错开，如图 9 - 30c 所示。

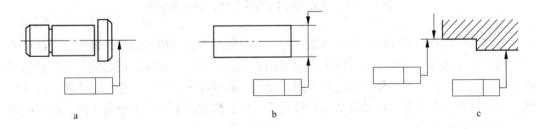

图 9 - 30　被测要素标注示例

4. 基准要素

基准符号用带箭头的指引线将基准要素与公差框格的另一端相连。

（1）当基准要素为素线或表面时，基准符号应靠近该要素的轮廓线或其引出线标注，并应明显与尺寸线错开，如图 9 - 31a 所示。

（2）当被测要素为轴线、球心或中心平面时，基准符号应与该要素的尺寸线对齐，如图 9 - 31b 所示。

（3）当基准要素为整体轴线或公共中心平面时，基准符号可直接靠近公共轴线或中心线标注，如图 9 - 31c 所示。

5. 标注示例

形位公差代号在图样上的综合标注示例如图 9 - 32 所示。

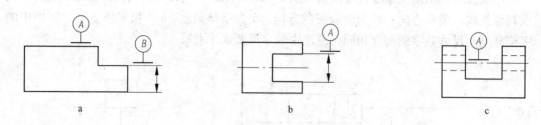

图9-31　基准符号标注示例

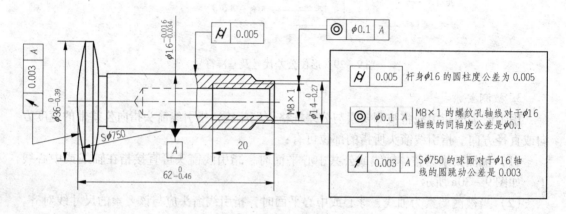

图9-32　气门阀杆形位公差标注示例

第六节　读零件图的方法和步骤

　　读零件图就是根据零件图的各视图，分析和想象该零件的结构形状，搞清楚全部尺寸和各项技术要求等。还要根据零件的作用及相关工艺知识，对零件进行结构分析。阅读零件图的方法可以因零件的复杂程度而不同，较简单的零件图，通过一般的阅读就可达到目的。而较复杂的零件图，则要从个体分析入手，反复推敲。下面以齿轮轴为例，说明读图的一般方法和步骤。

一、读零件图的方法

　　(1) 一看标题栏，了解视图概况。从标题栏入手，了解零件的名称、材料、比例等。大概了解零件的作用。从图9-33可知，该零件为齿轮轴，属于轴类零件，材料为45。

　　(2) 明确视图关系。所谓视图关系，即视图的表达方法和各视图之间的投影关系。图9-33采用了两个图形来表示，一个主视图和一个移出断面图。

　　(3) 分析视图，想象形状。想象零件结构形状、分析视图和零件的结构形状，想象是读图的关键。读图时，仍可采用组合体的读图方法，对零件进行形体分析，线面分析。由组成零件的基本形体入手，逐步想象出物体的结构形状。

　　(4) 看尺寸，分析尺寸基准。要明确哪些是主要尺寸，各方向的主要尺寸基准有哪些，各部分的定形和定位尺寸有哪些。该零件图是以水平的轴线为高度和宽度的主要尺寸

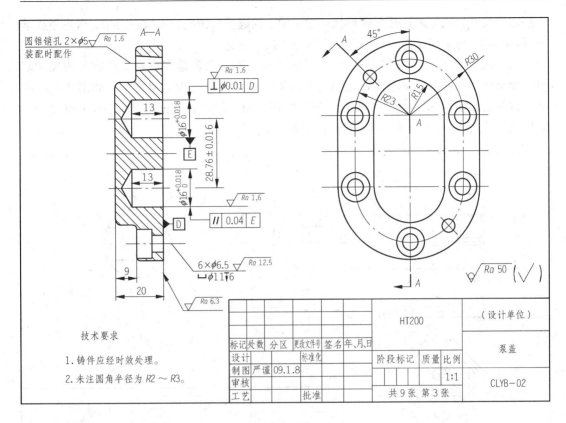

图 9-33 零件图

基准，如 $\phi40$、$\phi55$、$\phi60h8$ 等尺寸都是这个基准标注尺寸。其长度方向基准是零件安装时的结合端面，8、76、200 等尺寸就是从这个基准引出的。零件的右端面是辅助基准。

（5）看技术要求。主要看有关的表面粗糙度，公差与配合，形位公差等文字及符号，要深入分析理解。表面粗糙度表明各表面的加工要求。形位公差等表明尺寸的重要程度，材料和热处理等表明加工过程中的一些特殊要求，这些都是我们制定零件加工工艺方法、选择加工工具等的重要依据。

最后再把零件和各种信息综合起来，得到零件的总体概况，包括结构形状，尺寸标注和技术要求等，并检查有无不合理或是需要改进的地方，最后想象出泵体的综合形状。当然，要真正读懂比较复杂的零件图，仅仅掌握了正确的看图方法是远远不够的，还要有大量的专业知识和丰富的生产实践经验。

二、典型零件图的分类

根据零件的形状和结构，零件大致可以分为轴类零件、盘盖类零件、叉架类零件和箱体类零件等类型。

（一）轴类零件

该类零件的基本形体是同轴回转体，主要是在卧式车床上进行加工，如图 9-34 所示。

为了加工时方便看图，这类零件的轴线一般水平放置，并且通常只用一个基本视图加上所需的尺寸，就能表达其主要形状。对于轴上的键槽、销孔、螺纹退刀槽、砂轮越程槽等局部结构，可采用断面图、局部放大图等方法来表达。

对于该类零件，常以回转轴线作为径向主要基准，也就是高度和宽度方向的尺寸基准，而轴线方向的尺寸基准常选用重要的端面、接触面等作为主要基准。如图 9-34 所示，因其右端面的 SR20 球面是阀杆和阀芯的接触面，故选取为长度方向的尺寸基准。其长度尺寸 7、50±0.5 等尺寸都是这个基准标注。

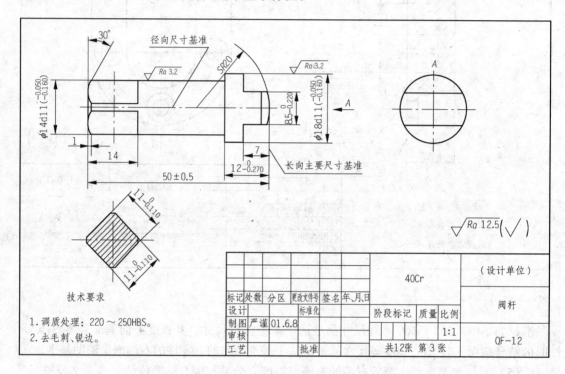

图 9-34　阀杆的零件图

（二）盘盖类零件

该零件的基本形状是扁平和盘形，主要也是在车床上进行加工，如图 9-35 所示的阀盖零件图就属于盘盖类零件。图中的主视图显示了零件的主要结构，层次分明，而且也反映了零件的加工位置。

由于盘盖类零件的结构比轴类零件复杂，只用一个视图往往不能完整表达零件的结构，因此，需要增加其他的基本视图，图 9-35 就增加了一个左视图，用以表达带圆角的方形凸缘以及凸缘上四个通孔的形状及位置。

对于这类零件，通常也选用通过轴孔的轴线作为径向尺寸基准，而长度方向的基准则常选用重要的端面。图 9-35 中的阀盖零件，其长度方向基准是零件安装时的结合端面。

（三）叉架零件

该类零件形状比较复杂，通常要先用铸造或锻压方法制成毛坯，然后再进行切削加工。由于加工位置不固定，故选择主视图时，主要考虑零件的外形特征和工作位置，如图 9-36 所示。此外，叉架零件常常需要两个或两个以上的基本视图，并且常需要用局部视图、剖视、断面等表达方式才能完整、清晰地将零件表达清楚。

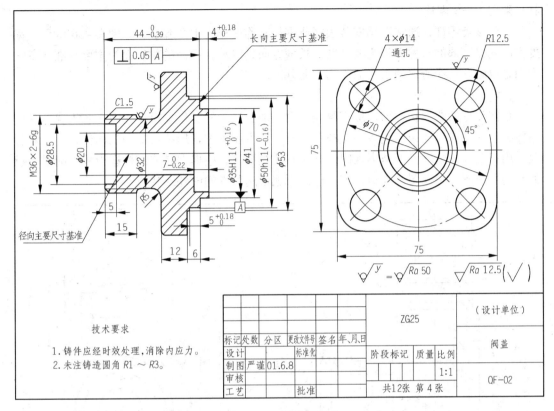

图 9 – 35 阀盖零件图

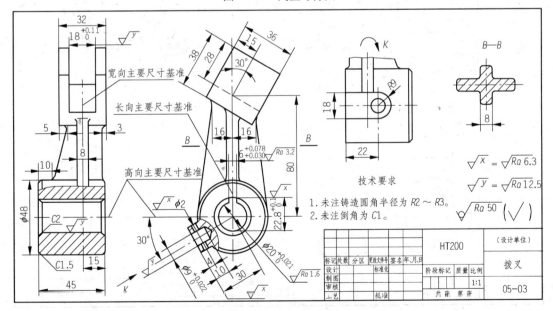

图 9 – 36 叉架零件图

图 9 – 36 所示的主视图可反映整体结构,倾斜部分的外形和轴孔键槽的深度,并用局部剖视图反映下部凸台的内部结构,右视图表达叉部的宽度并采用局部剖视图反映安装轴孔的结构,因为凸台上的孔的位置尚未确定,故采用 K 斜视图表达,十字肋板的断面形

状，采用 B—B 表达。

对于该类零件，通常选用安装表面或零件对称面作为主要基准，如图9-36所示，宽度方向是以叉部的对称面为主要基准，长度方向是以轴孔键槽的对称面为主要基准，高度方向是以轴孔轴线所在的水平面作为主要基准。

（四）箱体类零件

箱体类零件的形状、结构最为复杂，而且加工位置的变化也很多，图9-37就是一个箱体类零件。在选择箱体类零件主视图的时候，主要考虑其形状特征和工作位置，一般需要采用三个或三个以上的基本视图。选择其他视图时，应根据具体结构适当采取剖视、断面、局部视图、斜视图等表达方式，以清晰地表达零件的内外形状。

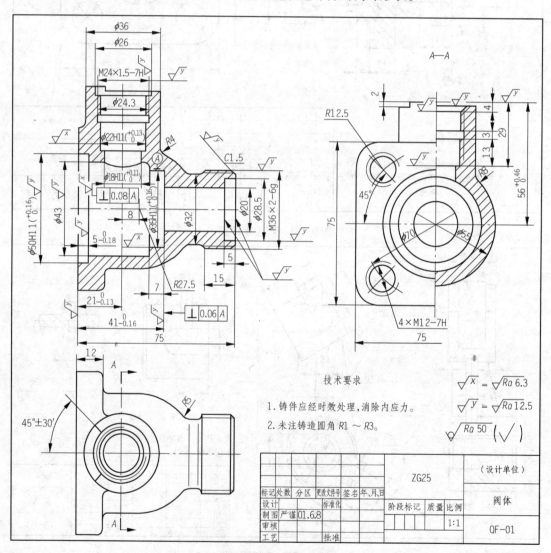

图 9-37　箱体类零件图

图9-37为阀体零件图，采用了与工作位置一致的方向作为主视图的投射方向，并用全剖视图表达阀体的内部结构，用俯视图反映其外形及上凸台的形状，因形体前后对称，

故左视图采用半剖表达左凸缘及孔的外形，并使内部结构的表达进一步加强。且使内部结构的尺寸标注更为方便、清晰。

对于该类零件，通常选用设计上有要求的轴线、重要的安装面、接触面或加工面、箱体结构的对称面作为主要基准，该图选择了铅垂轴孔的轴线所在的侧平面作为长度方向的尺寸基准，水平轴孔的轴线所在的水平面作为高度方向的主要基准，前后对称面为宽度方向的主要基准。

第十章 装 配 图

第一节 装配图的作用和内容

一、装配图的作用

装配图是表达机器或部件的图样。装配图通常用来表达机器或部件的工作原理和各零、部件之间的装配、连接关系及技术要求。装配图的作用有：

（1）在新产品的设计中，一般先画出机器或部件的装配图，然后根据装配图提供的总体结构和尺寸，再设计并绘制零件图。

（2）在产品制造中，装配图是制定装配工艺规程，进行装配、检验、调试等工作的依据。

（3）在使用和维修时，也需要通过装配图了解机器的构造，装配关系等。

二、装配图的内容

由图 10－1 可知，一张完整的装配图，必须包括以下内容。

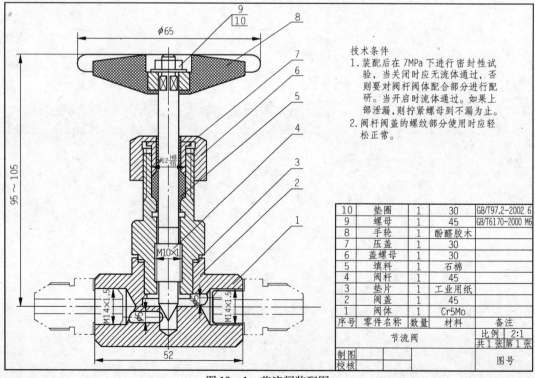

技术条件
1. 装配后在 7MPa 下进行密封性试验，当关闭时应无流体通过，否则要对阀杆阀体配合部分进行配研。当开启时流体通过。如果上部泄漏，则拧紧螺母到不漏为止。
2. 阀杆阀盖的螺纹部分使用时应轻松正常。

10	垫圈	1	30	GB/T97.2-2002 6
9	螺母	1	45	GB/T6170-2000 M6
8	手轮	1	酚醛胶木	
7	压盖	1	30	
6	盖螺母	1	30	
5	填料	1	石棉	
4	阀杆	1	45	
3	垫片	1	工业用纸	
2	阀盖	1	45	
1	阀体	1	Cr5Mo	
序号	零件名称	数量	材料	备注
节流阀			比例 2:1 共1张第1张	
制图				图号
校核				

图 10－1 节流阀装配图

（1）一组视图。用来表示机器或部件的工作原理，各零件间的装配关系、连接方式和主要零件的结构形状等。

（2）必要的尺寸。装配图上的尺寸不像零件图那样注出每个零件的全部尺寸，只要标注出必要的尺寸即可。如性能规格尺寸、装配尺寸、安装尺寸、外形尺寸以及设计时确定的一些重要尺寸。

（3）技术要求。用规定的符号或文字，说明机器或部件在装配、调试、检验、安装及使用等方面的要求。

（4）标题栏、零件的序号、明细栏。装配图中的零件序号、明细栏用于说明每个零件的名称、代号、数量和材料等。标题栏中填写机器或部件的名称、数量、比例及绘图、设计、审核等人员的签名。

第二节　装配图的表达方法

装配图的表达方法和零件图基本相同，所以零件图中的各种表达方法都适用于装配图。但装配图和零件图所表达的重点不同，因此，装配图还规定有一些规定画法和特殊的表达方法。

一、装配图的规定画法

（1）相邻零件的接触面画一条线，如图 10 – 2a 所示，非接触面，不论间隙多小，均画两条线，并留有间隙。如图 10 – 2b 孔和螺栓之间为非接触面，画图时画两条线。

（2）相邻金属零件的剖面线方向相反，方向相同时，间距要不等。同一零件的剖面线方向和间隔在各个视图中应一致。宽度小于或等于 2mm 的狭小剖面，可涂黑代替剖面符号，如图 10 – 2c 所示。

（3）在装配图中对于螺钉、螺栓、螺母、垫圈等紧固件（标准件）以及轴、连杆、球、钩子、键、销等实心零件，若按纵向剖切，且剖切平面通过其对称平面或轴线时，这些零件均按不剖绘制。需要特别表明零件的构造，如键槽、销孔等结构时，可用局部剖视，如图 10 – 2c 所示。

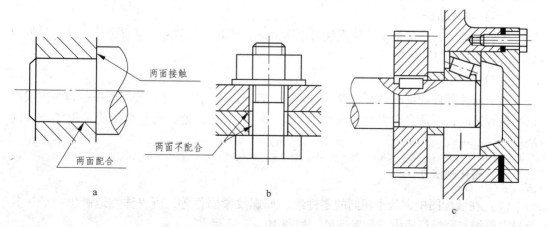

图 10 – 2　装配图的规定画法

二、装配图的特殊画法

（一）拆卸画法

（1）在视图上，如果有些零件在其他视图上已经表达清楚，而又遮住了需要表达的零件或表达某些重要结构时，则可将其拆卸掉不画而画剩下部分的视图，这种画法称为拆卸画法。采用拆卸画法时，一般应在图的上方注"拆去××"或"拆去×－×号件"，以免看图时产生误会。如图 10－3 所示，右视图拆去了螺栓、螺母等。

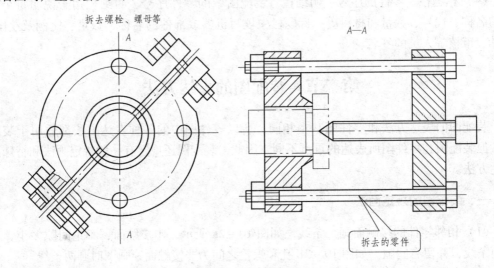

图 10－3　拆卸画法

（2）在装配图上，为了表达内部结构，可假想沿着某些零件的结合面剖开。如图 10－4 所示，滑动轴承俯视图中，由于剖切平面对螺栓、螺钉和圆柱销是横向剖切，故应画剖面线。

（二）假想画法

在装配图中，为表示某些运动零件的运动范围或极限位置时，其中一个极限位置用粗实线画出，另一极限位置用双点画线画出，如图 10－5 所示中手柄的摆动位置。

（三）单件画法

在装配图中，当某个零件的形状未表达清楚，或对理解装配关系有影响时，可另外单独画出该零件的某一视图。

（四）夸大画法

对于薄片零件和细丝弹簧、微小间隙等，若它们的实际尺寸在装配图中很难画出或难以明显表达时，可适当夸大尺寸画出，如图 10－6 中螺钉处的密封垫片就采用了夸大画法。

三、简化画法

（1）在装配图中，若干相同的零件组，如螺纹紧固件等，可仅详细地画出一处，其余只需用细点画线标明中心位置即可，如图 10－7 所示。

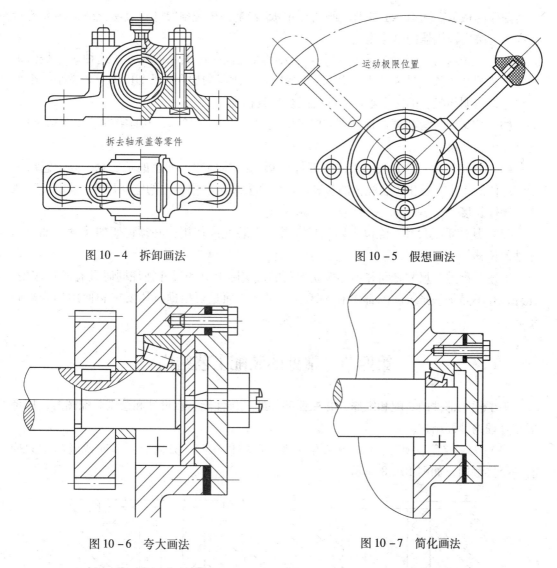

图 10 - 4　拆卸画法　　　　　　　　　　图 10 - 5　假想画法

图 10 - 6　夸大画法　　　　　　　　　　图 10 - 7　简化画法

（2）在装配图中，零件的工艺结构如小圆角、小倒角、退刀槽等可不画出。如图
10 -7所示。

（3）在不致引起误解，不影响看装配图的情况下，剖切平面后不需表达的部分可省
略不画。如图 10 - 3 的 *A—A* 视图中，圆圈部分的螺纹紧固件及其接触夹板可见部分省略
不画了。

第三节　装配图的尺寸标注

　　装配图与零件图的功能不同，因此，对尺寸标注的要求也不同。在装配图上不必要把
所有的尺寸都标注出来，一般只标注某些与装配作用有关的必要尺寸。常标注的尺寸包
括：

　　（1）规格尺寸。表示装配性能或规格的尺寸。这些尺寸由设计确定，是了解和选用

该装配体的依据。图 10 - 1 的节流阀孔尺寸 $\phi 5$ 就是一个规格尺寸，表明此节流阀孔流量的大小，决定该机器的单位流量。

（2）装配尺寸。表示机器或部件中有关零件之间装配关系的尺寸。这种尺寸是保证装配体装配性能和质量的尺寸。图 10 - 1 的阀杆与阀盖的配合尺寸 $\phi 12 H8/f 8$ 就是一个配合尺寸，表明相配合的两个零件之间的配合松紧程度。

（3）安装尺寸。机器或部件安装时所需的尺寸。如图 10 - 1 中的接口尺寸 M14 × 1.5 就是一个安装尺寸。

（4）外形尺寸。这是表示机器或部件外形的总体尺寸，即总的长、宽、高。它反映了装配体的大小，提供了装配体的包装、运输和安装过程中所占的空间尺寸。如图 10 - 1 中的阀体长度 52、总高 95 ~ 105 即为外形尺寸。

（5）其他重要尺寸。除以上四类尺寸外，在装配或使用中必须说明的尺寸，如运动零件的位移尺寸等。

上述几类重要尺寸之间并不是孤立无关的，实际上有的尺寸往往同时具有多种作用。此外，并不是每一张装配图都具有上述五种尺寸，而是要根据具体要求和使用场合来确定。

第四节　常见的装配工艺结构

为了便于部件的装配和维修，并保证部件的工作性能，在设计和绘制装配图时，应考虑用合理的装配结构。

（1）为了避免装配时表面互相发生干涉，两零件在同一方向上（横向或竖向）只应有一个接触面，如图 10 - 8 所示。

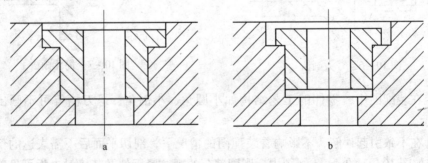

图 10 - 8　同一方向上应该只有一对装配接触面
a—不合理；b—合理

（2）两零件有一对相交的表面接触时，在转角处应制出倒角、圆角、凹槽等，以保证表面接触良好，如图 10 - 9a 所示，孔轴具有相同的尖角或圆角，所以不合理。如图 10 - 9b 所示，孔边倒角或倒圆，合理。如图 10 - 9c 所示，轴根节槽，合理。

（3）零件的结构设计要考虑维修时拆卸和安装方便。

如图 10 - 10 所示，滚动轴承在箱体轴承孔及轴上的情形右边是合理的，若设计成左边的形式，将无法拆卸。

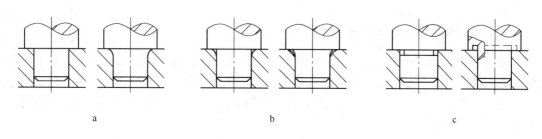

图 10 - 9　接触面转角处的结构

　　如图 10 - 11 所示，在安排螺钉位置时，应考虑扳手的空间活动范围。在图 10 - 11a 中，所留空间太小，扳手无法使用；图 10 - 11b 是正确的结构形式。

　　如图 10 - 12 所示，应考虑是螺钉放入时所需要的空间。图 10 - 12a 中，所留空间太小螺钉无法放入；图 10 - 12b 是正确的结构形式。

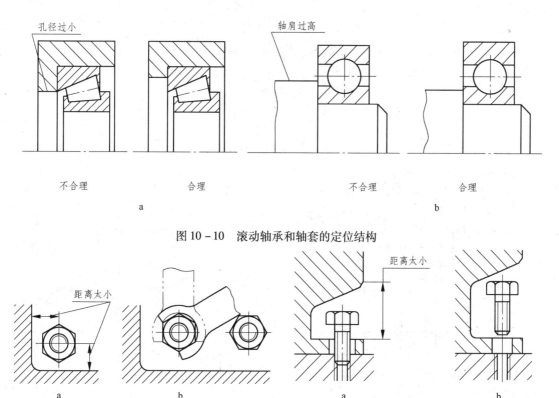

图 10 - 10　滚动轴承和轴套的定位结构

图 10 - 11　应留出扳手的活动空间　　　　图 10 - 12　应留出螺钉的装卸空间

第五节　画装配图的方法和步骤

　　装配图的作用是表达机器或部件的工作原理、装配关系以及主要零件的结构形状。首先应从剖析机器或部件的装配关系和工作原理入手，进而确定视图的表达方案，然后再着手绘制装配图。

一、了解装配关系和工作原理

　　要正确地表达一个装配体，在画装配图以前应认真阅读零件图，结合有关资料了解部件的装配关系和工作原理，并弄清楚各零件的结构和形状及拆、装顺序。

　　如已知图 10 – 13 所示，定滑轮的轴测图和图 10 – 14 所示的零件图，画出定滑轮的装配图。

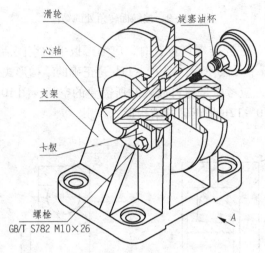

图 10 – 13　定滑轮的轴测图

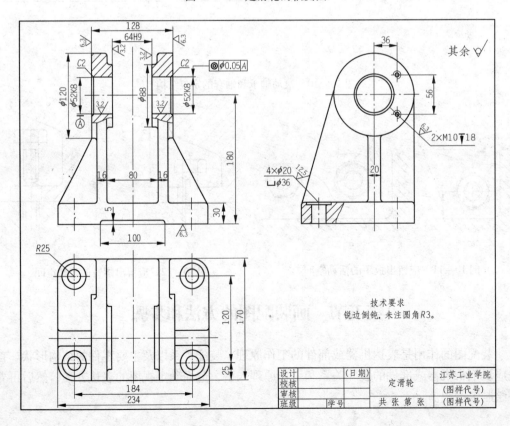

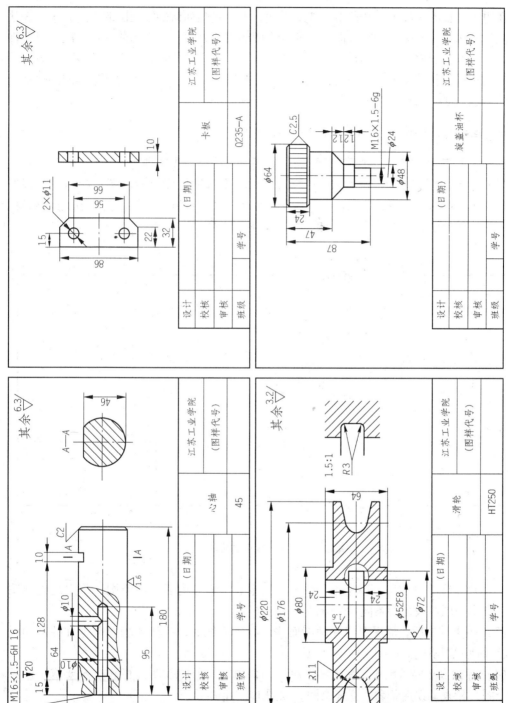

图 10－14　定滑轮零件图

二、装配图的视图选择

在明确部件的装配关系和基本工作原理后，下一步是如何确定视图的表达方案。表达方案应包括选择主视图、确定视图数量和各视图的表达方法。主视图的选择一般是以部件的工作位置作为安放位置，其投影方向应能反映部件的主要特征，如主要的装配关系，重要零件的结构形状等作为主视图的投影方向。主视图确定好后，再确定其他视图的数量和相应的表达方法，以反应其他的装配关系、外形和局部结构。

三、画装配图的步骤

当确定了表达方案后，就可着手画图，画图时可按以下步骤进行：

（1）画出图框、标题栏、明细栏。根据表达方案选取绘图比例和图纸幅面，布置好视图位置，并预留标题栏、明细栏、零件序号和标注尺寸位置。可先行画出图框，标题栏和明细栏，然后画各视图的作图基准线。如图 10 – 15 所示。

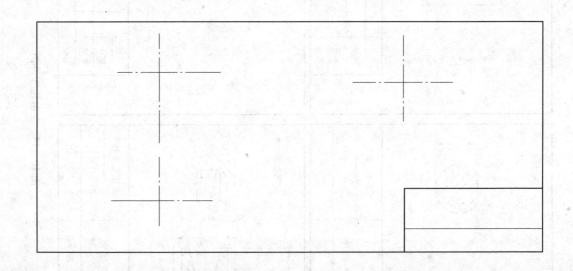

图 10 – 15　画装配图的步骤一

（2）用细实线画底稿。遵循先大后小，先主后次、先内后外的原则，首先从主视图入手，几个视图按投影关系同时配合画出。如图 10 – 16 所示。

（3）检查校核后，加深图线并画剖面线。画剖面线时，应注意相邻两零件的剖面线方向相反或间距不同。如图 10 – 17 所示。

（4）标注出必要的尺寸、编注零件序号，并填写标题栏、明细栏和技术要求。最后复合全图，检查无误后签名，完成全图。如图 10 – 18 所示。

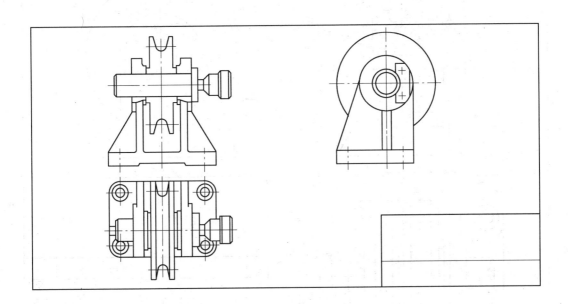

图 10 – 16　画装配图的步骤二

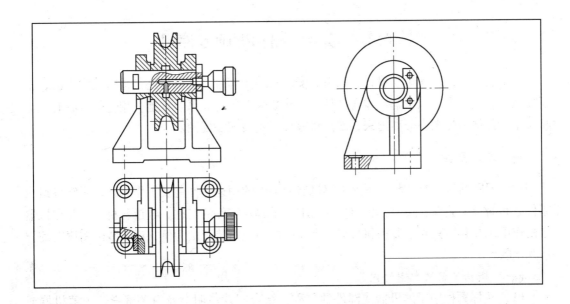

图 10 – 17　画装配图的步骤三

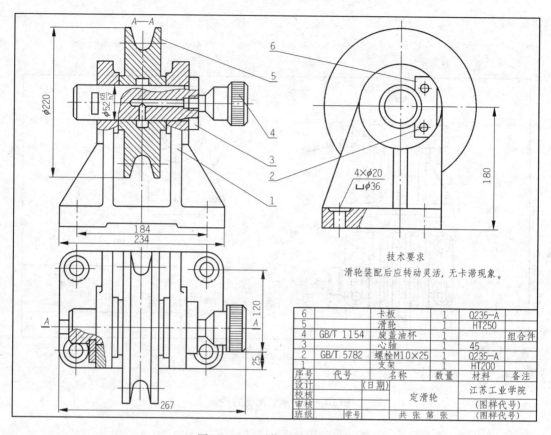

图 10 – 18　　画装配图的步骤四

6		卡板	1	Q235–A	
5		滑轮	1	HT250	
4	GB/T 1154	旋盖油杯	1		组合件
3		心轴	1	45	
2	GB/T 5782	螺栓M10×25	1	Q235–A	
1		支架	1	HT200	
序号	代号	名称	数量	材料	备注

技术要求
滑轮装配后应转动灵活，无卡滞现象。

第六节　读装配图和拆画零件图

在工业生产中，无论是设计、制造、安装、使用和维修机器，还是进行技术交流，都需要经常看装配图，以了解机器或部件的工作原理，装配关系及性能、用途等。有时还需将每个零件从装配图中分离出来，或是将零件图组装成装配图。

一、读装配图

读装配图的目的是从装配图上了解机器或部件的用途、性能及工作原理；了解各组成零件之间的装配关系、安装关系和技术要求；了解各零件的名称、数量、材料以及在机器中的作用，并看懂其基本形状和结构。下面以机用虎钳装配图为例，说明装配图读图的方法和步骤。

（一）概括了解装配图的内容

（1）从标题栏中了解机器或部件的名称，结合阅读说明书及有关资料，了解机器或部件的用途，根据比例，了解机器或部件的大小。

（2）从零件序号及明细栏中，了解组成装配体的零件名称、数量及在装配体中的位置。

（3）分析视图，了解各视图、剖视图、断面图等相互间的投影关系及表达意图。

图 10 - 19 为机用虎钳装配图，在标题栏中注明了该装配体是机用虎钳，是钳工进行基本操作的一种工具，该装配体共有 11 种 15 个零件组成，图的比例为 1:1，可以对该装配体形体的大小有一个印象。

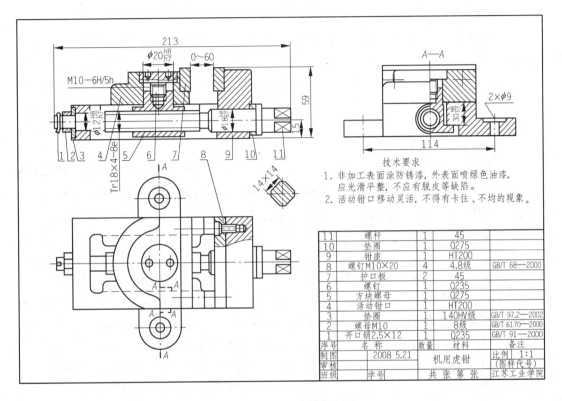

11	螺杆	1	45	
10	垫圈	1	Q275	
9	钳座	1	HT200	
8	螺钉M10×20	4	4.8级	GB/T 68—2000
7	护口板	2	45	
6	螺钉	1	Q235	
5	方块螺母	1	Q275	
4	活动钳口	1	HT200	
3	垫圈	1	140HV级	GB/T 97.2—2002
2	螺母M10	1	8级	GB/T 6170—2000
1	开口销2.5×12	1	Q235	GB/T 91—2000
序号	名称	数量	材料	备注
制图		2008 5.21	机用虎钳	比例 1:1
审核				(图样代号)
班级	学号		共 张 第 张	江苏工业学院

技术要求
1. 非加工表面涂防锈漆，外表面喷绿色油漆，应光滑平整，不应有脱皮等缺陷。
2. 活动钳口移动灵活，不得有卡住、不均的现象。

图 10 - 19　机用虎钳装配图

（二）对视图进行初步分析

明确装配图的表达方法、投影关系和剖切位置，并结合标注的尺寸，想象出主要零件的主要结构形状。

在装配图中，主视图从前后对称线剖开，采用全剖视图表达了机用虎钳的主要装配关系。俯视图是机用虎钳俯视方向的外形视图。为表达件号 7 护口板和件号 9 钳座之间的装配关系，采用了局部剖视。左视图沿 A—A 阶梯剖开，因虎钳前后结构形状对称，故此视图采用半剖的表达方法，进一步表达了零件 9 钳座、零件 4 活动钳口、零件 5 方块螺母以及零件 11 螺杆等主要零件的装配关系，以及钳座的安装孔的形状。

（三）分析工作原理和装配关系

在概括了解的基础上，应对照各视图进一步研究机器或部件的工作原理、装配关系，这是看懂装配图的一个重要环节。读图时应先从反映工作原理的视图入手，分析机器或部件中零件的运动情况，从而了解工作原理。然后再根据投影规律，从反映装配关系的视图着手，分析各条装配轴线，弄清零件相互间的配合要求、定位和连接方式等。

（1）分析工作原理及传动关系。分析装配图的工作原理，一般应从传动关系入手，分析视图及参考说明书进行了解。如机用虎钳，当扳手套在方形的螺杆右端扳动时，靠螺杆上的梯形螺纹的传动作用，带动零件5方块螺母沿杆身左右移动，零件4活动钳口在方块螺母的带动下，沿零件9钳座上平面滑动，拉开了零件7左端活动护口板和右端固定护口板之间的距离，放入要夹住的物体后，反向转动扳手，就可以夹紧物体。

（2）分析零件间的装配关系及装配体的结构。这是读装配图进一步深入的阶段，需要把零件间的装配关系和装配结构搞清楚。本图有三条装配线：一条是螺杆轴系统，这是由件号11螺杆装在件号9钳座上，右端靠件号10垫圈，左端靠件号3垫圈、件号2螺母、件号1开口销实现轴向定位；二是件号5方块螺母固定在件号4活动钳口上；三是件号7护口板被件号8螺钉分别固定件号4活动钳口、件号9钳座上，左右各一个，形成装卡物件的活动钳口。

（四）分析零件结构

分析零件，首先要会正确区分零件，区分零件的方法主要是依靠不同方向和不同间隔的剖面线，以及各视图之间的投影关系来进行判别。零件区分出来之后，便要分析零件的结构形状和功用。分析时一般从主要零件开始，再看次要零件。例如，分析机用虎钳主要零件件号9的结构形状。首先，从标注序号的主视图中找到件号9，并确定该件的主视范围，然后对照俯、左视图找投影关系，以及根据同一零件在各个视图中的剖面线应相同这一原则来确定该件在俯视图和左视图中的投影，这样就可以根据从装配图中分离出来的属于该件的三个投影进行分析，想象出它的结构形状。根据主视图的剖面线可以确定钳座的主视图包括左右两部分，并且呈左低右高的台阶形状，中间仅两条线联系左右，中间可能是空的，再根据俯视图确定钳座为方形结构，前后可能有突出半圆形耳板，中间为空腔，虚线可能是空腔部分的台阶，最后对照左视图，确定前后耳板为固定虎钳用的螺栓孔，钳座中间为台阶状空腔，下宽上窄，最后想象钳座零件的形状如图10-20所示。

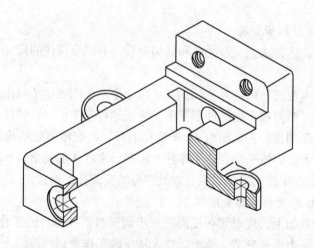

图10-20 钳座轴测图

（五）总结归纳

逐个想象出每个零件后，可以综合想象出整个机用虎钳装配体的结构形状。

以上是读装配图的一般方法和步骤，事实上在读图时这些步骤是不能截然分开的，而要交替进行。并且，读图总有具体的重点目的，在读图过程中应该围绕着这个重点目的去分析研究。

二、由装配图拆画零件图

为了看懂某一零件的结构形状，必须先把这个零件的视图从整个装配图中分离出来，然后想象其结构形状。对于表达不清的地方要根据整个机器或部件的工作原理进行补充，然后画出其零件图。这种由装配图画出零件图的过程称为拆画零件图，拆画零件图应在全面读懂装配图的基础上进行，其方法和步骤如下：

（1）看懂装配图。将要拆画的零件从整个装配图中分离出来，首先得看懂装配图。

（2）确定视图表达方案。装配图的视图选择方案，主要是从表达装配体的装配关系和整个工作原理来考虑的，而零件图视图的选择，则主要是从表达零件的结构形状这一特点来考虑的。在大多数情况下主要零件的视图选择会和装配图一致，但由于表达的出发点和主要要求不同，所以在选择视图方案时，就不应强调与装配图一致，即零件图不能简单地照抄装配图上对于该零件的视图数量和表达方法，而应该重新确定零件图的视图选择和表达方案。

（3）绘制零件图。零件在装配图中没有表达清楚的结构形状，要根据其功能要求、装配关系和连接方式加以构思、补充完善。装配图中省略的工艺结构，如倒角、圆角、退刀槽等，在零件图中应补画出来。

（4）零件图的尺寸标注。由于装配图上给出的尺寸较少，而在零件图上则需注出零件各组成部分的全部尺寸，所以很多尺寸是在拆画零件图时才确定的，此时应注意以下几点：

1）凡是在装配图上已给出的尺寸，在零件图上可直接注出。对于配合尺寸，应标注公差带代号，或查表注出上、下偏差数值。

2）对于与标准件相连接的有关结构尺寸，如螺孔，销孔等的直径，要从相应的标准中查取再标注在图中。

3）有的零件的某些尺寸需要根据装配图所给的数据进行计算才能得到（齿轮分度圆、齿顶圆直径等），应进行计算后再标注在零件图上。

4）对于某些工艺结构，如圆角、倒角、退刀槽、砂轮越程槽、螺栓通孔等，应尽量选用标准结构，查有关标准尺寸标注。

5）一般尺寸均按装配图的图形大小、图的比例，直接量取注出。

（5）对于零件图上技术要求的处理。要根据零件要装配体中的作用与其他零件装配关系，以及工艺结构等要求，标注出该零件的表面粗糙度方面的技术要求。

在标题栏中填写零件的材料时，应和明细栏中的保持一致。

图10-21为拆画的钳座零件图。

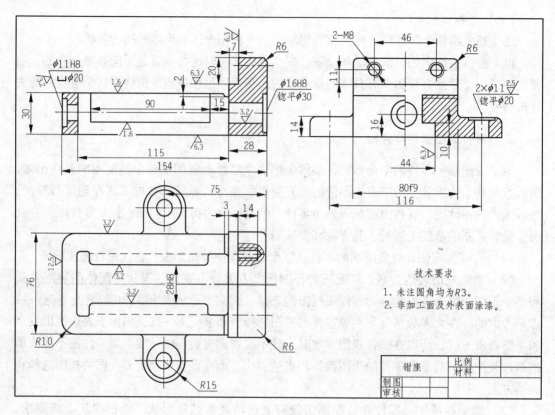

技术要求

1. 未注圆角均为R3。
2. 非加工面及外表面涂漆。

钳座		比例	
		材料	
制图			
审核			

图 10 – 21　钳座零件图

第十一章 AutoCAD 基础知识

第一节 概 述

AutoCAD 是由美国 Autodesk 公司开发的通用计算机辅助设计（Computer Aided Design，CAD）软件，具有易于掌握、使用方便、体系结构开放等优点，能够绘制二维图形与三维图形、标注尺寸、渲染图形以及打印输出图纸。AutoCAD 自 1982 年问世以来，已经经历了十余次版本升级，其每一次升级，在功能上都得到了逐步增强，且日趋完善。目前已广泛应用于机械、建筑、电子、航天、造船、石油化工、土木工程、冶金、地质、气象、纺织、轻工、商业等领域，已成为工程设计领域中应用最为广泛的计算机辅助绘图与设计软件之一。

第二节 AutoCAD 基本概念

一、AutoCAD 2009 的经典界面组成

启动 AutoCAD 2009 就会出现如图 11-1 所示的 AutoCAD 2009 主界面。通过主界面可以实现 AutoCAD 的所有操作。

二、AutoCAD 2009 的工作空间

AutoCAD 2009 提供了"二维草图与注释"、"三维建模"和"AutoCAD 经典" 3 种工作空间模式。

（1）选择工作空间。要在三种工作空间模式中进行切换，只需单击"菜单浏览器"按钮，在弹出的菜单中选择"工具"→"工作空间"菜单中的子命令，或在状态栏中单击"切换工作空间"按钮，在弹出的菜单中选择相应的命令即可，如图 11-2 所示。

（2）二维草图与注释空间。默认状态下，打开"二维草图与注释"空间，其界面主要由"菜单栏"按钮、"功能区"选项板、快速访问工具栏、文本窗口与命令行、"状态栏"等元素组成。在该空间中，可以使用"绘图"、"修改"、"图层"、"标注"、"文字"、"表格"等面板方便地绘制二维图形，如图 11-1 所示。

（3）三维建模空间。使用"三维建模"空间，可以更加方便地在三维空间中绘制图形。在"功能区"选项板中集成了"三维建模"、"视觉样式"、"光源"、"材质"、"渲染"和"导航"等面板，从而为绘制三维图形、观察图形、创建动画、设置光源、为三维对象附加材质等操作提供了非常便利的环境。

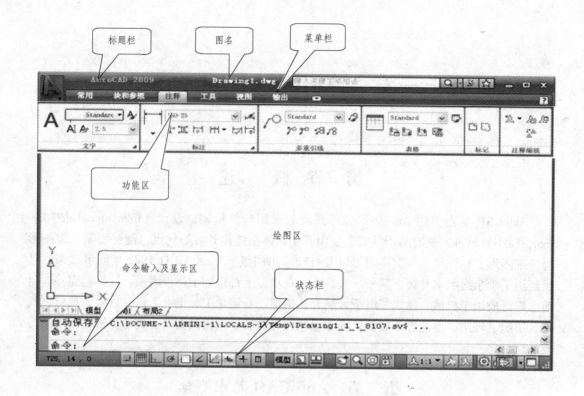

图 11 - 1　AutoCAD 2009 的主界面

三、AutoCAD 基本功能

（一）绘制与编辑图形

AutoCAD 的"绘图"菜单中包含有丰富的绘图命令，使用它们可以绘制直线、构造线、多段线、圆、矩形、多边形、椭圆等基本图形，也可以将绘制的图形转换为面域，对其进行填充。如果再借助于"修改"菜单中的修改命令，便可以绘制出各种各样的二维图形。

对于一些二维图形，通过拉伸、设置标高和厚度等操作就可以轻松地转换为三维图形。使用"绘图"→"建模"命令中的子命令，用户可以很方便地绘制圆柱体、球体、长方体等基本实体以及三维网格、旋转网格等曲面模型。同样再结合"修改"菜单中的相关命令，还可以绘制出各种各样的复杂三维图形，如图 11 - 3 所示。

（二）标注图形尺寸

尺寸标注是向图形中添加测量注释的过程，是整个绘图过程中不可缺少的一步。AutoCAD 的"标注"菜单中包含了一套完整的尺寸标注和编辑命令，使用它们可以在图形的各个方向上创建各种类型的标注，也可以方便、快速地以一定格式创建符合行业或项目标准的标注。标注的对象可以是二维图形或三维图形，如图 11 - 4 和图 11 - 5 所示。

（三）渲染三维图形

在 AutoCAD 中，可以运用雾化、光源和材质，将模型渲染为具有真实感的图像。如

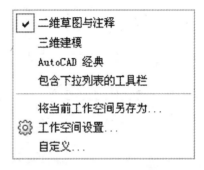

图 11 - 2　选择工作空间

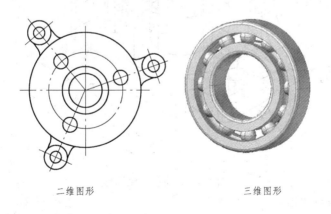

二维图形　　　　　三维图形

图 11 - 3　绘制图形

果是为了演示，可以渲染全部对象；如果时间有限，或显示设备和图形设备不能提供足够的灰度等级和颜色，就不必精细渲染；如果只需快速查看设计的整体效果，则可以简单消隐或设置视觉样式。如图 11 - 6 所示。

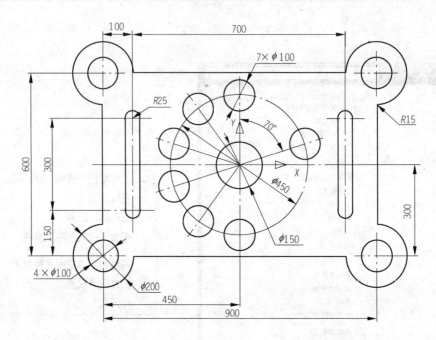

图 11-4　标注二维图形

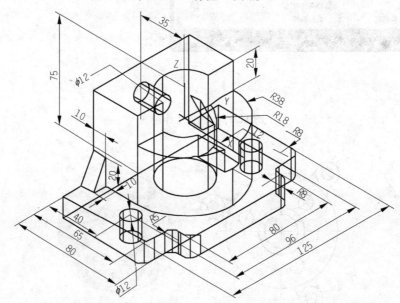

图 11-5　标注三维图形

（四）输出与打印图形

　　AutoCAD 不仅允许将所绘图形以不同样式通过绘图仪或打印机输出，还能够将不同格式的图形导入 Auto-CAD 或将 AutoCAD 图形以其他格式输出。因此，当图形绘制完成之后可以使用多种方法将其输出。例如，可以将图形打印在图纸上，或创建成文件以供其他应用程序使用。

图 11-6　渲染三维图形

第三节　图形文件的基本操作

在 AutoCAD 中，图形文件的基本操作一般包括创建新文件，打开已有的图形文件，保存文件，加密文件及关闭图形文件等。

一、创建新图形文件

在快速访问工具栏中单击"新建"按🗋钮，或单击"菜单浏览器"按▲钮，在弹出的菜单中选择"文件"→"新建"命令（NEW），可以创建新图形文件，此时将打开"选择样板"对话框，如图 11 - 7 所示。

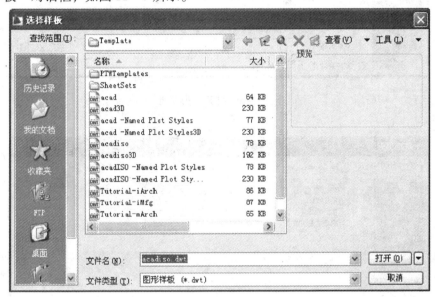

图 11 - 7　创建新图形文件

二、打开图形文件

在快速访问工具栏中单击"打开"按📂钮，或单击"菜单浏览器"按▲钮，在弹出的菜单中选择"文件"→"打开"命令（OPEN），可以打开已有的图形文件，此时将打开"选择文件"对话框，如图 11 - 8 所示。

三、保存图形文件

在 AutoCAD 中，可以使用多种方式将所绘图形以文件形式存入磁盘。在第一次保存创建的图形时，系统将打开"图形另存为"对话框。默认情况下，文件以"AutoCAD 2007 图形（ * . dwg）"格式保存，也可以在"文件类型"下拉列表框中选择其他格式，如图 11 - 9 所示。

四、加密保护绘图数据

在 AutoCAD 2009 中，保存文件时可以使用密码保护功能，对文件进行加密保存，如

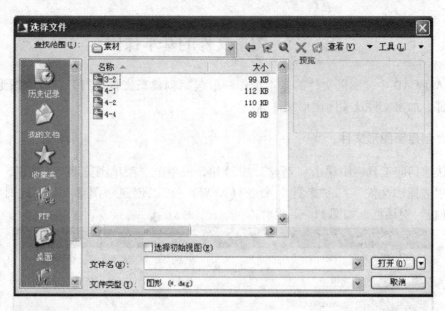

图 11 – 8   打开图形文件

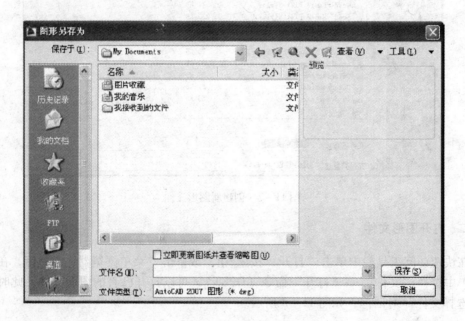

图 11 – 9   保存图形

图 11 – 10 所示。

五、关闭图形文件

单击"菜单浏览器"按钮，在弹出的菜单中选择"文件"→"关闭"命令（CLOSE），或在绘图窗口中单击"关闭"按钮，可以关闭当前图形文件，如图 11 – 11 所示。

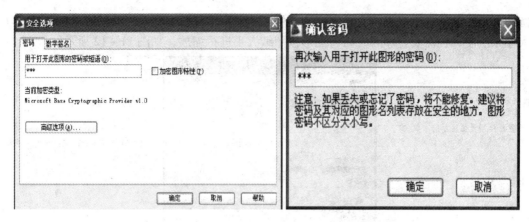

图 11 - 10　加密保护

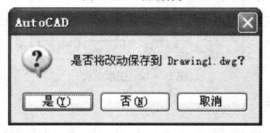

图 11 - 11　关闭图形文件

第四节　AutoCAD 绘画准备

设计工程师在进行任一工程设计时，一般从全局把握整个项目的规划。同理，对于用 AutoCAD 软件绘制图形，也需首先确定绘图所需的环境参数，例如：工作空间、图形单位、图形界限和数据精度等等。使用 AutoCAD 提供的系统配置对话框可以创造一个个性化的设计环境，这些环境参数的正确设置，对绘图工作的顺利进行，有着重要的意义。

一、设置工作空间

在 AutoCAD 中可以自定义工作空间来创建绘图环境，以便显示用户需要的工具栏、菜单和可固定的窗口。

二、设置图形界限

图形界限即表明用户的工作区域和图纸的界限，也称为图限。现实中的图纸都有一定的规格尺寸，如 A4、A3、A2、A1、A0 等，为了将绘制的图纸方便地打印输出，在绘图前应设置好图形界限。在 AutoCAD 2009 中，可以单击"菜单浏览器"按钮，在弹出的菜单中选择"格式"→"图形界限"命令（LIMITS）来设置图形界限。

三、设置图形单位

AutoCAD 软件的"图形单位"对话框可以对当前图形的长度单位、角度单位，以及单位的显示格式和精度等进行设置。通常采用 1:1 的比例因子绘图，因此，所有的直线、圆和其他对象都可以以真实大小来绘制。例如，一个零件长 200cm，可以按 200cm 的真实大小来绘制，在需要打印时，再将图形按图纸大小进行缩放，如图 11 – 12 所示。

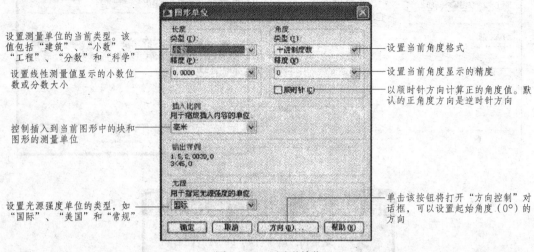

设置测量单位的当前类型。该值包括"建筑"、"小数"、"工程"、"分数"和"科学"

设置线性测量值显示的小数位数或分数大小

控制插入到当前图形中的块和图形的测量单位

设置光源强度单位的类型，如"国际"、"美国"和"常规"

设置当前角度格式

设置当前角度显示的精度

以顺时针方向计算正的角度值。默认的正角度方向是逆时针方向

单击该按钮将打开"方向控制"对话框，可以设置起始角度（0°）的方向

图 11 – 12　图形单位

四、设置参数选项

通常情况下，安装好 AutoCAD 2009 后就可以在其默认状态下绘制图形，但有时为了使用特殊的定点设备、打印机，或提高绘图效率，用户需要在绘制图形前先对系统参数进行必要的设置。

单击"菜单浏览器"按钮，在弹出的菜单中单击"选项"按钮（OPTIONS），打开"选项"对话框。在该对话框中包含"文件"、"显示"、"打开和保存"、"打印和发布"、"系统"、"用户系统配置"、"草图"、"三维建模"、"选择集"和"配置" 10 个选项卡，如图 11 – 13 所示。

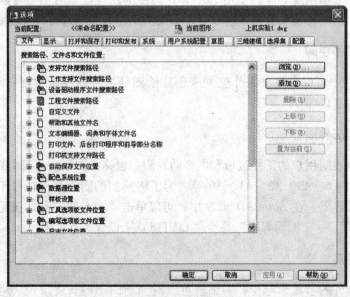

图 11 – 13　选项工具

第十二章　计算机绘制二维平面图

第一节　绘制基本图元

绘图是 AutoCAD 的主要功能，也是最基本的功能，而二维平面图形的形状都很简单，创建起来也很容易，它们是整个 AutoCAD 的绘图基础。因此，只有熟练地掌握二维平面图形的绘制方法和技巧，才能够更好地绘制出复杂的图形。

一、绘制点

在 AutoCAD 2009 中，点对象可用作捕捉和偏移对象的节点或参考点。可以通过"单点"、"多点"、"定数等分"和"定距等分"4 种方法创建点对象。

（1）单击"菜单浏览器"按钮，在弹出的菜单中选择"绘图"→"点"→"单点"命令（POINT），可以在绘图窗口中一次指定一个点。

（2）单击"菜单浏览器"按钮，在弹出的菜单中选择"绘图"→"点"→"多点"命令，或在"功能区"选项板中选择"默认"选项卡，在"绘图"面板中单击"多点"按钮，可以在绘图窗口中一次指定多个点，直到按 Esc 键结束。

（3）选择"绘图"→"点"→"定数等分"命令，可以在指定的对象上绘制等分点或者在等分点处插入块。单击"菜单浏览器"按钮，在弹出的菜单中选择"绘图"→"点"→"定数等分"命令（DIVIDE），或在"功能区"选项板中选择"默认"选项卡，在"绘图"面板中单击"定数等分"按钮，都可以在指定的对象上绘制等分点或在等分点处插入块。

（4）单击"菜单浏览器"按钮，在弹出的菜单中选择"绘图"→"点"→"定距等分"命令（MEASURE），在"功能区"选项板中选择"默认"选项卡，在"绘图"面板中单击"定距等分"按钮，都可以在指定的对象上按指定的长度绘制点或插入块。

二、绘制直线、射线和构造线

图形由对象组成，可以使用定点设备指定点的位置或在命令行输入坐标值来绘制对象。在 AutoCAD 中，直线、射线和构造线是最简单的一组线性对象。

（1）绘制直线。"直线"是各种绘图中最常用、最简单的一类图形对象，只要指定了起点和终点即可绘制一条直线。在 AutoCAD 中，可以用二维坐标（x，y）或三维坐标（x，y，z）来指定端点，也可以混合使用二维坐标和三维坐标。如果输入二维坐标，AutoCAD 将会用当前的高度作为 Z 轴坐标值，默认值为 0。

选择"绘图"→"直线"命令（LINE），或在"绘图"工具栏中单击"直线"按钮，可以绘制直线。

（2）绘制射线。射线为一端固定，另一端无限延伸的直线。单击"菜单浏览器"按钮，在弹出的菜单中选择"绘图"→"射线"命令（RAY），或在"功能区"选项板中，选择"默认"选项卡，在"绘图"面板中单击"射线"按钮，指定射线的起点和通过点即可绘制一条射线。在 AutoCAD 中，射线主要用于绘制辅助线。指定射线的起点后，可在"指定通过点:"提示下指定多个通过点，绘制以起点为端点的多条射线，直到按 Esc 键或 Enter 键退出为止。

（3）绘制构造线。构造线为两端可以无限延伸的直线，没有起点和终点，可以放置在三维空间的任何地方，主要用于绘制辅助线。单击"菜单浏览器"按钮，在弹出的菜单中选择"绘图"→"构造线"命令（XLINE），或在"功能区"选项板中，选择"默认"选项卡，在"绘图"面板中单击"构造线"按钮，都可绘制构造线。

三、绘制矩形和正多边形

在 AutoCAD 中，矩形及多边形的各边并非单一对象，它们构成一个单独的对象。使用 RECTANGE 命令可以绘制矩形，使用 POLYGON 命令可以绘制多边形。

（1）绘制矩形。单击"菜单浏览器"按钮，在弹出的菜单中选择"绘图"→"矩形"命令（RECTANGLE），或在"功能区"选项板中选择"默认"选项板，在"绘图"面板中单击"矩形"按钮，即可绘制出倒角矩形、圆角矩形、有厚度的矩形等多种矩形，如图 12 - 1 所示。

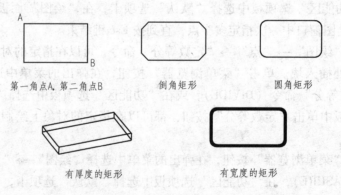

第一角点A, 第二角点B　　　　倒角矩形　　　　圆角矩形

有厚度的矩形　　　　有宽度的矩形

图 12 - 1　绘制矩形

（2）绘制正多边形。单击"菜单浏览器"按钮，在弹出的菜单中选择"绘图"→"正多边形"。

命令（POLYGON），或在"功能区"选项板中选择"默认"选项板，在"绘图"面板中单击"正多边形"按钮，可以绘制边数为 3 ~ 1024 的正多边形。

四、绘制曲线对象

在 AutoCAD 2009 中，圆、圆弧、椭圆、椭圆弧和圆环都属于曲线对象，其绘制方法相对线性对象要复杂一些，但方法也比较多。

（1）绘制圆。单击"菜单浏览器"按钮，在弹出的菜单中选择"绘图"→"圆"命令"（CIRCLE）"，或在"功能区"选项板中选择"默认"选项板，在"绘图"面板中单击圆的相关按钮，都可绘制圆。在 AutoCAD 2009 中，可以使用 6 种方法绘制圆，如图12 - 2所示。

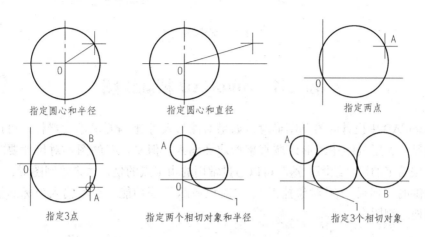

指定圆心和半径　　　　　　指定圆心和直径　　　　　　指定两点

指定3点　　　　指定两个相切对象和半径　　　　指定3个相切对象

图 12 - 2　绘制圆

（2）绘制圆弧 。单击"菜单浏览器"按钮，在弹出的菜单中选择"绘图"→"圆弧"命令"（ARC）"，或在"功能区"选项板中选择"默认"选项板，在"绘图"面板中单击圆弧的相关按钮，都可绘制圆弧。在 AutoCAD2009 中，圆弧的绘制方法有 11 种。

（3）绘制椭圆 。单击"菜单浏览器"按钮，在弹出的菜单中选择"绘图"→"椭圆"子菜单中的命令，或在"功能区"选项板中选择"默认"选项板，在"绘图"面板中单击椭圆的相关按钮，都可绘制椭圆。可以选择"绘图"→"椭圆"→"中心点"命令，指定椭圆中心、一个轴的端点（主轴）以及另一个轴的半轴长度绘制椭圆；也可以选择"绘图"→"椭圆"→"轴、端点"命令，指定一个轴的两个端点（主轴）和另一个轴的半轴长度绘制椭圆，如图 12 - 3 所示。

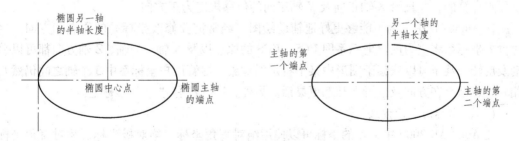

椭圆另一轴的半轴长度　　　椭圆中心点　　　椭圆主轴的端点　　　另一个轴的半轴长度　　　主轴的第一个端点　　　主轴的第二个端点

图 12 - 3　绘制椭圆的两种方法

（4）绘制椭圆弧。在 AutoCAD 2009 中，椭圆弧的绘图命令和椭圆的绘图命令都是ELLIPSE，但命令行的提示不同。单击"菜单浏览器"按钮，在弹出的菜单中选择"绘图"→"椭圆"→"椭圆弧"命令或在"功能区"选项板中选择"默认"选项板，在"绘图"面板中单击"椭圆弧"按钮，都可绘制椭圆弧，如图 12 - 4 所示。

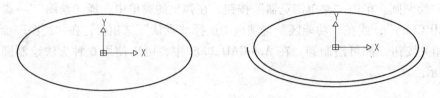

图 12 - 4　绘制椭圆弧

第二节　AutoCAD 精确绘图

在 AutoCAD 中设计和绘制图形时，如果对图形尺寸比例要求不太严格，可以大致输入图形的尺寸，用鼠标在图形区域直接拾取和输入。但是，有的图形对尺寸要求比较严格，必须按给定的尺寸绘图。这时可以通过常用的指定点的坐标法来绘制图形，还可以使用系统提供的"捕捉"、"对象捕捉"、"对象追踪"等功能，在不输入坐标的情况下快速、精确地绘制图形。

一、使用坐标系

在绘图过程中要精确定位某个对象时，必须以某个坐标系作为参照，以便精确拾取点的位置。通过 AutoCAD 的坐标系可以提供精确绘制图形的方法，可以按照非常高的精度标准，准确地设计并绘制图形。

（一）认识世界坐标系与用户坐标系

坐标（x，y）是表示点的最基本方法。在 AutoCAD 中，坐标系分为世界坐标系（WCS）和用户坐标系（UCS）。两种坐标系下都可以通过坐标（x，y）来精确定位点。

默认情况下，在开始绘制新图形时，当前坐标系为世界坐标系即 WCS，它包括 X 轴和 Y 轴（如果在三维空间工作，还有一个 Z 轴）。WCS 坐标轴的交汇处显示"口"形标记，但坐标原点并不在坐标系的交汇点，而位于图形窗口的左下角，所有的位移都是相对于原点计算的，并且沿 X 轴正向及 Y 轴正向的位移规定为正方向。

在 AutoCAD 中，为了能够更好地辅助绘图，经常需要修改坐标系的原点和方向，这时世界坐标系将变为用户坐标系即 UCS。UCS 的原点以及 X 轴、Y 轴、Z 轴方向都可以移动及旋转，甚至可以依赖于图形中某个特定的对象。尽管用户坐标系中 3 个轴之间仍然互相垂直，但是在方向及位置上却都更灵活。另外，UCS 没有"口"形标记。

（二）坐标的表示方法

在 AutoCAD 2009 中，点的坐标可以使用绝对直角坐标、绝对极坐标、相对直角坐标和相对极坐标 4 种方法表示，它们的特点为：

（1）绝对直角坐标：是从点（0，0）或（0，0，0）出发的位移，可以使用分数、小数或科学记数等形式表示点的 X 轴、Y 轴、Z 坐标值，坐标间用逗号隔开，例如点（8.3，5.8）和（3.0，5.2，8.8）等。

（2）绝对极坐标：是从点（0，0）或（0，0，0）出发的位移，但给定的是距离和角度，其中距离和角度用"＜"分开，且规定 X 轴正向为 0°，Y 轴正向为 90°，例如点

（4.27＜60）、（34＜30）等。

（3）相对直角坐标和相对极坐标：相对坐标是指相对于某一点的 X 轴和 Y 轴位移，或距离和角度。它的表示方法是在绝对坐标表达方式前加上"@"号，如（@-13，8）和（@11＜24）。其中，相对极坐标中的角度是新点和上一点连线与 X 轴的夹角。

二、使用捕捉、栅格和正交功能定位点

在绘制图形时，尽管可以通过移动光标来指定点的位置，但却很难精确指定点的某一位置。因此，要精确定位点，必须使用坐标或捕捉功能。

（一）设置捕捉和栅格

在绘制图形时，尽管可以通过移动光标来指定点的位置，但却很难精确指定点的某一位置。在 AutoCAD 中，使用"捕捉"和"栅格"功能，可以用来精确定位点，提高绘图效率。

1. 打开或关闭捕捉和栅格

"捕捉"用于设定鼠标光标移动的间距。"栅格"是一些标定位置的小点，起坐标纸的作用，可以提供直观的距离和位置参照。要打开或关闭"捕捉"和"栅格"功能，可以选择以下几种方法。

（1）在 AutoCAD 程序窗口的状态栏中，单击"捕捉"和"栅格"按钮。

（2）按 F7 键打开或关闭栅格，按 F9 键打开或关闭捕捉。

（3）选择"工具"→"草图设置"命令，打开"草图设置"对话框，在"捕捉和栅格"选项卡中选中或取消"启用捕捉"和"启用栅格"复选框。

2. 设置捕捉和栅格参数

利用"草图设置"对话框中的"捕捉和栅格"选项卡，可以设置捕捉和栅格的相关参数，各选项的功能为：

（1）"启用捕捉"复选框：打开或关闭捕捉方式。选中该复选框，可以启用捕捉。

（2）"捕捉"选项组：设置捕捉间距、捕捉角度以及捕捉基点坐标。

（3）"启用栅格"复选框：打开或关闭栅格的显示。选中该复选框，可以启用栅格。

（4）"栅格"选项组：设置栅格间距。如果栅格的 X 轴和 Y 轴的间距值为 0，则栅格采用捕捉 X 轴和 Y 轴间距的值。

（5）"捕捉类型和样式"选项组：可以设置捕捉类型和样式，包括"栅格捕捉"和"极轴捕捉"两种。

（6）"栅格行为"选项组：用于设置"视觉样式"下栅格线的显示样式（三维线框除外）。

（二）使用 GRID 与 SNAP 命令

不仅可以通过"草图设置"对话框设置栅格和捕捉参数，还可以通过 GRID 与 SNAP 命令来设置。

（1）使用 GRID 命令。执行 GRID 命令时，其命令行显示如下提示信息。

指定栅格间距（X）或［开（ON）/关（OFF）/捕捉（S）/主（M）/自适应（D）/跟随（F）/纵横向间距（A）］＜10.0000＞：

默认情况下，需要设置栅格间距值。该间距不能设置太小，否则将导致图形模糊及屏幕重画太慢，甚至无法显示栅格。

（2）使用 SNAP 命令。执行 SNAP 命令时，其命令行显示如下提示信息。

指定捕捉间距或［开(ON)/关(OFF)/纵横向间距(A)/样式(S)/类型(T)］<10.0000>：

默认情况下，需要指定捕捉间距，并使用"开（ON）"选项，以当前栅格的分辨率和样式激活捕捉模式；使用"关（OFF）"选项，关闭捕捉模式，但保留当前设置。

（三）使用正交模式

AutoCAD 提供的正交模式也可以用来精确定位点，它将定点设备的输入限制为水平或垂直。使用 ORTHO 命令，可以打开正交模式，用于控制是否以正交方式绘图。在正交模式下，可以方便地绘出与当前 X 轴或 Y 轴平行的线段。在 AutoCAD 程序窗口的状态栏中单击"正交"按钮，或按 F8 键，可以打开或关闭正交方式。

打开正交功能后，输入的第 1 点是任意的，但当移动光标准备指定第 2 点时，引出的橡皮筋线已不再是这两点之间的连线，而是起点到光标十字线的垂直线中较长的那段线，此时单击，橡皮筋线就变成所绘的直线。

三、使用对象捕捉功能

（一）设置对象捕捉模式

在绘图的过程中，经常要指定一些对象上已有的点，例如端点、圆心和两个对象的交点等。如果只凭观察来拾取，不可能非常准确地找到这些点。在 AutoCAD 中，可以通过"对象捕捉"工具栏和"草图设置"对话框等方式调用对象捕捉功能，迅速、准确地捕捉到某些特殊点，从而精确地绘制图形。

（1）"对象捕捉"工具栏。在绘图过程中，当要求指定点时，单击"对象捕捉"工具栏中相应的特征点按钮，再把光标移到要捕捉对象上的特征点附近，即可捕捉到相应的对象特征点。

（2）使用自动捕捉功能。绘图的过程中，使用对象捕捉的频率非常高。为此，AutoCAD又提供了一种自动对象捕捉模式。

自动捕捉就是当把光标放在一个对象上时，系统自动捕捉到对象上所有符合条件的几何特征点，并显示相应的标记。如果把光标放在捕捉点上多停留一会，系统还会显示捕捉的提示。这样，在选点之前，就可以预览和确认捕捉点。

要打开对象捕捉模式，可在"草图设置"对话框的"对象捕捉"选项卡中，选中"启用对象捕捉"复选框，然后在"对象捕捉模式"选项组中选中相应复选。

（3）对象捕捉快捷菜单。当要求指定点时，可以按下 Shift 键或者 Ctrl 键，右击打开对象捕捉快捷菜单。选择需要的子命令，再把光标移到要捕捉对象的特征点附近，即可捕捉到相应的对象特征点。

（二）运行和覆盖捕捉模式

在 AutoCAD 中，对象捕捉模式又可以分为运行捕捉模式和覆盖捕捉模式。

在"草图设置"对话框的"对象捕捉"选项卡中，设置的对象捕捉模式始终处于运行状态，直到关闭为止，称为运行捕捉模式。

如果在点的命令行提示下输入关键字（如 MID、CEN、QUA 等）、单击"对象捕捉"工具栏中的工具或在对象捕捉快捷菜单中选择相应命令，只临时打开捕捉模式，称为覆盖捕捉模式，仅对本次捕捉点有效，在命令行中显示一个"于"标记。

要打开或关闭运行捕捉模式，可单击状态栏上的"对象捕捉"按钮。设置覆盖捕捉模式后，系统将暂时覆盖运行捕捉模式。

四、使用自动追踪

在 AutoCAD 中，自动追踪可按指定角度绘制对象，或者绘制与其他对象有特定关系的对象。自动追踪功能分极轴追踪和对象捕捉追踪两种，是非常有用的辅助绘图工具。

（一）极轴追踪与对象捕捉追踪

极轴追踪是按事先给定的角度增量来追踪特征点。而对象捕捉追踪则按与对象的某种特定关系来追踪，这种特定的关系确定了一个未知角度。也就是说，如果事先知道要追踪的方向（角度），则使用极轴追踪；如果事先不知道具体的追踪方向（角度），但知道与其他对象的某种关系（如相交），则用对象捕捉追踪。极轴追踪和对象捕捉追踪可以同时使用，如图 12 - 5 所示。

图 12 - 5　极轴追踪

（二）使用临时追踪点和捕捉自功能

在"对象捕捉"工具栏中，还有两个非常有用的对象捕捉工具，即"临时追踪点"和"捕捉自"工具。

（1）"临时追踪点"工具：可在一次操作中创建多条追踪线，并根据这些追踪线确定所要定位的点。

（2）"捕捉自"工具：在使用相对坐标指定下一个应用点时，"捕捉自"工具可以提示输入基点，并将该点作为临时参照点，这与通过输入前缀"@"使用最后一个点作为参照点类似。它不是对象捕捉模式，但经常与对象捕捉一起使用。

（三）使用自动追踪功能绘图

使用自动追踪功能可以快速而精确地确定定位点，在很大程度上提高了绘图效率。在 AutoCAD 2009 中，要设置自动追踪功能选项，可打开"选项"对话框，在"草图"选项卡的"自动追踪设置"选项区域中进行设置，其中各选项功能为：

（1）"显示极轴追踪矢量"复选框：设置是否显示极轴追踪的矢量数据。

（2）"显示全屏追踪矢量"复选框：设置是否显示全屏追踪的矢量数据。

（3）"显示自动追踪工具栏提示"复选框：设置在追踪特征点时是否显示工具栏上的相应按钮的提示文字。

第三节　AutoCAD 图形编辑

图形编辑是指对已有图形对象进行删除、复制、镜像、旋转及其他修改操作。它可以帮助用户合理构造与组织图形，保证作图的准确度，减少重复的绘图操作，从而提高设计与绘图效率。

一、删除

单击"菜单浏览器"按钮，在弹出的菜单中选择"修改"→"删除"命令（ERASE），或在"功能区"选项板中选择"默认"选项卡，在"修改"面板中单击"删除"按钮，都可以删除图形中选中的对象。

通常，发出"删除"命令后，需要选择要删除的对象，然后按 Enter 键或空格键结束对象选择，同时删除已选择的对象。

二、复制和镜像

（一）复制

单击"菜单浏览器"按钮，在弹出的菜单中选择"修改"→"复制"命令（COPY），或在"功能区"选项板中选择"默认"选项卡，在"修改"面板中单击"复制"按钮，可以对已有的对象复制出副本，并放置到指定的位置。

（二）镜像

单击"菜单浏览器"按钮，在弹出的菜单中选择"修改"→"镜像"命令（MIRROR），或在"功能区"选项板中选择"默认"选项卡，在"修改"面板中单击"镜像"按钮。对于对称图形，只需画出一半，另一半可由 MIRROR 命令镜像出来，如图 12 - 6 所示。

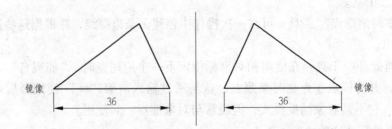

图 12 - 6　镜像对象

三、偏移和阵列

（一）偏移

单击"菜单浏览器"按钮，在弹出的菜单中选择"修改"→"偏移"命令（OFF-SET），或在"功能区"选项板中选择"默认"选项卡，在"修改"面板中单击"偏移"按钮，可以对指定的直线、圆弧、圆等对象作同心偏移复制。

（二）阵列

单击"菜单浏览器"按钮，在弹出的菜单中选择"修改"→"阵列"命令（AR-RAY），或在"功能区"选项板中选择"默认"选项卡，在"修改"面板中单击"阵列"按钮，都可以打开"阵列"对话框，可以在该对话框中设置以矩形阵列或者环形阵列方式多重复制对象。

1. 矩形阵列复制

在"阵列"对话框中，选择"矩形阵列"单选按钮，可以以矩形阵列方式复制对象，如图 12－7 所示。

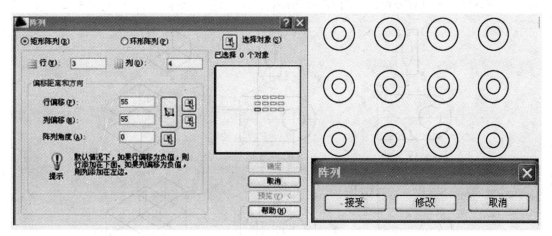

图 12－7　矩形阵列复制

2. 环形阵列复制

在"阵列"对话框中，选择"环形阵列"单选按钮，可以以环形阵列方式复制图形，如图 12－8 所示。

四、移动、旋转和对齐

（1）移动。移动对象仅仅是位置上的平移，对象的方向和大小并不会改变。要精确地移动对象，可使用捕捉模式、坐标、夹点和对象捕捉模式。在夹点编辑模式下确定基点后，在命令行提示下输入 MOVE 进入移动模式。

（2）旋转。在夹点编辑模式下，确定基点后，在命令行提示下输入 ROTATE 进入旋转模式。

（3）对齐。单击"菜单浏览器"按钮，在弹出的菜单中选择"修改"→"三维操作"→"对齐"命令（ALIGN），可以使当前对象与其他对象对齐，它既适用二维对象，也适用三维对象。

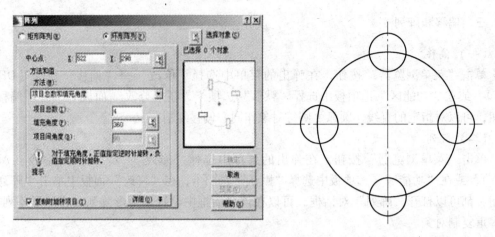

图 12 - 8　环形阵列复制

在对齐二维对象时，可以指定 1 对或 2 对对齐点（源点和目标点），在对齐三维对象时，则需要指定 3 对对齐点，如图 12 - 9 所示。

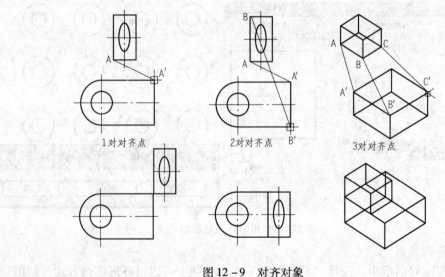

1对对齐点　　　　　　2对对齐点　　　　　　3对对齐点

图 12 - 9　对齐对象

五、修剪和缩放

（一）修剪

单击"菜单浏览器"按钮，在弹出的菜单中选择"修改"→"修剪"命令（TRIM），或在"功能区"选项板中选择"默认"选项卡，在"修改"面板中单击"修剪"按钮，可以以某一对象为剪切边修剪其他对象。

在 AutoCAD 中，可以作为剪切边的对象有直线、圆弧、圆、椭圆或椭圆弧、多段线、样条曲线、构造线、射线等。剪切边也可以同时作为被剪边。在默认情况下，选择要修剪的对象（即选择被剪边），系统将以剪切边为界，将被剪切对象上位于拾取点一侧的部分剪切掉。如果按 Shift 键，同时选择与修剪边不相交的对象，修剪边将变为延伸边界，将选择的对象延伸至与修剪边界相交。

（二）缩放

在夹点编辑模式下确定基点后，在命令行提示下输入 SC 进入缩放模式，命令行将显示如图 12 - 10 所示的提示信息。

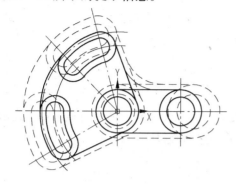
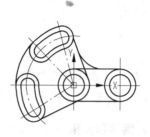

图 12 - 10　缩放对象

六、延伸、拉伸和拉长

（一）延伸

单击"菜单浏览器"按钮，在弹出的菜单中选择"修改"→"延伸"命令（EXTEND），或在"功能区"选项板中选择"默认"选项卡，在"修改"面板中单击"延伸"按钮，可以延长指定的对象与另一对象相交或外观相交。

延伸命令的使用方法和修剪命令的使用方法相似，不同之处在于：使用延伸命令时，如果在按下 Shift 键的同时选择对象，则执行修剪命令；使用修剪命令时，如果在按下 Shift 键的同时选择对象，则执行延伸命令，如图 12 - 11 所示。

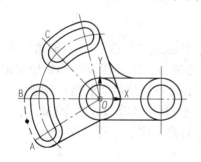
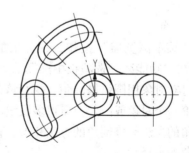

图 12 - 11　延伸对象

（二）拉伸

在不执行任何命令的情况下选择对象，显示其夹点，然后单击其中一个夹点，进入编辑状态。此时，AutoCAD 自动将其作为拉伸的基点，进入"拉伸"编辑模式，命令行将显示如图 12 - 12 所示的提示信息。

（三）拉长

单击"菜单浏览器"按钮，在弹出的菜单中选择"修改"→"拉长"命令（LENGTHEN），或在"功能区"选项板中选择"默认"选项卡，在"修改"面板中单击

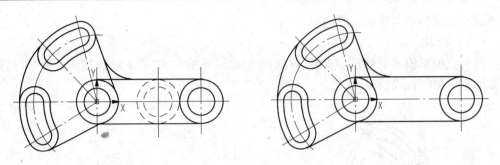

图 12 - 12   拉伸对象

"拉长"按钮,都可修改线段或者圆弧的长度。执行该命令时,命令行显示如下提示。

选择对象或[增量(DE)/百分数(P)/全部(T)/动态(DY)]:

七、倒角和圆角

(一)倒角

单击"菜单浏览器"按钮,在弹出的菜单中选择"修改"→"倒角"命令(CHAM-FER),或在"功能区"选项板中选择"默认"选项卡,在"修改"面板中单击"倒角"按钮,都可为对象绘制倒角。执行该命令时,命令行显示如下提示信息,如图 12 - 13 所示。

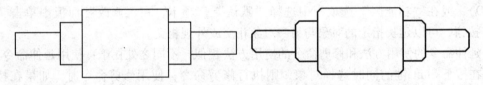

图 12 - 13   倒角对象

(二)圆角

单击"菜单浏览器"按钮,在弹出的菜单中选择"修改"→"圆角"命令(FIL-LET),或在"功能区"选项板中选择"默认"选项卡,在"修改"面板中单击"圆角"按钮,即可对对象用圆弧修圆角。执行该命令时,命令行显示如下提示信息。

选择第一个对象或[放弃(U)/多段线(P)/半径(R)/修剪(T)/多个(M)]:

修圆角的方法与修倒角的方法相似,在命令行提示中,选择"半径(R)"选项,即可设置圆角的半径大小。

八、打断

在 AutoCAD 2009 中,使用"打断"命令可部分删除对象或把对象分解成两部分,还可以使用"打断于点"命令将对象在一点处断开成两个对象。

(一)打断对象

选择"修改"→"打断"命令(BREAK),或在"修改"工具栏中单击"打断"按钮,即可部分删除对象或把对象分解成两部分。执行该命令并选择需要打断的对象,如图 12 - 14 所示。

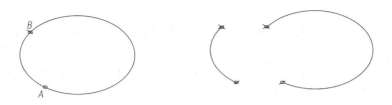

图 12 - 14　打断对象

（二）打断于点

在"修改"工具栏中单击"打断于点"按钮，可以将对象在一点处断开成两个对象，它是从"打断"命令中派生出来的。执行该命令时，需要选择要被打断的对象，然后指定打断点，即可从该点打断对象，如图 12 - 15 所示。

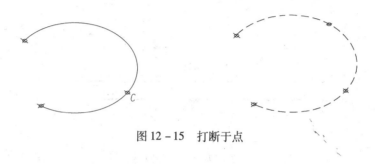

图 12 - 15　打断于点

九、合并和分解

（一）合并

如果需要连接某一连续图形上的两个部分，或者将某段圆弧闭合为整圆，可以单击"菜单浏览器"按钮，在弹出的菜单中选择"修改"→"合并"命令（JOIN），或在"功能区"选项板中选择"默认"选项卡，在"修改"面板中单击"合并"按钮，如图 12 - 16 所示。

图 12 - 16　合并对象

（二）分解

对于矩形、块等由多个对象编组成的组合对象，如果需要对单个成员进行编辑，就需要先将它分解开。单击"菜单浏览器"按钮，在弹出的菜单中选择"修改"→"分解"命令（EXPLODE），或在"功能区"选项板中选择"默认"选项卡，在"修改"面板中单击"分解"按钮，选择需要分解的对象后按 Enter 键，即可分解图形并结束该命令。

第四节　AutoCAD 尺寸标注

用户在了解尺寸标注的组成与规则、标注样式的创建和设置方法后，接下来就可以使用标注工具标注图形了。AutoCAD 2009 提供了完善的标注命令，例如使用"直径"、"半径"、"角度"、"线性"、"圆心标记"等标注命令，可以对直径、半径、角度、直线及圆心位置等进行标注，如图 12-17 所示。

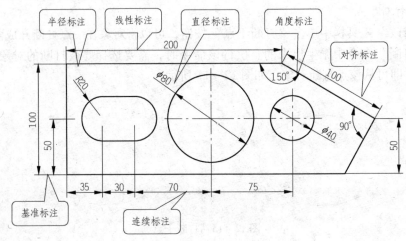

图 12-17　常用尺寸标注

一、线性和对齐标注

（1）线性标注。单击"菜单浏览器"按钮，在弹出的菜单中选择"标注"→"线性"命令（DIMLINEAR），或在"功能区"选项板中选择"注释"选项卡，在"标注"面板中单击"线型"按钮，可创建用于标注用户坐标系 XY 平面中的两个点之间的距离测量值，并通过指定点或选择一个对象来实现。

（2）对齐标注。单击"菜单浏览器"按钮，在弹出的菜单中选择"标注"→"对齐"命令（DIMALIGNED），或在"功能区"选项板中选择"注释"选项卡，在"标注"面板中单击"对齐"按钮，可以对对象进行对齐标注。

对齐标注是线性标注尺寸的一种特殊形式。在对直线段进行标注时，如果该直线的倾斜角度未知，那么使用线性标注方法将无法得到准确的测量结果，这时可以使用对齐标注。

二、角度、弧长、半径、直径和弯折标注

（一）角度标注

单击"菜单浏览器"按钮，在弹出的菜单中选择"标注"→"角度"命令（DIMANGULAR），或在"功能区"选项板中选择"注释"选项卡，在"标注"面板中单击"角度"按钮，都可以测量圆和圆弧的角度、两条直线间的角度，或者三点间的角度，如图 12-18 所示。执行 DIMANGULAR 命令，此时命令行提示如下。

选择圆弧、圆、直线或 <指定顶点>：

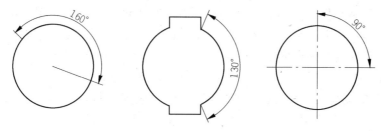

图 12 - 18　角度标注

（二）弧长标注

单击"菜单浏览器"按钮，在弹出的菜单中选择"标注"→"弧长"命令（DIMA-RC），或在"功能区"选项板中选择"注释"选项卡，在"标注"面板中单击"弧长"按钮，可以标注圆弧线段或多段线圆弧线段部分的弧长，如图 12 - 19 所示。

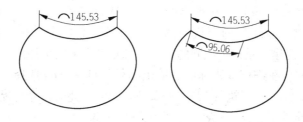

图 12 - 19　弧长标注

（三）半径标注

单击"菜单浏览器"按钮，在弹出的菜单中选择"标注"→"半径"命令（DIM-RADIUS），或在"功能区"选项板中选择"注释"选项卡，在"标注"面板中单击"半径"按钮，可以标注圆和圆弧的半径。执行该命令，并选择要标注半径的圆弧或圆，此时命令行提示如下信息。

指定尺寸线位置或［多行文字(M)/文字(T)/角度(A)］：

（四）直径标注

单击"菜单浏览器"按钮，在弹出的菜单中选择"标注"→"直径"命令（DIMDI-AMETER），或在"功能区"选项板中选择"注释"选项卡，在"标注"面板中单击"直径标注"按钮，可以标注圆和圆弧的直径。

（五）折弯标注

单击"菜单浏览器"按钮，在弹出的菜单中选择"标注"→"折弯"命令（DIM-JOGGED），可以折弯标注圆和圆弧的半径。该标注方式与半径标注方法基本相同，但需要指定一个位置代替圆或圆弧的圆心。

三、坐标和圆心标注

（一）坐标标注

单击"菜单浏览器"按钮，在弹出的菜单中选择"标注"→"坐标"命令，或在"功能区"选项板中选择"注释"选项卡，在"标注"面板中单击"坐标"按钮，都可以标注相对于用户坐标原点的坐标，此时命令行提示如下信息。

指定点坐标：

在该提示下确定要标注坐标尺寸的点，而后系统将显示"指定引线端点或[X基准(X)/Y基准(Y)/多行文字(M)/文字(T)/角度(A)]："提示。默认情况下，指定引线的端点位置后，系统将在该点标注出指定点坐标。

（二）圆心标记

单击"菜单浏览器"按钮，在弹出的菜单中选择"标注"→"圆心标记"命令（DIMCENTER），或在"功能区"选项板中选择"注释"选项卡，在"标注"面板中单击"圆心标记"按钮，即可标注圆和圆弧的圆心。此时只需要选择待标注其圆心的圆弧或圆即可。

四、基线、连续和快速标注

（一）基线标注

单击"菜单浏览器"按钮，在弹出的菜单中选择"标注"→"基线"命令（DIMBASELINE），或在"功能区"选项板中选择"注释"选项卡，在"标注"面板中单击"基线"按钮，可以创建一系列由相同的标注原点测量出来的标注。

与连续标注一样，在进行基线标注之前也必须先创建（或选择）一个线性、坐标或角度标注作为基准标注，然后执行DIMBASELINE命令，此时命令行提示如下信息。

指定第二条延伸线原点或[放弃(U)/选择(S)]<选择>：

在该提示下，可以直接确定下一个尺寸的第二条延伸线的起始点。AutoCAD将按基线标注方式标注出尺寸，直到按下Enter键结束命令为止。

（二）连续标注

单击"菜单浏览器"按钮，在弹出的菜单中选择"标注"→"连续"命令（DIMCONTINUE），或在"功能区"选项板中选择"注释"选项卡，在"标注"面板中单击"连续"按钮，可以创建一系列端对端放置的标注，每个连续标注都从前一个标注的第二个延伸线处开始。

在进行连续标注之前，必须先创建（或选择）一个线性、坐标或角度标注作为基准标注，以确定连续标注所需要的前一尺寸标注的尺寸界线，然后执行DIMCONTINUE命令，此时命令行提示如下。

指定第二条尺寸界线原点或[放弃(U)/选择(S)]<选择>：

在该提示下，当确定了下一个尺寸的第二条尺寸界线原点后，AutoCAD按连续标注方式标注出尺寸，即把上一个或所选标注的第二条尺寸界线作为新尺寸标注的第一条尺寸界线标注尺寸。当标注完成后，按Enter键即可结束该命令。

（三）快速标注

单击"菜单浏览器"按钮，在弹出的菜单中选择"标注"→"快速标注"命令，或在"功能区"选项板中选择"注释"选项卡，在"标注"面板中单击"快速标注"按钮，都可以快速创建成组的基线、连续、阶梯和坐标标注，快速标注多个圆、圆弧，以及编辑现有标注的布局。

执行"快速标注"命令，并选择需要标注尺寸的各图形对象，命令行提示如下。

指定尺寸线位置或[连续(C)/并列(S)/基线(B)/坐标(O)/半径(R)/直径(D)/基准

点(P)/编辑(E)/设置(T)]<连续>：

由此可见，使用该命令可以进行"连续（C）"、"并列（S）"、"基线（B）"、"坐标（O）"、"半径（R）"及"直径（D）"等一系列标注。

五、引线和形位公差标注

（一）引线标注

单击"菜单浏览器"按钮，在弹出的菜单中选择"标注"→"引线"命令（QLEADER），或在"功能区"选项板中选择"注释"选项卡，在"标注"面板中单击"快速引线"按钮，都可以创建引线和注释，而且引线和注释可以有多种格式。

（二）形位公差标注

形位公差在机械图形中极为重要。一方面，如果形位公差不能完全控制，装配件就不能正确装配；另一方面，过度吻合的形位公差又会由于额外的制造费用而造成浪费。但在大多数的建筑图形中，形位公差几乎不存在。

1. 形位公差的组成

在AutoCAD中，可以通过特征控制框来显示形位公差信息，如图形的形状、轮廓、方向、位置和跳动的偏差等，如图12-20所示。

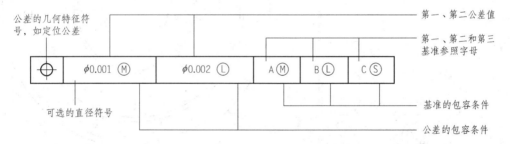

图12-20 形位公差的组成

2. 标注形位公差

单击"菜单浏览器"按钮，在弹出的菜单中选择"标注"→"公差"命令，或在"功能区"选项板中选择"注释"选项卡，在"标注"面板中单击"公差"按钮，打开"形位公差"对话框，可以设置公差的符号、值及基准等参数，如图12-21所示。

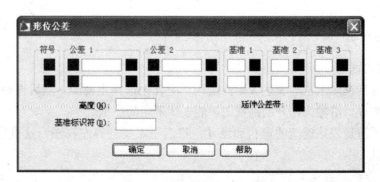

图12-21 形位公差标注

第五节　AutoCAD 绘制机械图

本节以 V 带轮剖视图，来讲述 AutoCAD 绘制机械图的方法。

带轮简介：带轮主要用于带轮传动机构。带轮传动速度高、噪声低、结构紧凑、传动平稳，在国内外机械传动行业中已被广泛采用。现在，国内外较为流行的带轮是 V 形皮带轮，本章案例就是 V 形带轮的剖视图。带轮传动机构的安装、拆卸快捷方便，适用于各种安装尺寸和场合。图 12 – 22 所示是一个实心轮的剖面图。

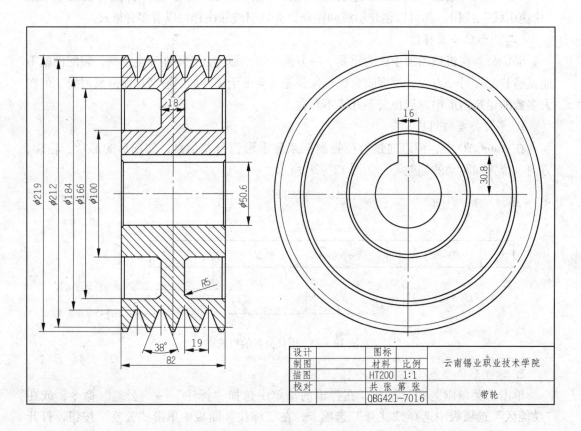

图 12 – 22　V 带轮剖视图效果

一、技术分析

（一）视图选择

（1）要在剖视图上正确表达带轮的结构，应首先选择主视图，然后再确定其他视图。对于 V 带轮来说，沿轴线切开的剖视图最能表达带轮的造型。

（2）为了清楚表达键槽的形状和尺寸，我们还需要选择左视图，这里采用轴向视图来表达左视图。

（二）本节采用的命令和功能

部分命令和功能，如表 12 – 1 所示。

表 12 - 1　部分命令和功能

命令和功能	命令和功能	命令和功能
units　单位	limits　图限	zoom　缩放
rectang　矩形	line　直线	trim　修剪
circle　圆	move　平移	offset　偏移
array　陈列	mirror　镜像	chamfer　倒角
lengthen　拉长	arc　圆弧	bhatch　图案填充
layer　图层	insert　插入块	dimlinear　线性标注
dimaligned　对齐标注	text　单行文本	mtext　多行文本

二、图形制作

（一）设置绘图环境

（1）启动 AutoCAD 2009，创建一幅新图。

（2）设置图幅。

命令:Limits < Enter >
重新设置模型空间界限:
指定左下角点或[开(ON)/关(OFF)] <0,0 > : < Enter > ,
指定右上角点 <420,297 > : < Enter >

（3）把绘图区域放大至全屏显示。

命令:Zoom < Enter >
指定窗口的角点,输入比例因子(nX 或 nXP),或者[全部(A)/中心(C)/动态(D)/范围(E)/上一个(P)/比例(S)/窗口(W)/对象(O)] <实时 > :A < Enter >

（二）绘制图框

命令:Rectang < Enter >
指定第一个角点或[倒角(C)/标高(E)/圆角(F)/厚度(T)/宽度(W)]:0,0 < Enter >
指定第一个角点或[面积(A)/尺寸(D)/旋转(R)]:420,297 < Enter > 。

三、创建图层

（1）选择功能区"常用"选项卡,选择"图层"中的"图层特性管理器"按钮,调出"图层特性管理器"。

（2）连续单击"图层特性管理器"中的"新建"按钮,新建五个图层并重命名。
本实例需要设置的图层如表 12 - 2 所示。

表 12 - 2　设置的图层

层　名	颜　色	线　型	线　宽
实　线	white（白色）	continuous	默　认
点划线	white（白色）		默　认
剖面线	white（白色）	continuous	默　认
标　注	white（白色）	continuous	默　认
标题栏	white（白色）	continuous	默　认

四、绘制带轮的基本轮廓

（一）绘制正交构造线作为辅助线

（1）绘制水平构造线。

命令:Xline ＜Enter＞

指定点或［水平(H)/垂直(V)角度(A)/二等分(B)/偏移(O)］:H＜Enter＞

指定通过点:210,160＜Enter＞（生成构造线 A）

指定通过点:@0, 25. 3＜Enter＞

指定通过点:@0, 5. 5＜Enter＞

指定通过点:@0, 19. 2＜Enter＞

指定通过点:@0, 33＜Enter＞

指定通过点:@0, 9＜Enter＞

指定通过点:@0, 17. 5＜Enter＞

指定通过点：＜Enter＞

效果如图 12 - 23 所示。

（2）绘制垂直构造线。

命令:Xline ＜Enter＞

指定点或［水平(H)/垂直(V)角度(A)/二等分(B)/偏移(O)］:V＜Enter＞

指定通过点:(用鼠标在适当位置拾取一点,生成构造线 A)

指定通过点:@9, 0＜Enter＞（生成构造线 B）

指定通过点:@32,0＜Enter＞（生成构造线 C）

指定通过点：＜Enter＞

效果如图 12 - 24 所示。

（二）复制垂直构造线

命令:Mirror ＜Enter＞

选择对象:(选择垂直构造线 B)找到 1 个,

选择对象:(选择垂直构造线 C)找到 2 个,总计 2 个,

选择对象:＜Enter＞

指定镜像线的第一个点:(拾取交点 1),

指定镜像线的第二个点:(拾取交点 2),

是否删除源对象? ［是(Y)/否(N)］＜N＞:＜Enter＞

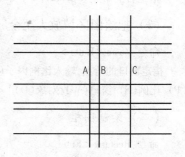

图 12 - 23　绘制水平构造线

图 12 - 24　绘制垂直构造线

复制效果如图 12 - 25 所示。

（三）修剪构造线

使用"修剪"（Trim）命令修剪构造线，生成皮带轮的基本轮廓，效果如图 12 - 26 所示。

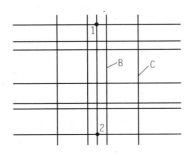

图 12 - 25　复制构造线

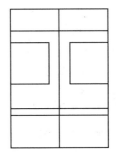

图 12 - 26　带轮的基本轮廓（局部）

五、绘制带轮的 V 形槽

（一）绘制辅助线

（1）复制直线。

命令:Copy < Enter >

选择对象:(选择直线段 A)找到 1 个

选择对象: < Enter >

指定基点或[位移(D)/模式(O) < 位移 >]:拾取 1 点

指定第二个点或 < 使用第一个点作为位移 > :@4. 3,0 < Enter >

指定第二点或[退出(E)/放弃(U)] < 退出 > :@10. 3,0 < Enter >

指定第二点或[退出(E)/放弃(U)] < 退出 > :@14. 7,0 < Enter >

指定第二点或[退出(E)/放弃(U)] < 退出 > ： < Enter >

（2）使用"修剪（Trim）"修剪辅助直线，效果如图 12 - 27 所示。

（二）绘制 V 形槽

（1）使用"直线（Line）"命令绘制连接点 1 和点 2 的直线段。

（2）使用"镜像（Mirror）"，以直线段 B 的中线镜像线，复制直线段 A。

（3）绘制直线。

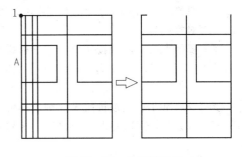

图 12 - 27　绘制辅助线

命令:Line < Enter >

指定第一点:(捕捉点 3 作为起点)

指定下一点[放弃(U)]:@2. 6,0 < Enter >

指定下一点[放弃(U)]: < Enter >

效果如图 12 - 28 所示。

（三）复制 V 形槽

命令：Copy ＜ Enter ＞

选择对象：(框选图 12 - 28 所示的虚线)指定角点：找到 4 个

选择对象：

当前设置：复制模式 = 多个

指定基点或[位移(D)/模式(O)＜位移＞]：(捕捉点 1)

指定第二个点或＜使用第一个点作为位移＞：(捕捉点 2)

指定第二个点或＜使用第一个点作为位移＞：(捕捉点 3)

指定第二个点或＜使用第一个点作为位移＞：(捕捉点 4)

指定第二个点或＜使用第一个点作为位移＞：＜Enter＞

复制结果如图 12 - 29 所示。

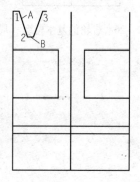
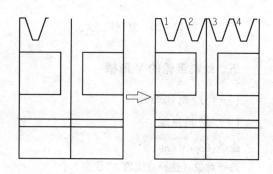

图 12 - 28　绘制轮齿　　　　　　图 12 - 29　复制 V 形槽

（四）延伸直线段

命令：Extend ＜ Enter ＞

当前设置：投影 = UCS,边 = 无

选择边界的边…

选择对象或＜全部选择＞：(选择直线段 A 作为边界线)找到 1 个

选择对象：＜Enter＞

选择要延伸的对象,或按住 Shift 键选择要修剪的对象,或[栏选(F)/窗交(C)/投影(P)/边(E)/放弃(U)]：(点选直线段 B 的右端部分)

选择要延伸的对象,或按住 Shift 键选择要修剪的对象,或[栏选(F)/窗交(C)/投影(P)/边(E)/放弃(U)]：＜Enter＞

效果如图 12 - 30 所示。

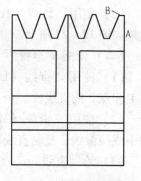

图 12 - 30　延伸直线

六、绘制倒角和过渡圆角

现介绍绘制倒角和过渡圆角的具体方法。

（一）绘制 V 形槽的倒角

（1）绘制倒角线。

命令：Chamfer ＜ Enter ＞

选择第一条直线或［多段线（P）/距离（D）/角度（A）/修剪（T）/方式（M）/多个（U）］:D＜Enter＞

指定第一个倒角距离＜0.0000＞2＜Enter＞

指定第二个倒角距离＜2.0000＞2＜Enter＞

选择第一条直线或［多段线（P）/距离（D）/角度（A）/修剪（T）/方式（M）/多个（U）］:（点选直线段 A 的上端部分）

选择第二条直线:（点选直线段 B 的左端部分）

（2）采用完全相同的方式绘制直线段 C 和 D 处的另一条倒角线，效果如图 12-31 所示。

（二）制作凹孔倒角

（1）绘制倒角线。

命令:Chamfer＜Enter＞

选择第一条直线或［多段线（P）/距离（D）/角度（A）/修剪（T）/方式（M）/多个（U）］:D＜Enter＞

指定第一个倒角距离＜0.0000＞2＜Enter＞

指定第二个倒角距离＜2.0000＞2＜Enter＞

选择第一条直线或［多段线（P）/距离（D）/角度（A）/修剪（T）/方式（M）/多个（U）］:T＜Enter＞

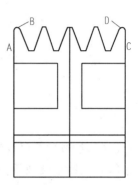

图 12-31　绘制倒角

输入修剪模式选项［修剪（T）/不修剪（N）＜修剪＞］:N＜Enter＞

选择第一条直线或［多段线（P）/距离（D）/角度（A）/修剪（T）/方式（M）/多个（U）］:（点选直线段 A 的左端部分）

选择第二条直线:（点选 B 直线段在 A 直线以上的部分）

（2）采用完全相同的方式绘制剩余的三个倒角。

（3）使用"修剪"命令对倒角进行修改。

（4）使用"直线"命令分别绘制连接点 1 和点 2，点 3 和点 4 的直线段。

效果如图 12-32 所示。

（三）绘制轴孔的倒角

（1）绘制倒角线。

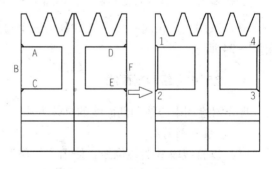

图 12-32　绘制倒角

命令:Chamfer＜Enter＞

选择第一条直线或［多段线（P）/距离（D）/角度（A）/修剪（T）/方式（M）/多个（U）］:D＜Enter＞

指定第一个倒角距离＜2.0000＞1＜Enter＞

指定第二倒角距离＜2.0000＞1＜Enter＞

选择第一条直线或［多段线（P）/距离（D）/角度（A）/修剪（T）/方式（M）/多个（U）］:（点选直线段 A 的右端部分）

选择第二条直线或［多段线（P）/距离（D）/角度（A）/修剪（T）/方式（M）/多个（U）］:（点选 B 直线段在 A 直线以上的部分）

（2）采用完全相同的方式绘制直线段 A 与直线段 C 的倒角。

（3）使用"修剪"修剪命令对倒角进行修剪。

（4）使用"直线"命令分别绘制过点 1 和点 2 的直线，效果如图 12 - 33 所示。

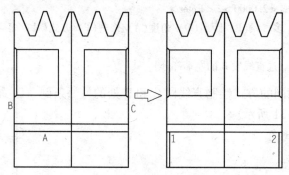

图 12 - 33　绘制倒角

（四）绘制凹孔的过渡圆角

（1）绘制过渡圆弧。

命令:Fillet < Enter >

当前设置:模式 = 不修剪,半径 = 0.0000

选择第一对象或[放弃(U)/多段线(P)/半径(R)/修剪(T)/多个(M)]:R < Enter >

指定圆角半径 < 0.0000 > :5 < Enter >

选择第一个对象或[放弃(U)/多段线(P)/半径(R)/修剪(T)/多个(M)]:(点取直线段 A 的右端部分)

选择第二个对象:(点取直线段 B 的上端部分)

（2）采用完全相同的方式绘制剩余三个过渡圆角，效果如图 12 - 34 所示。

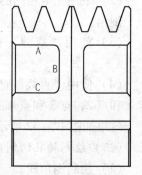

图 12 - 34　绘制过渡圆角

七、绘制中心线和剖面线

现介绍绘制中心线和剖面线的具体方法。

（一）填充剖面线

（1）以直线段 B 为镜像线，使用"镜像"命令复制除直线段 A 以外的所有图形对象，复制结果如图 12 - 35 所示。

（2）把"剖面线"层设置为当前层，使用"图案填充(Bhatch)"命令填充剖面线，图案类型为 ANSI31，填充比例为 1，填充角度分别为 0°和 90°，剖面线填充，效果如图 12 - 36 所示。

（二）绘制中心线

（1）把"点划线"图层设置为当前图层。

（2）把中心线 A 向两侧分别偏移 106。

命令:Offset < Enter >

当前设置:删除 = 否　　图层 = 源　　OFFSETGAPTYPE = 0

指定偏移距离或[通过(T)/删除(E)/图层(L) < 通过 >]:106 < Enter >

选择要偏移的对象,或[退出(E)/放弃(U)] < 退出 > :(选择中心线 A)

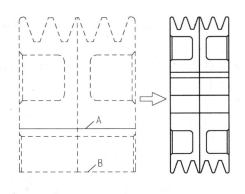

图 12-35　镜像图形对象

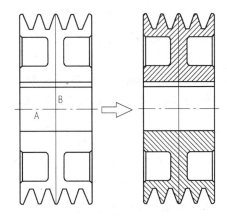

图 12-36　填充剖面线

指定要偏移的那一侧上的点,或[退出(E)/多个(M)/放弃(U)]<退出>:(在 A 中心线的上侧拾取一点)

选择要偏移的对象,或[退出(E)/放弃(U)]<退出>:(选择中心线 A)

指定要偏移的那一侧上的点,或[退出(E)/多个(M)/放弃(U)]<退出>:(在 A 中心线的下侧拾取一点)

选择要偏移的对象或[退出(E)/放弃(U)]<退出>:<Enter>

（3）使用"直线"命令绘制 V 形槽的中心线,中心线的长度由读者自己确定,效果如图 12-37 所示。

八、绘制左视图

现介绍绘制左视图的具体方法。

（一）绘制中心线

（1）使用"直线"命令绘制两条正交直线作为中心线。

图 12-37　绘制中心线

（2）以中心线的交点为圆心,使用 Circle 命令绘制一个半径为 106 的圆。

效果如图 12-38 所示。

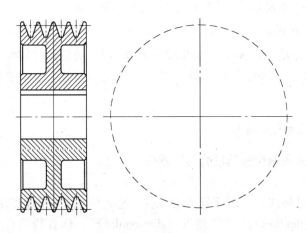

图 12-38　绘制中心线

（二）绘制凹槽弧线

（1）以中心线的点交点 1 为圆心，使用 Circle 命令分别绘制一个半径为 48 和 83 的圆。

（2）使用 Offset 命令把半径为 48 的圆向外侧偏移 2，生成一个半径为 50 的同心圆；把半径为 83 的圆向外侧偏移 2，生成一个半径为 85 的同心圆。

（三）绘制圆

以中心线的交点 1 为圆心，使用"Circle"命令绘制一个半径为 109.5 的圆，效果如图 12 – 39 所示。

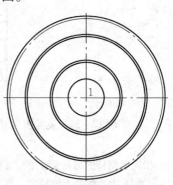

（四）绘制轴承孔的键槽

（1）复制水平面中心线。

命令：Copy ＜Enter＞

选择对象：（选择水平中心线 A）找到 1 个

选择对象：＜Enter＞

指定基点或［位移（D）/模式（O）＜位移＞］：（捕捉中心线的交点作为复制基点）

指定第二个点或＜使用第一个点作为位移＞：@ 0，30.8 ＜Enter＞

指定第二点或［退出（E）/放弃（U）］＜退出＞：＜Enter＞

图 12 – 39　绘制同心圆

（2）向两边偏移垂直中心线。

命令：Offset ＜Enter＞

当前设置：删除 = 否　　　图层 = 源　　　OFFSETGAPTYPE = 0

指定偏移距离或［通过（T）/删除（E）/图层（L）＜通过＞］：8 ＜Enter＞

选择要偏移的对象，或［退出（E）/放弃（U）］＜退出＞：（选择垂直中心线 B）

指定要偏移的那一侧上的点，或［退出（E）/多个（M）/放弃（U）］＜退出＞：（在垂直中心线 B 的右侧拾取一点）

选择要偏移的对象，或［退出（E）/放弃（U）］＜退出＞：（选择垂直中心线 B）

指定要偏移的那一侧上的点，或［退出（E）/多个（M）/放弃（U）］＜退出＞：（在垂直中心线 B 的左侧拾取一点）

选择要偏移的对象或［退出（E）/放弃（U）］＜退出＞：＜Enter＞

效果如图 12 – 40 所示。

（3）选中"点划线"D 和 E（如图 12 – 40 所示），放置到"实线"图层上。

（4）使用"修剪（Trim）"命令对直线和圆弧进行修改，生成键槽，效果如图 12 – 41 所示。

九、标注尺寸及制作标题栏

现介绍标注尺寸及制作标题栏的具体方法。

（一）标注尺寸

对于图形的尺寸标注，前面章节已经讲述，这里不再具体描述标注的过程。用到的命令有"线性标注（dimlinear）"、"角度（dimangular）"，标直径符合 φ 时，输入"%%C"。效果如图 12 – 42 所示。

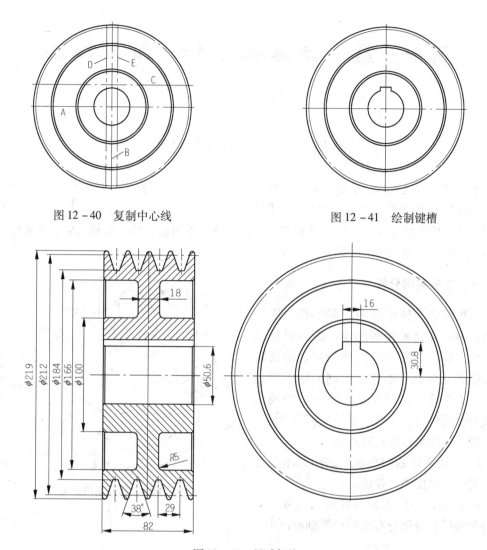

图 12-40　复制中心线　　　　　　　　图 12-41　绘制键槽

图 12-42　尺寸标注

（二）制作标题栏

使用"直线"命令绘制如图 12-43 所示的矩形表格，然后使用"Text"命令输入文字。

设计			材料	HT200	云南锡业职业技术学院
校核			比例	1∶1	带轮
审核			共　张　第　张		（图号）

图 12-43　制作标题栏

（三）调整图形布局

打开所有的图层，并适当调整图形的布局，即完成带轮剖视图的绘制工作，最终效果如图 12-22 所示的 V 带轮剖视图效果。

第十三章 计算机绘制三维立体图

第一节 等轴测绘图

本章将讲述轴测图的绘制。轴测图富有立体感，易于看懂，是机械制图中的必修课。AutoCAD 2009 为用户提供了全面的轴测图绘制工具，包括轴侧环境的设定、轴测图形的绘制、尺寸标注和文本输入等。本章的重点是讲述正等轴测图形的绘制技法，并采用了一个简单的案例来说明这个问题。

一、工程实例分析

轴测图是一种投影图，并不是三维主体图，由于在这种投影图中，能同时反映长、宽、高三个方向的立体投影，因而具有较强的立体感。本章要绘制的轴承座如图 13－1 所示，从线条结构来看，主要由弧线和直线构成，相对来说是比较简单的。

轴承座的结构特点有：

（1）从整体结构来说，结构并不很复杂，其线条密度也比较低。

（2）轴承座的大部分轮廓为直线，少部分为曲线，分别分布在三个等轴测面上。

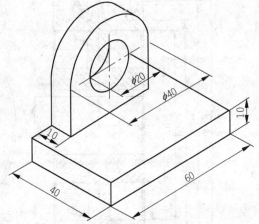

图 13－1　本章实例效果图

二、绘图技术分析

要绘制轴测图，首先要介绍一下轴测图的基本原理。轴测投影具有多种类型，最常用的是正等轴测投影，通常简称为"等轴测"或"正等轴测"。在轴测投影中，坐标轴的轴测投影称为"轴测轴"，它们之间的夹角称为"轴间角"。在等轴测中，三个轴向的缩放比例相等，并且三个轴测轴与水平方向所成的角度为 30°、90°和 150°。在三个轴测轴中，每两个轴测轴定义一个"轴测面"，如图 13－2 所示，它们分别是：

（1）左视图，捕捉和栅格沿 90°和

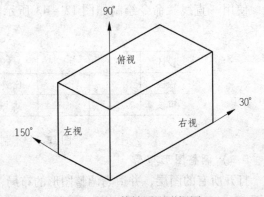

图 13－2　等轴测图形视图

150°轴对齐。

（2）俯视图，捕捉和栅格沿 30°和 150°轴对齐。

（3）右视图，捕捉和栅格沿 30°和 90°轴对齐。

三、绘图操作

（一）设置绘图环境

操作步骤：

（1）创建一幅新图。利用"使用向导"创建一幅新图，图限设置为 150×100，并放大至全屏显示。

（2）设置轴测模式。在"功能区"选项板中选择"草图设置"选项或者鼠标右键单击状态区中的"栅格"按钮，在弹出的快捷菜单中选取"设置"选项，然后系统弹出"草图设置"对话框，如图 13 - 3 所示。在"草图设置"对话框中选中"等轴测捕捉（M）"捕捉选项和"启用栅格"选项，其余参数接受系统的默认设置，然后单击"确定"按钮即可。

图 13 - 3　设置轴测模式

（二）设置图层

操作步骤：

（1）在"功能区"选项板中选择"图层"选项卡，单击"图层特性管理器"按钮，调出"图层特性管理器"对话框。

（2）连续单击"图层特性管理器"中的"新建"按钮，新建三个图层，设置如表 13 - 1所示。

表 13-1　图层设置

层　名	颜　色	线　型	线　宽
实　线	white（白色）	continuous	默　认
虚　线	white（白色）	HIDDEN2	默　认
尺寸标注	white（白色）	continuous	默　认

（三）绘制右平面直线

操作步骤：

（1）切换视图并设置图层。

1）按 F5 键切换到等轴测右视图。

2）打开正交和对象捕捉功能，把"实线"图层设为当前层。

（2）绘制直线。

命令：Line < Enter >

指定第一点：(在适当位置拾取起点 1)

指定下一点或[放弃(U)]：10 < Enter >(输入数据时,光标指向点 2 方向)

指定下一点或[放弃(U)]：60 < Enter >(输入数据时,光标指向点 3 方向)

指定下一点或[放弃(U)]：10 < Enter >(输入数据时,光标指向点 4 方向)

指定下一点或[放弃(U)]：C < Enter >

效果如图 13-4 所示。

（四）绘制右平面直线

操作步骤：

（1）按 F5 键切换到等轴测左视图。

（2）绘制直线。

命令：Line < Enter >

指定第一点：(在适当位置拾取起点 1)

指定下一点或[放弃(U)]：40 < Enter >(输入数据时,光标指向点 2 方向)

指定下一点或[放弃(U)]：10 < Enter >(输入数据时,光标指向点 3 方向)

指定下一点或[放弃(U)]：40 < Enter >(输入数据时,光标指向点 4 方向)

指定下一点或[放弃(U)]：C < Enter >(或者捕捉点 1)

效果如图 13-5 所示。

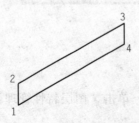

图 13-4　绘制轴测直线

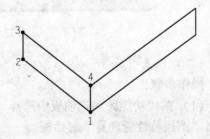

图 13-5　绘制右平面

同理绘制完该轴测图的左、右平面直线。效果如图 13 - 6 所示。

（五）绘制右平面轴测圆

操作步骤：

（1）绘制轴测圆。

1）打开中点捕捉功能。在"对象捕捉"设置中勾选"中点"或者按住 Shift，点鼠标右键选择"中点"。

2）绘制轴测圆。

命令:Ellipse < Enter >

指定椭圆轴的端点或[圆弧(A)/中心点(C)/等轴测圆(I)]:I < Enter >

指定等轴测圆的圆点:(利用中点捕捉功能捕捉直线的中点 1)

指定等轴测圆的半径或[直径(D)]:20 < Enter >

指定椭圆轴的端点或[圆弧(A)/中心点(C)/等轴测圆(I)]:I < Enter >

指定等轴测圆的圆点:(利用中点捕捉功能捕捉直线的中点 2)

指定等轴测圆的半径或[直径(D)]:20 < Enter >

效果如图 13 - 7 所示。

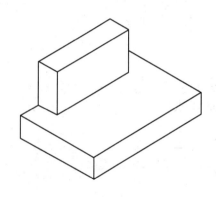

图 13 - 6　绘制轴测图

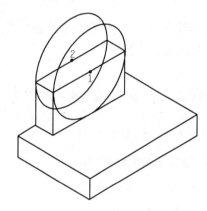

图 13 - 7　绘制轴测圆

（2）修剪外侧的轴测圆。

命令:Trim < Enter >

当前设置:投影 = UCS,边 = 无

选择剪切边…

选择对象:(选择点 1 所在直线)找到 1 个

选择对象: < Enter >

选择要修剪的对象,或按住 Shift 键选择要延伸的对象,或[栏选(F)/窗交(C)/投影(P)/边(E)/放弃(U)]:(点 1 所在直线下侧的半圆弧)

选择要修剪的对象,或按住 Shift 键选择要延伸的对象,或[栏选(F)/窗交(C)/投影(P)/边(E)/放弃(U)]: < Enter >

同理，修剪掉点 2 所在直线下侧的半圆弧。

效果如图 13 - 8 所示。

（3）删除多余的线。

命令:Erase＜Enter＞

选择对象:(选择欲删除的线,可以是多个对象)

选择对象:＜Enter＞

效果如图 13 - 9 所示。

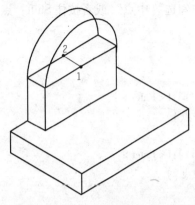

图 13 - 8　修剪外侧轴测圆

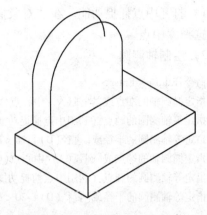

图 13 - 9　删除多余的线

(4)绘制公切线、修剪多余轴测圆弧。

1)绘制公切线:

命令:Line　＜Enter＞

指定第一点:(点选以点 1 为圆心的圆弧右侧的"象限点")

指定下一点或[放弃(U)]:(点选以点 2 为圆心的圆弧的"切点")

指定下一点或[放弃(U)]:＜Enter＞

2)修剪多余的轴测圆弧:

命令:Trim(方法前已详述)

效果如图 13 - 10 所示。

(5)绘制右平面轴测圆孔。

命令:Ellipse 、Trim(方法前已详述)

效果如图 13 - 11 所示。

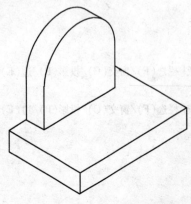

图 13 - 10　修剪多余的轴测圆弧

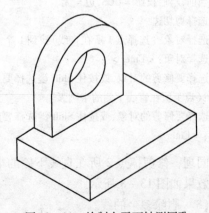

图 13 - 11　绘制右平面轴测圆孔

四、尺寸标注

（1）绘制中心线。

1）把"虚线"层设置为当前层。

2）利用 F5 键切换到等轴测右视图，绘制出中心线。

（2）长度尺寸标注。

1）把"尺寸标注"层设置为当前层。

2）在"功能区"选项板中选择"注释"选项卡，选择"标注"中的"对齐"（dimaligned）命令，使用 F5 键切换所需视图，进行尺寸标注。

3）标注直径，在标注文字前加上前缀 φ（输入％％C）。

效果如图 13-12 所示。

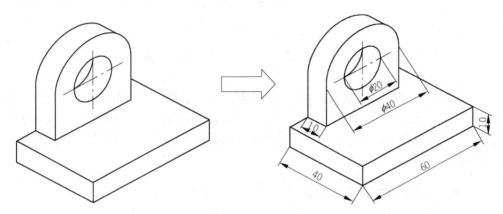

图 13-12 标注尺寸

（3）编辑尺寸标注。

1）命令：Dimedit ＜Enter＞

输入标注编辑类型［默认（H）/新建（N）旋转（R）/倾斜（O）］＜默认＞:O ＜Enter＞

选择对象:（选择长度为 10 的尺寸线）找到一个

选择对象:（选择长度为 40 的尺寸线）找到二个,总计 2 个

选择对象:（选择长度为 10 的尺寸线）找到三个,总计 3 个

选择对象:＜Enter＞

输入倾斜角度（按 ENTER 表示无）:30 ＜Enter＞

2）命令:Dimedit ＜Enter＞

输入标注编辑类型［默认（H）/新建（N）旋转（R）/倾斜（O）］＜默认＞:O ＜Enter＞

选择对象:（选择长度为 20 的尺寸线）找到一个

选择对象:（选择长度为 40 的尺寸线）找到二个,总计 2 个

选择对象:（选择长度为 60 的尺寸线）找到三个,总计 3 个

选择对象:＜Enter＞

输入倾斜角度（按 ENTER 表示无）:150 ＜Enter＞

效果如图 13-13 所示。

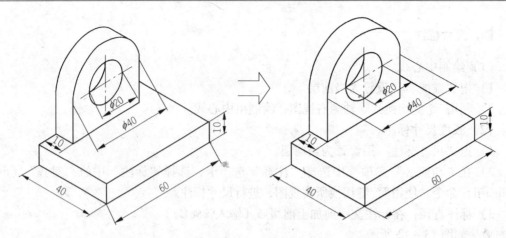

图 13 – 13　编辑标注尺寸

第二节　AutoCAD 三维实体造型

本节中将要介绍表面模型和实体模型的绘制方法。表面模型用面描述三维对象，它不仅定义了三维对象的边界，而且还定义了表面即具有面的特征。实体模型不仅具有线和面的特征，而且还具有体的特征，各实体对象间可以进行各种布尔运算操作，从而创建复杂的三维实体图形。

一、通过二维对象创建三维对象

在 AutoCAD 中，除了可以通过实体绘制命令绘制三维实体外，还可以通过拉伸、旋转、扫掠、放样等方法，通过二维对象创建三维实体或曲面。

（一）将二维对象拉伸成三维对象

在"功能区"选项板中选择"默认"选项卡，在"三维建模"面板中单击"拉伸"按钮，或单击"菜单浏览器"按钮，在弹出的菜单中选择"绘图"→"建模"→"拉伸"命令（EXTRUDE），可以通过拉伸二维对象来创建三维实体或曲面，如图 13 – 14 所示。

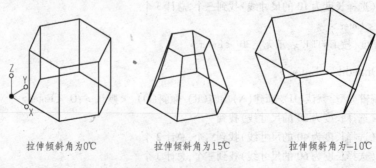

拉伸倾斜角为0℃　　　　拉伸倾斜角为15℃　　　　拉伸倾斜角为–10℃

图 13 – 14　三维拉伸

（二）将二维对象旋转成三维对象

在"功能区"选项板中选择"默认"选项卡，在"三维建模"面板中单击"旋转"

按钮，或单击"菜单浏览器"按钮，在弹出的菜单中选择"绘图"→"建模"→"旋转"命令（REVOLVE），可以通过绕轴旋转二维对象来创建三维实体或曲面，如图 13 - 15 所示。

图 13 - 15　二维旋转成三维

（三）将二维对象扫掠成三维对象

在"功能区"选项板中选择"默认"选项卡，在"三维建模"面板中单击"扫掠"按钮，或单击"菜单浏览器"按钮，在弹出的菜单中选择"绘图"→"建模"→"扫掠"命令（SWEEP），可以通过沿路径扫掠二维对象创建三维实体和曲面，如图 13 - 16 所示。

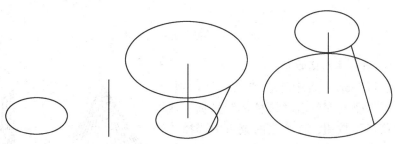

图 13 - 16　二维扫掠成三维

（四）将二维对象放样成三维对象

在"功能区"选项板中选择"默认"选项卡，在"三维建模"面板中单击"放样"按钮，或单击"菜单浏览器"按钮，在弹出的菜单中选择"绘图"→"建模"→"放样"命令（LOFT），可以在多个横截面之间的空间中创建三维实体或曲面，如图 13 - 17 所示。

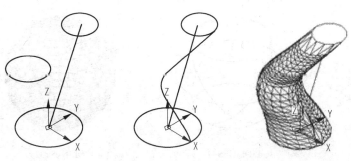

图 13 - 17　二维放样成三维

二、用三维命令创建三维对象

在 AutoCAD 中，最基本的实体对象包括多段体、长方体、楔体、圆锥体、球体、圆柱体、圆环体及棱锥面，可以在"功能区"选项板中选择"默认"选项卡，在"三维建模"面板中单击相应的按钮，或单击"菜单浏览器"按钮，在弹出的菜单中选择"绘图"→"建模"子命令来创建。

（一）绘制长方体与楔体

在"功能区"选项板中选择"默认"选项卡，在"三维建模"面板中单击"长方体"按钮，或单击"菜单浏览器"按钮，在弹出的菜单中选择"绘图"→"建模"→"长方体"命令（BOX），可以绘制长方体，如图 13－18 所示。

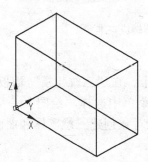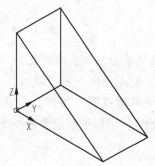

图 13－18　绘制长方体与楔体

（二）绘制圆柱体与圆锥体

在"功能区"选项板中选择"默认"选项卡，在"三维建模"面板中单击"圆柱体"按钮，或单击"菜单浏览器"按钮，在弹出的菜单中选择"绘图"→"建模"→"圆柱体"命令（CYLINDER），可以绘制圆柱体或圆锥体，如图 13－19 所示。

（三）绘制球体与圆环体

（1）绘制球体。在"功能区"选项板中选择"默认"选项卡，在"三维建模"面板中单击"球体"按钮，或单击"菜单浏览器"按钮，在弹出的菜单中选择"绘图"→"建模"→"球体"命令（SPHERE），可以绘制球体，如图 13－20 所示。

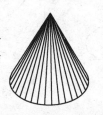

图 13－19　绘制圆柱和圆锥

ISOLINES=4　　　　ISOLINES=32

图 13－20　绘制球体

（2）绘制圆环体。在"功能区"选项板中选择"默认"选项卡，在"三维建模"面板中单击"圆环体"按钮，或单击"菜单浏览器"按钮，在弹出的菜单中选择"绘图"→"建模"→"球体"命令（TORUS），可以绘制圆环体，如图 13 - 21 所示。

（四）绘制棱锥面

在"功能区"选项板中选择"默认"选项卡，在"三维建模"面板中单击"棱锥体"按钮，或单击"菜单浏览器"按钮，在弹出的菜单

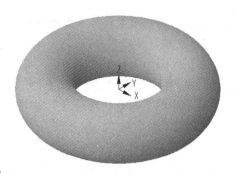

图 13 - 21　绘制圆环体

中选择"绘图"→"建模"→"棱锥体"命令（PYRAMID），可以绘制棱锥面，如图 13 - 22 所示。

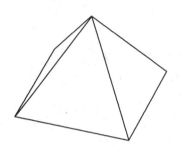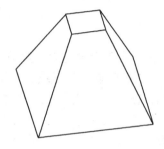

图 13 - 22　绘制棱锥面

三、根据标高和厚度绘制三维图形

用户在绘制二维对象时，可以为对象设置标高和延伸厚度。一旦设置了标高和延伸厚度，就可以用二维绘图的方法绘制出三维图形对象。

绘制二维图形时，绘图面应是当前 UCS 的 *XY* 面或与其平行的平面。标高就是用来确定这个面的位置，它用绘图面与当前 UCS 的 *XY* 面的距离表示。厚度则是所绘二维图形沿当前 UCS 的 *Z* 轴方向延伸的距离。

在 AutoCAD 中，规定当前 UCS 的 *XY* 面的标高为 0，沿 *Z* 轴正方向的标高为正，沿负方向为负。沿 *Z* 轴正方向延伸时的厚度为正，反之则为负。实现标高、厚度设置的命令是 ELEV。执行该命令，AutoCAD 提示：

指定新的默认标高 < 0. 0000 >：（输入新标高）

指定新的默认厚度 < 0. 0000 >：（输入新厚度）

设置标高、厚度后，用户就可以创建在标高方向上各截面形状和大小相同的三维对象。

四、三维对象的编辑与标注

使用三维操作命令和实体编辑命令，可以对三维对象进行移动、复制、镜像、旋转、对齐、阵列等操作，或对实体进行布尔运算、编辑面、边和体等操作。在对三维图形进行

操作时，为了使对象看起来更加清晰，可以消除图形中的隐藏线来观察其效果。

（一）编辑三维对象

在二维图形编辑中的许多修改命令（如移动、复制、删除等）同样适用于三维对象。另外，用户可以单击"菜单浏览器"按钮，在弹出的菜单中选择"修改"→"三维操作"菜单中的子命令，对三维空间中的对象进行三维阵列、三维镜像、三维旋转以及对齐位置等操作。

1. 三维移动

在"功能区"选项板中选择"默认"选项卡，在"修改"面板中单击"三维移动"按钮，或单击"菜单浏览器"按钮，在弹出的菜单中选择"修改"→"三维操作"→"三维移动"命令（3DMOVE），可以移动三维对象，如图13－23所示。

2. 三维旋转

在"功能区"选项板中选择"默认"选项卡，在"修改"面板中单击"三维旋转"按钮，或单击"菜单浏览器"按钮，在弹出的菜单中选择"修改"→"三维操作"→"三维旋转"命令（ROTATE3D），可以使对象绕三维空间中

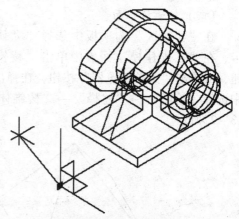

图 13－23　三维移动

任意轴（X 轴、Y 轴或 Z 轴）、视图、对象或两点旋转，如图 13－24 所示。

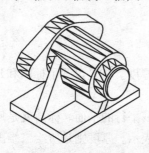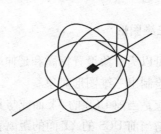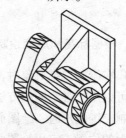

图 13－24　三维旋转

3. 对齐和三维对齐

在"功能区"选项板中选择"默认"选项卡，在"修改"面板中，单击"三维对齐"按钮，或单击"菜单浏览器"按钮，在弹出的菜单中选择"修改"→"三维操作"→"三维对齐"命令（3DALIGN），可以在二维或三维空间中将选定对象与其他对象对齐，如图 13－25 所示。

4. 三维镜像

在"功能区"选项板中选择"默认"选项卡，在"修改"面板中单击"三维镜像"按钮，或单击"菜单浏览器"按钮，在弹出的菜单中选择"修改"→"三维操作"→"三维镜像"命令（MIRROR3D），可以在三维空间中将指定对象相对于某一平面镜像，如图 13－26 所示。

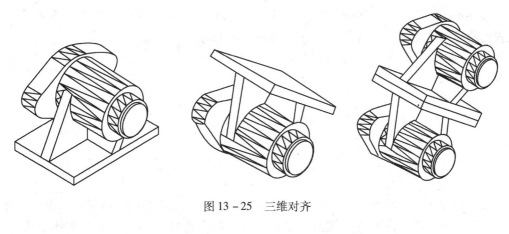

图 13 – 25　三维对齐

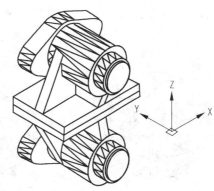

图 13 – 26　三维镜像

5. 三维阵列

在"功能区"选项板中选择"默认"选项卡，在"修改"面板中单击"三维阵列"
按钮，或单击"菜单浏览器"按钮，在弹出的菜单中选择"修改"→"三维操作"→
"三维阵列"命令（3DARRAY），可以在三维空间中使用环形阵列或矩形阵列方式复制
对象。

（1）矩形阵列，如图 13 – 27 所示。

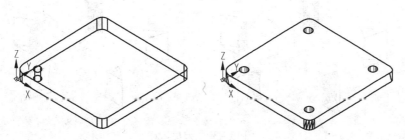

图 13 – 27　矩形阵列

（2）环形阵列，如图 13 – 28 所示。

（二）编辑三维实体

在 AutoCAD 2009 中，单击"菜单浏览器"按钮，在弹出的菜单中选择"修改"→"实体编辑"菜单中的子命令，或在"功能区"选项板中选择"默认"选项卡，在"实体编辑"面板中单击实体编辑工具按钮，都可以对三维实体进行编辑。常用的有"并集运算"，"实体清除、分割、抽壳与检查"，"差集运算"，"剖切实体"，"交集运算"，"加厚"，"干涉运算"，"转换为

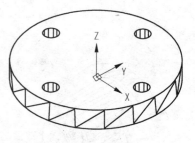

图 13 - 28　环形阵列

实体和曲面"，"编辑实体边"，"分解三维对象"，"编辑实体面"，"对实体修倒角和圆角"。

1. 并集运算

在"功能区"选项板中选择"默认"选项卡，在"实体编辑"面板中单击"并集"按钮，或单击"菜单浏览器"按钮，在弹出的菜单中选择"修改"→"实体编辑"→"并集"命令（UNION），可以合并选定的三维实体，生成一个新实体，如图 13 - 29 所示。

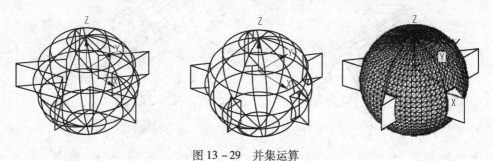

图 13 - 29　并集运算

2. 差集运算

在"功能区"选项板中选择"默认"选项卡，在"实体编辑"面板中单击"差集"按钮，或单击"菜单浏览器"按钮，在弹出的菜单中选择"修改"→"实体编辑"→"差集"命令（SUBTRACT），即可从一些实体中去掉部分实体，从而得到一个新的实体，如图 13 - 30 所示。

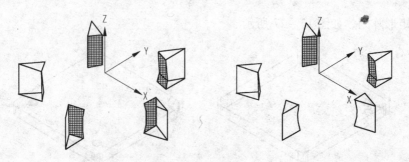

图 13 - 30　差集运算

3. 交集运算

在"功能区"选项板中选择"默认"选项卡，在"实体编辑"面板中单击"交集"

按钮，或单击"菜单浏览器"按钮，在弹出的菜单中选择"修改"→"实体编辑"→"交集"命令（INTERSECT），就可以利用各实体的公共部分创建新实体，如图 13 – 31 所示。

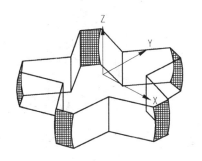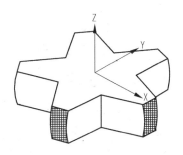

图 13 – 31 交集运算

4. 干涉运算

在"功能区"选项板中选择"默认"选项卡，在"实体编辑"面板中单击"干涉检查"按钮，或单击"菜单浏览器"按钮，在弹出的菜单中选择"修改"→"三维操作"→"干涉检查"命令（INTERFERE），可以对对象进行干涉运算。把原实体保留下来，并用两个实体的交集生成一个新实体，如图 13 – 32 所示。

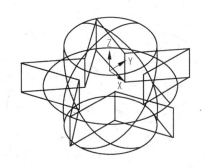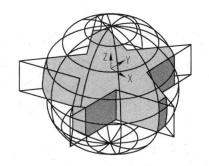

图 13 – 32 干涉运算

5. 编辑实体边

在 AutoCAD 的"功能区"选项板中选择"默认"选项卡，在"实体编辑"面板中单击编辑实体面按钮，或单击"菜单浏览器"按钮，在弹出的菜单中选择"修改"→"实体编辑"子菜单中的命令，可以编辑实体的边，如提取边、复制边、着色边等。

6. 实体清除、分割、抽壳与检查

在 AutoCAD 的"功能区"选项板中选择"默认"选项卡，使用"实体编辑"面板中的清除、分割、抽壳和检查工具，或单击"菜单浏览器"按钮，在弹出的菜单中选择"修改"→"实体编辑"子菜单中的相关命令，可以对实体进行清除、分割、抽壳和检查操作。

7. 剖切实体

在"功能区"选项板中选择"默认"选项卡，使用"实体编辑"面板中单击"剖切"按钮，或单击"菜单浏览器"按钮，在弹出的菜单中选择"修改"→"三维操作"→"剖切"命令（SLICE），可以通过剖切现有实体来创建新实体。剖切面可以是对象、Z 轴、视图、XY/YZ/ZX 平面或 3 点定义的面，如图 13 – 33 所示。

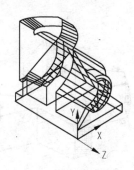

图 13 – 33　剖切实体

8. 加厚

"功能区"选项板中选择"默认"选项卡，在"实体编辑"面板中单击"加厚"按钮，或单击"菜单浏览器"按钮，在弹出的菜单中选择"修改"→"三维操作"→"加厚"命令（THICKEN），可以通过加厚曲面从任何曲面类型创建三维实体，如图 13 – 34 所示。

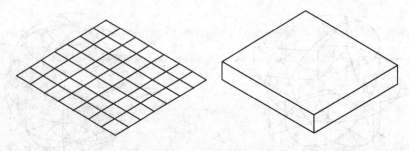

图 13 – 34　加厚

9. 分解三维对象

在"功能区"选项板中选择"默认"选项卡，在"修改"面板中单击"分解"按钮，或单击"菜单浏览器"按钮，在弹出的菜单中选择"修改"→"分解"命令（EX-PLODE），可以将三维对象分解为一系列面域和主体。其中，实体中的平面被转换为面域，曲面被转化为主体。用户还可以继续使用该命令，将面域和主体分解为组成它们的基本元素，如直线、圆及圆弧等，如图 13 – 35 所示。

10. 对实体修倒角和圆角

在"功能区"选项板中选择"默认"选项卡，在"修改"面板中单击"倒角"按钮，或单击"菜单浏览器"按钮，在弹出的菜单中选择"修改"→"倒角"命令（CHAMFER），可以对实体的棱边修倒角，从而在两相邻曲面间生成一个平坦的过渡面。

在"功能区"选项板中选择"默认"选项卡，在"修改"面板中单击"圆角"按钮，或单击"菜单浏览器"按钮，在弹出的菜单中选择"修改"→"圆角"命令（FIL-

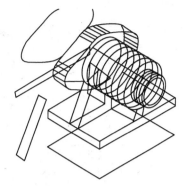

图 13 - 35　三维实体分解

LET），可以为实体的棱边修圆角，从而在两个相邻面间生成一个圆滑过渡的曲面。在为几条交于同一个点的棱边修圆角时，如果圆角半径相同，则会在该公共点上生成球面的一部分，如图 13 - 36 所示。

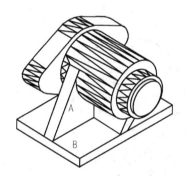

图 13 - 36　实体修倒角和圆角

（三）标注三维对象的尺寸

在"功能区"选项板中选择"注释"选项卡，在"标注"面板中单击标注工具，或单击"菜单浏览器"按钮，在弹出的菜单中选择"标注"菜单中的命令，不仅可以标注二维对象的尺寸，还可以标注三维对象的尺寸。由于所有的尺寸标注都只能在当前坐标的 XY 平面中进行，因此为了准确标注三维对象中各部分的尺寸，需要不断地变换坐标系，如图 13 - 37 所示。

五、AutoCAD 三维实体造型工程实例

下面以图 13 - 38 所示支承架的实体模型为例，介绍三维的过程。

（1）创建一个新图形。

（2）单击"视图"／"三维视图"／"东南等轴测"命令切换到东南轴测视点，如图 13 - 38 所示。

（3）绘制支承架底板的轮廓形状，如图 13 - 39 所示。

（4）将底板的二维轮廓创建成面域。

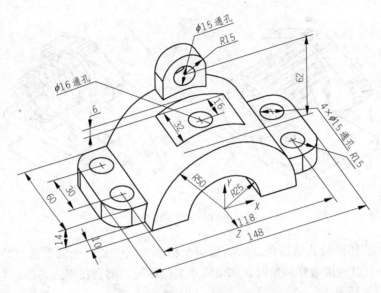

图 13 - 37　三维标注

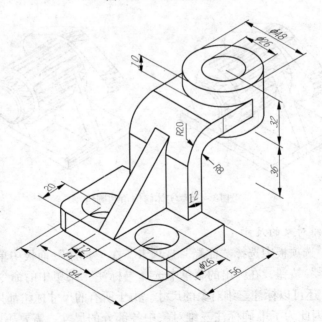

图 13 - 38　支承架实体模型

命令: region

选择对象: 指定对角点: 找到 3 个　（选择长方形及两个圆）

选择对象: < Enter >

命令: subtract < Enter >　（进行"差集"运算）

选择对象: 找到 1 个　（选择长方体面域）

选择对象: < Enter >

选择对象: 选择要减去的实体或面域

选择对象: 总计 2 个　（选择两个圆面域）

选择对象: < Enter >

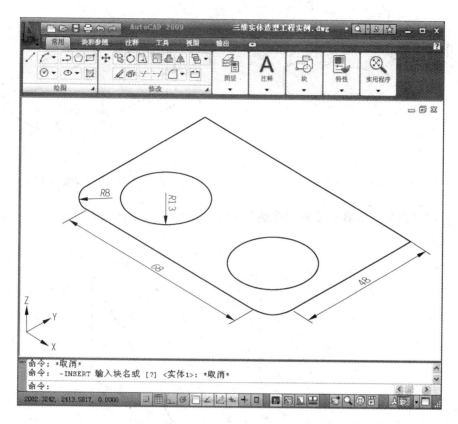

图 13 - 39　绘制二维底板

（5）形成底板的实体模型。

命令:extrude ＜Enter＞

选择要拉伸的对象:找到 1 个 ＜Enter＞（选取图 13 - 39 的面域）

指定拉伸的高度或[方向(D)/路径(P)/倾斜角(T)]:14（输入拉伸高度）

效果如图 13 - 40 所示。

（6）建立新的用户坐标系。

命令:UCS ＜Enter＞

指定新 UCS 的原点或[面(F)命名(NA)/对象(OB)/上一个(P)/视图(V)/世界(W)/X/Y/Z/Z 轴(ZA)]＜世界＞:n＜Enter＞（使用"新建"选项）

指定新 UCS 的原点或[Z 轴(ZA)/三点(3)/对象(OB)/面(F)/视图(V)/X/Y/Z] ＜0,0,0＞:3＜Enter＞（利用 3 点定义坐标平面）

指定新原点 ＜0,0,0＞:mid 于（捕捉中点 A）

在正 X 轴范围上指定点 ＜10.8490,86.7329, - 14.0000＞:end 于（捕捉端点 B）

在 UCS XY 平面上正 Y 轴范围上指定点 ＜8.8490,86.7329, - 14.0000＞:end 于（捕捉端点 C）

效果如图 13 - 41 所示。

提示:调整坐标系时，如果不小心将坐标系的方向弄乱了，此时输入 UCS 命令，然后按"Enter"键，返回世界坐标系。

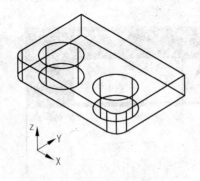 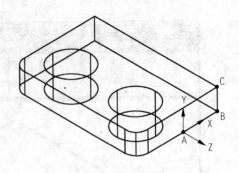

图 13－40　拉伸面域　　　　　　　　　　图 13－41　建立新的坐标系

（7）画弯板及三角形筋板的二维轮廓，并将其创建成面域，效果如图 13－42 和图 13－43所示。

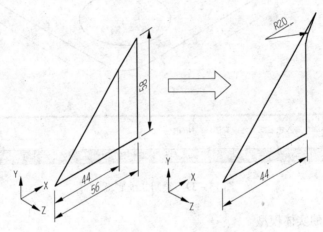

图 13－42　三角形筋板的二维轮廓

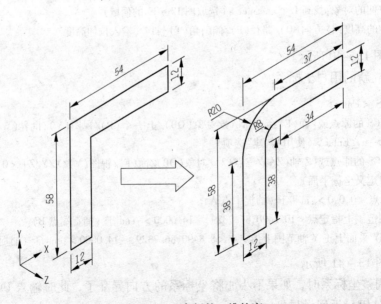

图 13－43　弯板的二维轮廓

（8）分别拉伸图 13 - 42 及图 13 - 43 的面域，形成弯板及筋板的实体模型。

命令：extrude ＜Enter＞
选择要拉伸的对象：找到 1 个 （选择三角形筋板的面域）
选择要拉伸的对象：
指定拉伸高度或［路径（P）/倾斜角（T）］：12 ＜Enter＞ （输入拉伸高度）
命令：extrude ＜Enter＞
选择要拉伸的对象：找到 1 个 （选择弯板的面域）
选择要拉伸的对象：
指定拉伸高度或［路径（P）/倾斜角（T）］：48 ＜Enter＞ （输入拉伸高度）

效果如图 13 - 44 所示。

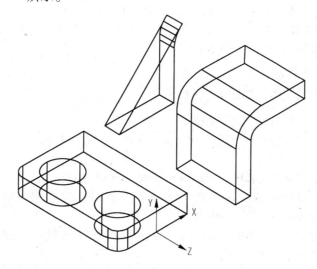

图 13 - 44 形成弯板及筋板的实体位置

（9）用 Move 命令将弯板及筋板移动到正确的位置，效果如图 13 - 45 所示。

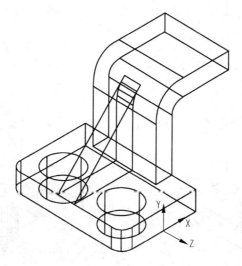

图 13 - 45 移动弯板及筋板

（10）建立新的用户坐标。

命令:UCS　　　<Enter>

指定新 UCS 的原点或[面(F)命名(NA)/对象(OB)/上一个(P)/视图(V)/世界(W)/X/Y/Z/Z 轴(ZA)]<世界>:n<Enter>（使用"新建"选项）

指定新 UCS 的原点或[Z 轴(ZA)/三点(3)/对象(OB)/面(F)/视图(V)/X/Y/Z]<0,0,0>:3<Enter>（利用 3 点定义坐标平面）

指定新原点<0,0,0>:（捕捉中点 E,如图 13-46 所示）

命令:UCS　　　<Enter>

指定新 UCS 的原点或[面(F)命名(NA)/对象(OB)/上一个(P)/视图(V)/世界(W)/X/Y/Z/Z 轴(ZA)]<世界>:n<Enter>（使用"新建"选项）

指定新 UCS 的原点或[Z 轴(ZA)/三点(3)/对象(OB)/面(F)/视图(V)/X/Y/Z]<0,0,0>:x<Enter>（将坐标系统 X 轴旋转）

指定绕 X 轴旋转的角度<90>:-90<Enter>

效果如图 13-46 所示。

（11）绘制两个圆柱体，如图 13-47 所示。

命令:Cylinder　　<Enter>　（绘制圆柱体）

指定底面的中心点或[三点(3P)/两点(2P)/切点、切点、半径(T)/椭圆(E)]:0,0,-22（输入圆柱体 A 底面坐标）

指定底面半径或[直径(D)]:24　　<Enter>　（输入底圆半径）

指定高度或[两点(2P)/轴端点(A)]:32　　<Enter>　（输入圆柱高度,得到大圆柱 A）

命令:Cylinder　　<Enter>　（绘制圆柱体）

指定底面的中心点或[三点(3P)/两点(2P)/切点、切点、半径(T)/椭圆(E)]:0,0,-22（输入圆柱体 A 底面坐标）

指定底面半径或[直径(D)]:13　　<Enter>　（输入底圆半径）

指定高度或[两点(2P)/轴端点(A)]:32　　<Enter>　（输入圆柱高度,得到小圆柱 B）

效果如图 13-47 所示。

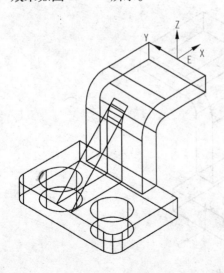

图 13-46　建新坐标系

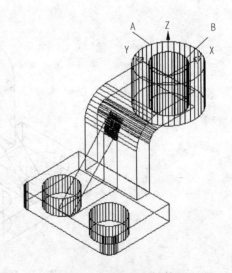

图 13-47　画圆柱体

（12）对圆柱体 A、B 进行"差"运算。

命令:subtract　　＜Enter＞　（进行"差集"运算）

选择对象:找到 1 个　（选择大圆柱体 A）

选择对象:＜Enter＞

选择对象:选择要减去的实体或面域

选择对象:总计 1 个　（选择小圆柱体 B）

选择对象:＜Enter＞　（形成了小圆柱 B 的通孔）

命令:vscurrent　　＜Enter＞　（进行"三维隐藏"）

输入选项[二维线框(2)/三维线框(3)/三维隐藏(H)/真实(R)/概念(C)/其他(O)]＜三维线框＞:H＜Enter＞(进行"三维隐藏")

（13）合并底板、弯板、筋板及圆柱体,使其成为单一实体。

命令:Union　　＜Enter＞

选择对象:指定对角点:找到 4 个　（选择所有实体对象）

选择对象:＜Enter＞　（合并完成）

效果如图 13 - 48 所示。

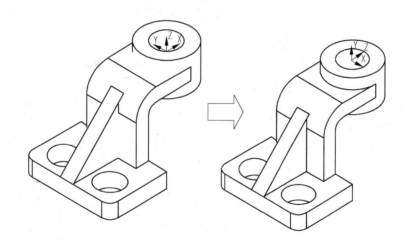

图 13 - 48　"差、并"运算

（14）标注三维对象的尺寸

在 AutoCAD 中,使用"标注"菜单中的命令或"标注"工具栏中的标注工具,不仅可以标注二维对象尺寸,还可以标注三维对象尺寸,由于所有的尺寸标注都只能在当前坐标 XY 平面中进行,因此为了准确标注三维对象中各部分的尺寸,需要不断地用命令"UCS"来变换和移动坐标系,然后再用命令"倾斜（Dimedit）"进行修改文字方向。效果如图 13 - 49 所示。

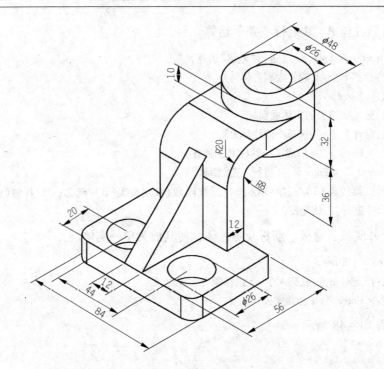

图 13 – 49　支承架的实体模型

附　　录

附录1　极限与配合

1.1　标准公差数值

标准公差数值如附录表 1 - 1 所示（摘自 GB/T 1800.3—1998）。

附录表 1 - 1

基本尺寸 /mm		标准公差等级																
		IT1	IT2	IT3	IT4	IT5	IT6	IT7	IT8	IT9	IT10	IT11	IT12	IT13	IT14	IT15	IT16	IT17	IT18
>	至	μm											mm						
—	3	0.8	1.2	2	3	4	6	10	14	25	40	60	0.1	0.14	0.25	0.4	0.6	1	1.4
3	6	1	1.5	2.5	4	5	8	12	18	30	48	75	0.12	0.18	0.3	0.48	0.75	1.2	1.8
6	10	1	1.5	2.5	4	6	9	15	22	36	58	90	0.15	0.22	0.36	0.58	0.9	1.5	2.2
10	18	1.2	2	3	5	8	11	18	27	43	70	110	0.18	0.27	0.43	0.7	1.1	1.8	2.7
18	30	1.5	2.5	4	6	9	13	21	33	52	84	130	0.21	0.33	0.52	0.84	1.3	2.1	3.3
30	50	1.5	2.5	4	7	11	16	25	39	62	100	160	0.25	0.39	0.62	1	1.6	2.5	3.9
50	80	2	3	5	8	13	19	30	46	74	120	190	0.3	0.46	0.74	1.2	1.9	3	4.6
80	120	2.5	4	6	10	15	22	35	54	87	140	220	0.35	0.54	0.87	1.4	2.2	3.5	5.4
120	180	3.5	5	8	12	18	25	40	63	100	160	250	0.4	0.63	1	1.6	2.5	4	6.3
180	250	4.5	7	10	14	20	29	46	72	115	185	290	0.46	0.72	1.15	1.85	2.9	4.6	7.2
250	315	6	8	12	16	23	32	52	81	130	210	320	0.52	0.81	1.3	2.1	3.2	5.2	8.1
315	400	7	9	13	18	25	36	57	89	140	230	360	0.75	0.89	1.4	2.3	3.6	5.7	8.9
400	500	8	10	15	20	27	40	63	97	155	250	400	0.63	0.97	1.55	2.5	4	6.3	9.7
500	630	9	11	16	22	32	44	70	110	175	280	440	0.7	1.1	1.75	2.8	4.4	7	11
630	800	10	13	18	25	36	50	80	125	200	320	500	0.8	1.25	2	3.2	5	8	12.5
800	1000	11	15	21	28	40	56	90	140	230	360	560	0.9	1.4	2.3	3.6	5.6	9	14
1000	1250	13	18	24	33	47	66	105	165	260	420	660	1.05	1.65	2.6	4.2	6.6	10.5	16.5
1250	1600	15	21	29	39	55	78	125	195	310	500	780	1.25	1.95	3.1	5	7.8	12.5	19.5
1600	2000	18	25	35	46	65	92	150	230	370	600	920	1.5	2.3	3.7	6	9.2	15	23
2000	2500	22	30	41	55	78	110	175	280	440	700	1100	1.75	2.8	4.4	7	11	17.5	28
2900	3150	26	36	50	68	96	135	210	330	540	860	1350	2.1	3.3	5.4	8.6	13.5	21	33

1.2　优先配合中轴的极限偏差

优先配合中轴的极限偏差如附录表1-2所示（摘自 GB/T 1800.4—1999）。

附录表1-2

基本尺寸/mm 大于	至	公差带/μm c 11	d 9	f 7	g 6	h 6	h 7	h 9	h 11	k 6	n 6	p 6	s 6	u 6
—	3	−60/−120	−20/−45	−6/−16	−2/−8	0/−6	0/−10	0/−25	0/−60	+6/0	+10/+4	+12/+6	+20/+14	+24/+18
3	6	−70/−145	−30/−60	−10/−22	−4/−12	0/−8	0/−12	0/−30	0/−75	+9/+1	+16/+8	+20/+12	+27/+19	+31/+23
6	10	−80/−170	−40/−76	−13/−28	−5/−14	0/−9	0/−15	0/−36	0/−90	+10/+1	+19/+10	+24/+15	+32/+23	+37/+28
10	14	−95/−205	−50/−93	−16/−34	−6/−17	0/−11	0/−18	0/−43	0/−110	+12/+1	+23/+12	+29/+18	+39/+28	+44/+33
14	18	−95/−205	−50/−93	−16/−34	−6/−17	0/−11	0/−18	0/−43	0/−110	+12/+1	+23/+12	+29/+18	+39/+28	+44/+33
18	24	−110/−240	−65/−117	−20/−41	−7/−20	0/−13	0/−21	0/−52	0/−130	+15/+2	+28/+15	+35/+22	+48/+35	+54/+41
24	30	−110/−240	−65/−117	−20/−41	−7/−20	0/−13	0/−21	0/−52	0/−130	+15/+2	+28/+15	+35/+22	+48/+35	+61/+48
30	40	−120/−280	−80/−142	−25/−50	−9/−25	0/−16	0/−25	0/−62	0/−160	+18/+2	+33/+17	+42/+26	+59/+43	+76/+60
40	50	−130/−290	−80/−142	−25/−50	−9/−25	0/−16	0/−25	0/−62	0/−160	+18/+2	+33/+17	+42/+26	+59/+43	+86/+70
50	65	−140/−330	−100/−174	−30/−60	−10/−29	0/−19	0/−30	0/−74	0/−190	+21/+2	+39/+20	+51/+32	+72/+53	+106/+87
65	80	−150/−340	−100/−174	−30/−60	−10/−29	0/−19	0/−30	0/−74	0/−190	+21/+2	+39/+20	+51/+32	+78/+59	+121/+102
80	100	−170/−390	−120/−207	−36/−71	−12/−34	0/−22	0/−35	0/−87	0/−220	+25/+3	+45/+23	+59/+37	+93/+71	+146/+124
100	120	−180/−400	−120/−207	−36/−71	−12/−34	0/−22	0/−35	0/−87	0/−220	+25/+3	+45/+23	+59/+37	+101/+79	+166/+144
120	140	−200/−450	−145/−245	−43/−83	−14/−39	0/−25	0/−40	0/−100	0/−250	+28/+3	+52/+27	+68/+43	+117/+92	+195/+170
140	160	−210/−460	−145/−245	−43/−83	−14/−39	0/−25	0/−40	0/−100	0/−250	+28/+3	+52/+27	+68/+43	+125/+100	+215/+190
160	180	−230/−480	−145/−245	−43/−83	−14/−39	0/−25	0/−40	0/−100	0/−250	+28/+3	+52/+27	+68/+43	+133/+108	+235/+210
180	200	−240/−530	−170/−285	−50/−96	−15/−44	0/−29	0/−46	0/−115	0/−290	+33/+4	+60/+31	+79/+50	+151/+122	+265/+236
200	225	−260/−550	−170/−285	−50/−96	−15/−44	0/−29	0/−46	0/−115	0/−290	+33/+4	+60/+31	+79/+50	+159/+130	+287/+257
225	250	−280/−570	−170/−285	−50/−96	−15/−44	0/−29	0/−46	0/−115	0/−290	+33/+4	+60/+31	+79/+50	+169/+140	+313/+284
250	280	−300/−620	−190/−320	−56/−108	−17/−49	0/−32	0/−52	0/−130	0/−320	+36/+4	+66/+34	+88/+56	+190/+158	+347/+315
280	315	−330/−650	−190/−320	−56/−108	−17/−49	0/−32	0/−52	0/−130	0/−320	+36/+4	+66/+34	+88/+56	+202/+170	+382/+350
315	355	−360/−720	−210/−350	−62/−119	−18/−54	0/−36	0/−57	0/−140	0/−360	+40/+4	+73/+37	+98/+62	+226/+190	+426/+390
355	400	−400/−760	−210/−350	−62/−119	−18/−54	0/−36	0/−57	0/−140	0/−360	+40/+4	+73/+37	+98/+62	+244/+208	+471/+435

1.3 优先配合中孔的极限偏差

优先配合中孔的极限偏差如附录表1-3所示（摘自 GB/T 1800.4—1999）。

附录表1-3

基本尺寸/mm		公差带/μm												
		C	D	F	G	H				K	N	P	S	U
大于	至	11	9	8	7	7	8	9	11	7	7	7	7	7
—	3	+120 +60	+45 +20	+20 +6	+12 +2	+10 0	+14 0	+25 0	+60 0	0 -10	-4 -14	-6 -16	-14 -24	-18 -28
3	6	+145 +70	+60 +30	+28 +10	+16 +4	+12 0	+18 0	+30 0	+75 0	+3 -9	-4 -16	-8 -20	-15 -27	-18 -31
6	10	+170 +80	+76 +40	+35 +13	+20 +5	+15 0	+22 0	+36 0	+90 0	+5 -10	-4 -19	-8 -24	-17 -32	-22 -37
10	14	+205 +95	+93 +50	+43 +16	+27 +6	+18 0	+27 0	+43 0	+110 0	+6 -12	-5 -23	-11 -29	-21 -39	-26 -44
14	18	+205 +95	+93 +50	+43 +16	+27 +6	+18 0	+27 0	+43 0	+110 0	+6 -12	-5 -23	-11 -29	-21 -39	-26 -44
18	24	+240 +110	+117 +65	+53 +20	+28 +7	+21 0	+33 0	+52 0	+130 0	+6 -15	-7 -28	-14 -35	-27 -48	-33 -54
24	30	+240 +110	+117 +65	+53 +20	+28 +7	+21 0	+33 0	+52 0	+130 0	+6 -15	-7 -28	-14 -35	-27 -48	-40 -61
30	40	+280 +120	+142 +80	+64 +25	+34 +9	+25 0	+39 0	+62 0	+160 0	+7 -18	-8 -33	-17 -42	-34 -59	-51 -76
40	50	+290 +130	+142 +80	+64 +25	+34 +9	+25 0	+39 0	+62 0	+160 0	+7 -18	-8 -33	-17 -42	-34 -59	-61 -86
50	65	+330 +140	+174 +100	+76 +30	+40 +10	+30 0	+46 0	+74 0	+190 0	+9 -21	-9 -39	-21 -51	-42 -72	-76 -106
65	80	+340 +150	+174 +100	+76 +30	+40 +10	+30 0	+46 0	+74 0	+190 0	+9 -21	-9 -39	-21 -51	-48 -78	-91 -121
80	100	+390 +170	+207 +120	+90 +36	+47 +12	+35 0	+54 0	+87 0	+220 0	+10 -25	-10 -45	-24 -59	-58 -93	-111 -146
100	120	+400 +180	+207 +120	+90 +36	+47 +12	+35 0	+54 0	+87 0	+220 0	+10 -25	-10 -45	-24 -59	-66 -101	-131 -166
120	140	+450 +200	+245 +145	+106 +43	+54 +14	+40 0	+63 0	+100 0	+250 0	+12 -28	-12 -52	-28 -68	-77 -117	-155 -195
140	160	+460 +210	+245 +145	+106 +43	+54 +14	+40 0	+63 0	+100 0	+250 0	+12 -28	-12 -52	-28 -68	-85 -125	-175 -215
160	180	+480 +230	+245 +145	+106 +43	+54 +14	+40 0	+63 0	+100 0	+250 0	+12 -28	-12 -52	-28 -68	-93 -133	-195 -235
180	200	+530 +240	+285 +170	+122 +50	+61 +15	+46 0	+72 0	+115 0	+290 0	+13 -33	-14 -60	-33 -79	-105 -151	-219 -265
200	225	+550 +260	+285 +170	+122 +50	+61 +15	+46 0	+72 0	+115 0	+290 0	+13 -33	-14 -60	-33 -79	-113 -159	-241 -287
225	250	+570 +280	+285 +170	+122 +50	+61 +15	+46 0	+72 0	+115 0	+290 0	+13 -33	-14 -60	-33 -79	-123 -169	-267 -313
250	280	+620 +300	+320 +190	+137 +56	+69 +17	+52 0	+81 0	+130 0	+320 0	+16 -36	-14 -66	-36 -88	-138 -190	-295 -347
280	315	+650 +330	+320 +190	+137 +56	+69 +17	+52 0	+81 0	+130 0	+320 0	+16 -36	-14 -66	-36 -88	-150 -202	-330 -382

附录 2　螺　纹

2.1　普通螺纹

普通螺纹，如附录图 2 – 1 所示（摘自 GB/T 196—2003）。

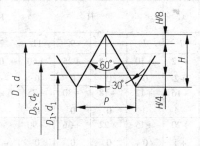

附录图 2 – 1　普通螺纹

D—内螺纹大径；d—外螺纹大径；D_2—内螺纹中径；d_2—外螺纹中径；

D_1—内螺纹小径；d_1—外螺纹小径；P—螺距

标记示例：

公称直径 24mm，螺距 3mm，右旋粗牙普通螺纹，其标记为：M24；

公称直径 24mm，螺距 1.5mm，左旋细牙普通螺纹，公差带代号 7H，其标记为：M24 × 1.5LH—7H。

普通螺纹直径与螺距系列、基本尺寸如附录表 2 – 1 所示。

附录表 2 –1　普通螺纹直径与螺距系列、基本尺寸　　　　　（mm）

公称直径 D、d			螺距 P	中径 D_2 或 d_2	小径 D_1 或 d_1	公称直径 D、d			螺距 P	中径 D_2 或 d_2	小径 D_1 或 d_1
第一系列	第二系列	第三系列				第一系列	第二系列	第三系列			
1			0.25	0.838	0.729	3			0.5	2.675	2.459
			0.2	0.870	0.783				0.35	2.773	2.621
	1.1		0.25	0.938	0.829			3.5	(0.6)	3.110	2.850
			0.2	0.970	0.883				0.35	3.273	3.121
1.2			0.25	1.038	0.929	4			0.7	3.545	3.242
			0.2	1.070	0.983				0.5	3.675	3.459
	1.4		0.3	1.205	1.075			4.5	(0.75)	4.013	3.688
			0.2	1.270	1.183				0.5	4.176	3.959
1.6			0.35	1.373	1.221	5			0.8	4.280	4.134
			0.2	1.470	1.383				0.5	4.675	4.459
	1.8		0.35	1.573	1.421			5.5	0.5	5.175	4.959
			0.2	1.670	1.583				1	5.350	4.917
	2		0.4	1.740	1.567	6			0.75	5.513	5.188
			0.25	1.838	1.729				(0.5)	5.676	5.459
	2.2		0.45	1.908	1.712				1	6.350	5.917
			0.25	2.038	1.929			7	0.75	6.513	6.188
2.5			0.45	2.208	2.013				0.5	6.675	6.459
			0.35	2.273	2.121						

公称直径 D、d			螺距 P	中径 D_2 或 d_2	小径 D_1 或 d_1
第一系列	第二系列	第三系列			
8			1.25	7.188	6.647
			1	7.350	6.917
			0.75	7.513	7.188
			(0.5)	7.675	7.459
		9	(1.25)	8.188	7.647
			1	8.350	7.917
			0.75	8.513	8.188
			0.5	8.675	8.459
10			1.5	9.026	8.376
			1.25	9.188	8.647
			1	9.360	8.917
			0.75	9.513	9.188
			(0.5)	9.675	9.459
		11	(1.5)	10.026	9.376
			1	10.350	9.917
			0.75	10.513	10.188
			0.5	10.675	10.459
12			1.75	10.863	10.106
			1.5	11.026	10.376
			1.25	11.188	10.647
			1	11.350	10.917
			(0.75)	11.513	11.188
			(0.5)	11.675	11.459
	14		2	12.701	11.835
			1.5	13.026	12.376
			(1.25)	13.188	12.647
			1	13.350	12.917
			(0.75)	13.513	13.188
			(0.5)	13.675	13.459

公称直径 D、d			螺距 P	中径 D_2 或 d_2	小径 D_1 或 d_1
第一系列	第二系列	第三系列			
		15	1.5	14.026	13.376
			(1)	14.350	13.917
16			2	14.701	13.835
			1.5	16.026	14.376
			1	16.350	14.917
			(0.75)	15.513	15.188
			(0.5)	15.675	15.459
		17	1.5	16.026	15.376
			(1)	16.350	15.917
	18		2.5	16.310	15.294
			2	16.701	15.835
			1.5	17.026	16.376
			1	17.350	16.917
			(0.75)	17.513	11.188
			(0.5)	17.675	17.459
20			2.5	18.376	17.294
			2	18.701	17.835
			1.5	19.020	18.376
			1	19.350	18.917
			(0.75)	19.513	19.188
			(0.5)	19.675	19.459
	22		2.5	20.376	19.294
			2	20.701	19.835
			1.5	21.026	20.376
			1	21.350	20.917
			(0.75)	21.513	21.188
			(0.5)	21.675	21.459

注：1. 直径优先选用第一系列，其次第二系列，第三系列尽可能不采用。

2. 第一、二系列中螺距 P 的第一行为粗牙，其余为细牙，第三系列中螺距是细牙。

3. 括号内尺寸尽可能不用。

2.2 梯形螺纹

梯形螺纹，如附录图 2 - 2 所示（摘自 GB/T 5796—2005）。

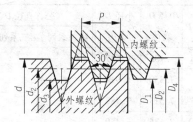

附录图 2-2　梯形螺纹

D_1—内螺纹小径；D_2—内螺纹中径；D_4—内螺纹大径；d—外螺纹大径；

d_2—外螺纹中径；d_3—外螺纹小径；P—螺距

标记示例：

公称直径 28mm，螺距 5mm，中径公差带代号为 8e 的双线左旋梯形外螺纹，其标记为：Tr28×10（P5）LH-8c。

公称直径 28mm，螺距 5mm，中径公差带代号为 7H 的单线右旋梯形内螺纹，其标记为：Tr28×5-7H。

梯形螺纹直径与螺距系列、基本尺寸如附录表 2-2 所示。

附录表 2-2　梯形螺纹直径与螺距系列、基本尺寸　　　　　　（mm）

公称直径 d		螺距 P	中径 $d_2=D_2$	大径 D_4	小径		公称直径 d		螺距 P	中径 $d_2=D_2$	大径 D_4	小径	
第一系列	第二系列				d_3	D_1	第一系列	第二系列				d_3	D_1
8		1.5	7.25	8.30	6.20	6.50			3	24.50	26.50	22.50	23.00
	9	1.5	8.25	9.30	7.20	7.50		26	5	23.50	26.50	20.50	21.00
		2	8.00	9.50	6.50	7.00			8	22.00	27.00	17.00	18.00
10		1.5	9.25	10.30	8.20	8.50	28		3	26.50	28.50	24.50	25.00
		2	9.00	10.50	7.50	8.00			5	25.50	28.50	22.50	23.00
	11	2	10.00	11.50	8.50	9.00			8	24.00	29.00	19.00	20.00
		3	9.50	11.50	7.50	8.00			3	28.50	30.50	26.50	29.00
12		2	11.00	12.50	9.50	10.00		30	6	27.00	31.00	23.00	24.00
		3	10.50	12.50	8.50	9.00			10	25.00	31.00	19.00	20.00
	14	2	13.00	14.50	11.50	12.00			3	30.50	32.50	28.50	29.00
		3	12.50	14.50	10.50	11.00	32		6	29.00	33.00	25.00	26.00
16		2	15.00	16.50	13.50	14.00			10	27.00	33.00	12.00	22.00
		4	14.00	16.50	11.50	12.00			3	32.50	34.50	30.50	31.00
	18	2	17.00	18.50	15.50	16.00		34	6	31.00	35.00	27.00	28.00
		4	16.00	18.50	13.50	14.00			10	29.00	35.00	23.00	24.00
20		2	19.00	20.50	17.50	18.00			3	34.50	36.50	32.50	33.00
		4	18.00	20.50	15.50	16.00	36		6	33.00	37.00	29.00	30.00
	22	3	20.50	22.50	18.50	19.00			10	31.00	37.00	25.00	26.00
		5	19.50	22.50	16.50	17.00			3	36.50	38.50	34.50	35.00
		8	18.00	23.00	13.00	14.00		38	7	34.50	39.00	30.00	31.00
24		3	22.50	24.50	20.50	21.00			10	33.00	39.00	27.00	28.00
		5	21.50	24.50	18.50	19.00	40		3	38.50	40.50	36.50	37.00
		8	20.00	25.00	18.00	16.00			7	35.50	41.00	32.00	33.00
									10	35.00	41.00	29.00	30.00

2.3　非螺纹密封管螺纹

非螺纹密封管螺纹，如附录图 2 - 3 所示（摘自 GB/T 7307—2001）。

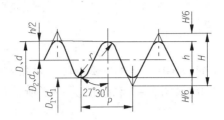

附录图 2 - 3　55°非螺纹密封管螺纹

D—内螺纹大径；D_1—内螺纹小径；D_2—内螺纹中径；d—外螺纹大径；

d_1—外螺纹小径；d_2—外螺纹中径；P—螺距

标记示例：

尺寸代号为 1/2 的 A 级右旋外螺纹的标记为：G1/2A；

尺寸代号为 1/2 的 B 级左旋外螺纹的标记为：G1/2B - LH；

尺寸代号为 1/2 的右旋内螺纹的标记为：G1/2。

管螺纹尺寸代号及基本尺寸如附录表 2 - 3 所示。

附录表 2 -3　管螺纹尺寸代号及基本尺寸　　　　　　（mm）

尺寸代号	第25.4mm内的牙数 n	螺距 P	牙高 h	圆弧半径 r	基本直径		
					大径 $d = D$	中径 $d_2 = D_2$	小径 $d_1 = D_1$
1/8	28	0.907	0.581	0.125	9.728	9.147	8.566
1/4	19	1.307	0.856	0.184	13.157	12.301	11.445
3/8	19	1.307	0.856	0.184	16.662	15.806	14.956
1/2	14	1.814	1.162	0.249	20.955	19.793	8.631
5/8	14	1.814	1.162	0.249	22.911	21.749	20.587
3/4	14	1.814	1.162	0.249	26.441	25.279	24.117
7/8	14	1.814	1.162	0.249	30.201	29.039	27.877
1	11	2.309	1.479	0.317	33.249	31.770	30.291
1⅛	11	2.309	1.479	0.317	37.897	36.418	34.939
1¼	11	2.309	1.479	0.317	41.910	40.431	38.952
1½	11	2.309	1.479	0.317	47.803	46.324	44.854
1¾	11	2.309	1.479	0.317	53.746	52.267	50.788
2	11	2.309	1.479	0.317	59.614	58.135	56.656
2¼	11	2.309	1.479	0.317	65.710	64.231	62.752
2½	11	2.309	1.479	0.317	75.184	73.705	72.226

附录3　常用螺纹紧固件

3.1　螺栓

3.1.1　六角头螺栓

六角头螺栓——C 级（摘自 GB/T 5780—2000），六角头螺栓——全螺纹——C 级（摘自 GB/T 5781—2000），如附录图 3 – 1 和附录表 3 – 1 所示。

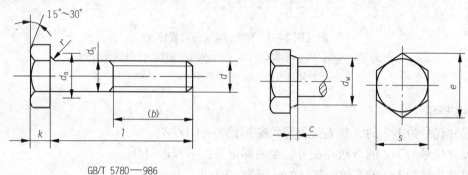

GB/T 5780—986

附录图 3 – 1　六角头螺栓——C 级

标记示例：

螺纹规格 d = M12，公称长度 l = 80mm，C 级，按 GB/T 5780—螺栓和 GB/T 5781—螺栓均表示为：M12 × 80。

附录表 3 – 1　六角头螺栓——C 级　　　　　　　　（mm）

螺纹规格 d		M5	M6	M8	M10	M12	(M14)	M16	(M18)	M20	(M22)	M24	(M27)
b 参考	$l \leqslant 125$	16	18	22	26	30	34	38	42	40	50	54	60
	$125 < l \leqslant 200$	—	—	28	32	36	40	44	48	52	56	60	66
	$l > 200$	—	—	—	—	—	53	57	61	65	69	73	79
c	max	0.5			0.6				0.8				
d_a	max	6	7.2	10.2	12.2	14.7	16.7	18.7	21.2	24.4	26.4	28.4	32.4
d_s	max	5.48	6.48	8.58	10.58	12.7	14.7	16.7	18.7	20.8	22.84	24.84	27.84
d_w	min	6.74	8.74	11.47	14.47	16.47	19.95	22	24.85	27.7	31.35	33.25	38
a	max	3.2	4	5	6	7	6	8	7.5	10	7.5	12	9
e	min	8.63	10.89	14.2	17.59	19.85	22.78	26.17	29.50	32.95	37.20	39.55	45.2
k	公称	3.5	4	5.3	6.4	7.5	8.8	10	11.5	12.5	14	15	17
r	min	0.2	0.25	0.4	0.4	0.6	0.6	0.6	0.6	0.8	1	0.8	1
s	max	8	10	13	16	18	21	24	27	30	34	36	41
l 范围	GB/T 5780—2000	25 ~ 50	30 ~ 60	35 ~ 80	40 ~ 100	45 ~ 120	60 ~ 140	55 ~ 160	80 ~ 180	65 ~ 200	90 ~ 220	80 ~ 240	100 ~ 260
	GB/T 5781—2000	10 ~ 50	12 ~ 60	16 ~ 80	20 ~ 100	25 ~ 120	30 ~ 140	35 ~ 160	35 ~ 180	40 ~ 200	15 ~ 220	50 ~ 240	55 ~ 280

续附录表3-1

螺纹规格 d		M30	(M33)	M36	(M39)	M42	(M45)	M48	(M52)	M56	(M60)	M64
b 参考	l≤125	66	72	78	84	—	—	—	—	—	—	—
	125<l≤200	72	78	84	90	96	102	108	116	124	132	140
	l>200	85	91	97	103	109	115	121	129	137	145	153
c	max	1										
d_a	max	35.4	38.4	42.4	45.4	48.6	52.6	56.6	62.6	67	71	75
d_s	max	30.84	34	37	40	43	46	49	53.2	57.2	61.2	65.2
d_w	min	42.75	46.55	51.11	55.86	59.95	64.7	69.45	74.2	78.66	83.41	88.16
a	max	14	10.5	16	12	13.5	13.5	15	15	16.5	16.5	18
e	max	50.85	55.37	60.79	66.44	72.02	76.95	82.6	88.25	93.56	99.21	104.86
k	公称	18.7	21	22.5	25	26	28	30	33	35	38	40
r	min	1	1	1	1	1.2	1.2	1.6	1.6	2	2	2
s	max	46	50	55	60	65	70	75	80	85	90	95
l 范围	GB/T 5780—2000	90~300	130~320	110~300	150~400	160~420	180~440	180~480	200~500	220~500	240~500	260~600
	GB/T 5781—2000	60~300	65~360	70~360	80~400	80~420	90~440	90~480	100~500	110~500	120~500	120~500
l系列		10、12、16、20~50（5进位）、（55）、60、（65）、70~160（10进位）、180、220、240、260、280、300、320、340、360、380、400、420、440、460、480、500										

注：尽可能不采用括号内的规格，C级为产品等级。

3.1.2　六角螺栓头

六角螺栓头——A级和B级，如附录图3-2所示（GB/T 5782—2000）。

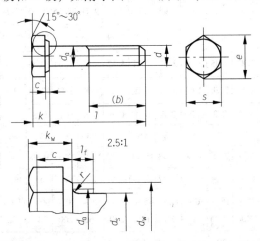

附录图3-2　六角螺栓头——A级和B级

标注示例：

螺纹规格为 d=M12，公称长度 l=80mm，A级螺栓，按 GB/T 5782 表示为：M12×80。

六角螺栓头——A级和B级如附录表3-2所示。

附录表3-2　六角螺栓头——A级和B级　　　　（mm）

螺纹规格 d			M3	M4	M5	M6	M8	M10	M12	M16	M20	M24	M30	M36	M42	M48	M56	M64
b 参考	$l \le 125$		12	14	16	18	22	26	30	38	46	54	66	78	—	—	—	—
	$125 < l \le 200$		18	20	22	24	28	32	36	44	52	60	72	84	96	108	124	140
	$l > 200$		31	33	35	37	41	45	49	57	65	73	85	97	109	121	137	153
c	min		0.15	0.15	0.15	0.15	0.15	0.15	0.15	0.2	0.2	0.2	0.2	0.2	0.3	0.3	0.3	0.3
	max		0.4	0.4	0.5	0.5	0.6	0.6	0.6	0.8	0.8	0.8	0.8	0.8	1	1	1	1
d_a	max		3.6	4.7	5.7	6.8	9.2	11.2	13.7	17.7	22.4	26.4	33.4	39.4	45.6	52.6	63	71
d_s	max		3	4	5	6	8	10	12	16	20	24	30	36	42	48	56	64
	min	A	2.86	3.82	4.82	5.82	7.78	9.78	11.73	15.73	19.67	23.67	—	—	—	—	—	—
		B	2.75	3.70	4.70	5.70	7.64	9.64	11.57	15.57	19.48	23.48	29.48	35.38	41.38	47.38	55.26	63.26
d_w	min	A	4.57	5.88	6.88	8.88	11.63	14.63	16.63	22.49	28.19	33.61	—	—	—	—	—	—
		B	4.45	5.74	6.74	8.74	11.47	14.47	16.47	22	27.7	33.25	42.75	51.11	59.95	69.45	78.66	88.16
e	min	A	6.01	7.66	8.79	11.05	14.38	17.77	20.03	25.75	33.53	39.98	—	—	—	—	—	—
		B	5.88	7.50	8.63	10.89	14.20	17.59	19.85	26.17	32.95	39.55	50.85	60.79	72.02	82.6	93.56	104.86
l_f	max		1	1.2	1.2	1.4	2	2	3	3	4	4	6	6	8	10	12	13
k 产品等级	公称		2	2.8	3.5	4	5.3	6.4	7.5	10	12.5	15	18.7	22.5	26	30	35	40
	A	min	1.875	2.675	3.35	3.85	5.15	6.22	7.32	9.82	12.28	14.78						
		max	2.125	2.925	3.65	4.15	5.45	6.58	7.68	10.18	12.72	15.22						
	B	min	1.8	2.6	3.26	3.76	5.06	6.11	7.21	9.71	12.15	14.65	18.28	22.08	25.58	29.58	34.6	39.5
		max	2.2	3.0	3.74	4.24	5.54	6.69	7.79	10.29	12.85	15.35	19.12	22.92	26.42	30.42	35.5	40.5
k_w	min	A	1.31	1.87	2.35	2.70	3.61	4.35	5.12	6.87	8.6	10.35	—	—	—	—	—	—
		B	1.26	1.82	2.28	2.63	3.54	4.28	5.05	6.8	8.51	10.26	12.8	15.46	17.91	20.91	24.15	27.65
r	min		0.1	0.2	0.2	0.25	0.4	0.4	0.6	0.6	0.8	0.8	1	1	1.2	1.6	2	2
s	max=公称		5.5	7	8	10	13	16	18	24	30	36	46	55	65	75	85	95
	min	A	5.32	6.78	7.78	9.78	12.73	15.73	17.73	23.67	29.67	35.38	—	—	—	—	—	—
		B	5.20	6.64	7.64	9.64	12.57	15.57	17.57	23.16	29.16	35	45	53.8	63.8	73.1	82.8	92.8
l（商品规格范围及通用规格）			20~30	25~40	25~50	30~60	40~80	45~100	50~120	65~160	80~200	90~240	110~300	140~360	160~440	180~480	220~500	260~500

l 系列：20，25，30，35，40，45，50，（55），60，（65），70，80，90，100，110，120，130，140，150，160，180，200，220，240，260，280，300，320，340，360，380，400，420，440，460，480，500

注：A和B为产品等级，A级用于 $d \le 24$ 和 $l \le 10d$ 或 ≤ 150mm（按较小值）的螺栓，B级用于 $d > 24$ 或 $l > 10d$ 或 > 150mm（按较小值）的螺栓。

3.2   双头螺柱

双头螺柱 $b_m = 1d$（GB/T 897—1988）、$b_m = 1.25d$（GB/T 898—1988）、$b_m = 1.5d$（GB/T 899—1988）、$b_m = 2d$（GB/T 900—1988），如附录图 3 – 3 所示。

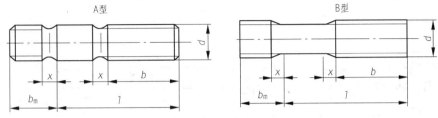

附录图 3 – 3   双头螺柱

标记示例：

两端均为粗牙普通螺纹，$d = 10\text{mm}$，$l = 50\text{mm}$，B 型，$b_m = 1d$，按 GB/T 897 可表示为：M10 × 50。

旋入一端为粗牙普通螺纹，旋螺母一端为螺距 $P = 1\text{mm}$ 的细牙普通螺纹，$d = 10\text{mm}$，$l = 50\text{mm}$，A 型，$b_m = 1d$，按 GB/T 897 可表示为：AM10 – M10 × 1 × 50。

旋入一端为过渡配合的第一种配合，旋螺母一端为粗牙普通螺纹，$d = 10\text{mm}$，$l = 50\text{mm}$，B 型，$b_m = 1d$，按 GB/T 897 可表示为：GM10 – M10 × 50。

双头螺柱如附录表 3 – 3 所示。

附录表 3 – 3   双头螺柱   （mm）

螺纹规格		M5	M6	M8	M10	M12	M16	M20	M24	M30	M36	M42
b_m（公称）	GB/T 897	5	6	8	10	12	16	20	24	30	36	42
	GB/T 898	6	8	10	12	15	20	25	30	38	45	52
	GB/T 899	8	10	12	15	18	24	30	36	45	54	65
	GB/T 900	10	12	16	20	24	32	40	48	60	72	84
d_s（max）		5	6	8	10	12	16	20	24	30	36	42
x（max）		2.5P										
$\dfrac{l}{b}$		$\dfrac{16 \sim 22}{10}$	$\dfrac{20 \sim 22}{10}$	$\dfrac{20 \sim 22}{12}$	$\dfrac{25 \sim 28}{14}$	$\dfrac{25 \sim 30}{16}$	$\dfrac{30 \sim 38}{20}$	$\dfrac{35 \sim 40}{25}$	$\dfrac{45 \sim 50}{30}$	$\dfrac{60 \sim 65}{40}$	$\dfrac{65 \sim 75}{45}$	$\dfrac{65 \sim 80}{50}$
		$\dfrac{25 \sim 50}{16}$	$\dfrac{25 \sim 30}{14}$	$\dfrac{25 \sim 30}{16}$	$\dfrac{30 \sim 38}{16}$	$\dfrac{32 \sim 40}{20}$	$\dfrac{40 \sim 55}{30}$	$\dfrac{45 \sim 65}{35}$	$\dfrac{55 \sim 75}{45}$	$\dfrac{70 \sim 90}{50}$	$\dfrac{80 \sim 110}{60}$	$\dfrac{85 \sim 110}{70}$
			$\dfrac{32 \sim 75}{18}$	$\dfrac{32 \sim 90}{22}$	$\dfrac{40 \sim 120}{26}$	$\dfrac{45 \sim 120}{30}$	$\dfrac{60 \sim 120}{38}$	$\dfrac{70 \sim 120}{46}$	$\dfrac{80 \sim 120}{54}$	$\dfrac{95 \sim 120}{60}$	$\dfrac{120}{78}$	$\dfrac{120}{90}$
					$\dfrac{130}{32}$	$\dfrac{130 \sim 180}{36}$	$\dfrac{130 \sim 200}{44}$	$\dfrac{130 \sim 200}{52}$	$\dfrac{130 \sim 200}{60}$	$\dfrac{130 \sim 200}{72}$	$\dfrac{130 \sim 200}{84}$	$\dfrac{130 \sim 200}{96}$
										$\dfrac{210 \sim 250}{85}$	$\dfrac{210 \sim 300}{91}$	$\dfrac{210 \sim 300}{109}$
l 系列		16, (18), 20, (22), 25, (28), 30, (32), 35, (38), 40, 45, 50, (55), 60, (65), 70, (75), 80, (85), 90, (95), 100, 110, 120, 130, 140, 150, 160, 170, 180, 190, 200, 210, 220, 230, 240, 250, 260, 280, 300										

注：P 是粗牙螺纹的螺距。

3.3　螺钉

开槽圆柱头螺钉（GB/T 65—2000）、开槽盘头螺钉（GB/T 67—2000）、开槽沉头螺钉（GB/T 68—2000）、开槽半沉头螺钉（GB/T 69—2000），如附录图3 – 4所示。

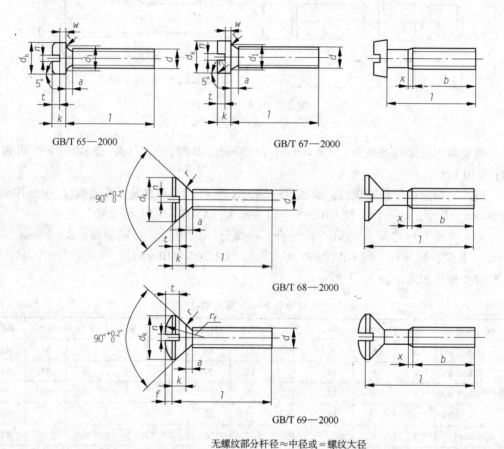

无螺纹部分杆径≈中径或＝螺纹大径

附录图3 – 4　螺钉

标记示例：

螺纹规格 d = M5，公称长度 l = 20mm 的开槽圆柱头螺钉，按 GB/T 65 可表示为：M5 × 20。

螺纹规格 d = M5，公称长度 l = 20mm 的开槽盘头螺钉，按 GB/T 67 可表示为：M5 × 20。

螺纹规格 d = M5，公称长度 l = 20mm 的开槽沉头螺钉，按 GB/T 68 可表示为：M5 × 20。

螺纹规格 d = M5，公称长度 l = 20mm 的开槽半沉头螺钉，按 GB/T 69 可表示为：M5 × 20。

螺钉如附录表3 – 4所示。

附录表 3-4 螺钉 (mm)

标准	参数	M1.6	M2	M2.5	M3	M4	M5	M6	M8	M10
	螺纹规格 d	M1.6	M2	M2.5	M3	M4	M5	M6	M8	M10
	p	0.35	0.4	0.45	0.5	0.7	0.8	1	1.25	1.5
	a max	0.7	0.8	0.9	1	1.4	1.6	2	2.5	3
	b min	25				38				
	n 公称	0.4	0.5	0.6	0.8	1.2		1.6	2	2.5
	d_k max	2.1	2.6	3.1	3.6	4.7	5.7	6.8	9.2	11.2
	x max	0.9	1	1.1	1.25	1.75	2	2.5	3.2	3.8
GB/T 65—2000	d_k max	3	3.8	4.5	5.5	7	8.5	10	13	16
	k max	1.10	1.4	1.8	2	2.6	3.3	3.9	5	6
	t min	0.45	0.6	0.7	0.85	1.1	1.3	1.6	2	2.4
	r min	0.1				0.2		0.25	0.4	
	l 范围(公称)	2~16	3~20	3~25	4~30	5~40	6~50	8~60	10~80	12~80
	全螺纹时最大长度	30				40				
GB/T 67—2000	d_k max	3.2	4	6	5.6	8	9.5	12	16	20
	k max	1	1.3	1.5	1.8	2.4	3	3.6	4.8	6
	l min	0.35	0.5	0.6	0.7	1	1.2	1.4	1.9	2.4
	r min	0.1				0.2		0.25	0.4	
	r_1 参考	0.5	0.6	0.8	0.9	1.2	1.5	1.8	2.4	3
	l 范围(公称)	2~16	2.5~20	3~25	4~30	5~40	6~50	8~60	10~80	12~80
	全螺纹时最大长度	30				40				
GB/T 68—2000 GB/T 69—2000	d_k max	3	3.8	4.7	5.5	8.4	9.3	11.3	15.8	18.3
	k max	1	1.2	1.5	1.65	2.7	2.7	3.3	4.65	5
	t min GB/T 68—2000	0.32	0.4	0.5	0.6	1	1.1	1.2	1.8	2
	t min GB/T 69—2000	0.64	0.8	1	1.2	1.6	2	2.4	3.2	3.8
	r max	0.4	0.5	0.6	0.8	1	1.3	1.5	2	2.5
	r_f	3	4	5	6	9.5	9.5	12	16.5	19.5
	f	0.4	0.5	0.6	0.7	1	1.2	1.4	2	2.3
	l 范围(公称)	2.5~16	3~20	4~25	5~30	6~40	8~50	8~60	10~80	12~80
	全螺纹时最大长度	30				45				

l 系列(公称): 2, 2.5, 3, 4, 5, 6, 8, 10, 12, (14), 16, 20, 25, 30, 35, 40, 45, 50, (55), 60, (65), 70, (75), 80

注:1. b 不包括螺尾。

2. 括号内规格尽可能不采用。

3.4　紧定螺钉

　　开槽锥端紧定螺钉（GB/T 71—1985）、开槽平端紧定螺钉（GB/T 73—1985）、开槽长圆柱端紧定螺钉（GB/T 75—1985），如附录图 3 - 5 和附录表 3 - 5 所示。

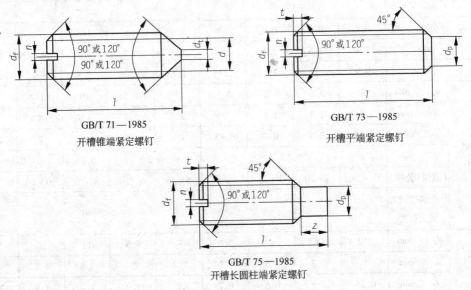

GB/T 71—1985
开槽锥端紧定螺钉

GB/T 73—1985
开槽平端紧定螺钉

GB/T 75—1985
开槽长圆柱端紧定螺钉

附录图 3 - 5　紧定螺钉

标注示例：

　　螺栓规格为：$d = M5$，公称直径 $l = 12mm$ 的开槽锥端紧定螺钉按 GB/T 71，可表示为：M12 × 12。

附录表 3 - 5　紧定螺钉　　　　　　　　　　　（mm）

螺纹规格 d		M1.2	M1.6	M2	M2.5	M3	M4	M5	M6	M8	M10	M12
d_p	max	0.6	0.8	1	1.5	2	2.5	3.5	4	5.5	7	8.5
n	公称	0.2	0.25	0.25	0.4	0.4	0.6	0.8	1	1.2	1.6	2
t	max	0.52	0.74	0.84	0.95	1.05	1.42	1.63	2	2.5	3	3.6
d_t	max	0.12	0.16	0.2	0.25	0.3	0.4	0.5	1.5	2	2.5	3
z	max	—	1.05	1.25	1.5	1.75	2.25	2.75	3.25	4.3	5.3	6.3
l 范围	GB/T 71—1985	2~6	2~8	3~10	3~12	4~16	6~20	8~25	8~30	10~40	12~50	14~60
	GB/T 73—1985	2~6	2~8	2~10	2.5~12	3~16	4~20	5~25	6~30	8~40	10~50	12~60
	GB/T 75—1985	—	2.5~8	3~10	4~12	5~16	6~20	8~25	8~30	10~40	12~50	14~60
公称长度 l≤表内值时制成120°，l>表内值制成90°	GB/T 71—1985	2	2.5			3		4		6	8	10	12
	GB/T 73—1985	—	2	2.5		3		4	5		6	8	10
	GB/T 75—1985	—	2.5	3	4	5	6	8	10	14	16	20
l 系列　　（公称）		2, 2.5, 3, 4, 5, 6, 8, 10, 12, (14), 16, 20, 25, 30, 35, 40, 45, 50, (55), 60										

　　注：1. 本表所列规格均为商品规格；

　　　　2. 尽可能不采用括号内规格。

3.5　定位螺钉

开槽锥端定位螺钉，如附录图 3 - 6 所示（GB/T 72—1988）。

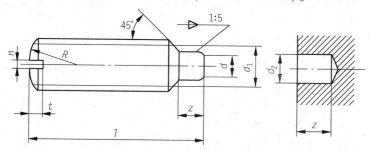

附录图 3 - 6　开槽锥端定位螺钉

标记示例：

螺栓规格为 d = M10，公称直径 l = 20mm 的开槽锥端定位螺钉按 GB/T 72，可表示为：M10 × 20。

定位螺钉如附录表 3 - 6 所示。

附录表 3 - 6　定位螺钉　　　　　　　　　　　　　　（mm）

螺纹规格 d		M3	M4	M5	M6	M8	M10	M12
d_P	max	2	2.5	3.5	4	5.5	7	8.5
n	公称	0.4	0.6	0.8	1.0	1.2	1.6	2.0
t	max	1.05	1.42	1.63	2	2.5	3	3.6
d_1	~	1.7	2.1	2.5	3.4	4.7	6	7.3
z		1.5	2.0	2.5	3.0	4.0	5.0	6.0
R	~	3	4	5	6	8	10	12
d_2	（推荐）	1.8	2.2	2.6	3.5	5	6.5	8.0
l	范围	4 ~ 16	4 ~ 20	5 ~ 20	6 ~ 25	8 ~ 35	10 ~ 45	12 ~ 50
l 系列	公称	4, 5, 6, 8, 10, 12, (14), 16, 20, 25, 30, 35, 40, 45, 50						

注：括号内的尺寸尽可能不采用。

3.6　螺母

3.6.1　Ⅰ型六角螺母

Ⅰ型六角螺母——A 级和 B 级，如附录图 3 - 7 所示（GB/T 6170—2000）。

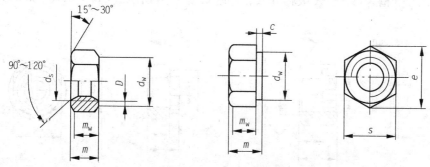

附录图 3 - 7　Ⅰ型六角螺母

标记示例：

螺母规格为 D = M12，A 级，Ⅰ型六角螺母按 GB/T 6170 标记为：M12。

Ⅰ型六角螺母如附录表3-7所示。

附录表3-7　Ⅰ型六角螺母　　　　　　　　（mm）

螺纹规格 D		M1.6	M2	M2.5	M3	M4	M5	M6	M8	M10	M12
c	max	0.2	0.2	0.3	0.4	0.4	0.5	0.5	0.6	0.6	0.6
d_s	max	1.84	2.3	2.9	3.45	4.6	5.75	6.75	8.75	10.8	13
	min	1.6	2	2.5	3	4	5	6	8	10	12
d_w	min	2.4	3.1	4.1	4.6	5.9	6.9	8.9	11.6	14.6	16.6
e	min	3.41	4.32	5.45	6.01	7.66	8.79	11.05	14.38	17.77	20.03
m	max	1.3	1.6	2	2.4	3.2	4.7	5.2	6.8	8.4	10.8
	min	1.05	1.35	1.75	2.15	2.9	4.4	4.9	6.44	8.04	10.37
m_w	min	0.8	1.1	1.4	1.7	2.3	3.5	3.9	5.1	6.4	8.3
s	max	3.2	4	5	5.5	7	8	10	13	16	18
	min	3.02	3.82	4.82	5.32	6.78	7.78	9.78	12.73	15.73	17.73

螺纹规格 D		M16	M20	M24	M30	M36	M42	M48	M56	M64
c	max	0.8	0.8	0.8	0.8	0.8	1	1	1	1.2
d_s	max	17.3	21.6	25.9	32.4	38.9	45.4	51.8	60.5	69.1
	min	16	20	24	30	36	42	48	56	64
d_w	min	22.5	27.7	33.2	42.7	51.1	60.6	69.4	78.7	88.2
e	min	26.75	32.95	39.55	50.85	60.79	72.02	62.6	93.56	104.86
m	max	14.8	18	21.5	25.6	31	34	38	45	51
	min	14.1	16.9	20.2	24.3	29.4	32.4	36.4	43.4	49.1
m_w	min	11.3	13.5	16.2	19.4	23.5	25.9	29.1	34.7	39.3
s	max	24	30	36	45	55	65	75	85	95
	min	23.67	29.16	35	45	53.8	63.8	74.1	82.8	92.8

注：1. A 级用于 $D \leqslant 16$ 的螺母；

　　2. B 级用于 $D > 16$ 的螺母。

3.6.2　Ⅰ型六角开槽螺母

Ⅰ型六角开槽螺母——A 级和 B 级，如附录图3-8所示（GB/T 6178—2000）。

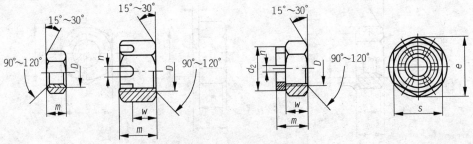

附录图3-8　Ⅰ型六角开槽螺母

标记示例：

螺母规格为：$D = M5$，A 级，Ⅰ型六角开槽螺母按 GB/T 6178 标记为：M5。

I 型六角开槽螺母如附录表 3-8 所示。

附录表 3-8 I 型六角开槽螺母 （mm）

螺纹规格 D	M4	M5	M6	M8	M10	M12	（M14）	M16	M20	M24	M30	M36
d_e									28	34	42	50
e	7.66	8.79	11.05	14.38	17.77	20.03	23.35	26.75	32.95	39.55	50.85	60.79
m	5	6.7	7.7	9.8	12.4	15.8	17.8	20.8	24	29.5	34.6	40
n	1.2	1.4	2	2.5	2.8	3.5	3.5	4.5	4.5	5.5	7	7
s	7	8	10	13	16	18	21	24	30	36	46	55
w	3.2	4.7	5.2	6.8	8.4	10.8	12.8	14.8	18	21.5	25.6	31
开口销	1×10	1.2×12	1.6×14	2×16	2.5×20	3.2×22	3.2×25	4×28	4×36	5×40	6.3×50	6.3×63

注：1. 括号内规格为尽可能不采用；

2. A 级用于 $D \leqslant 16$；B 级用于 $D > 16$。

3.6.3 六角薄螺母

六角薄螺母——A 级和 B 级（GB/T 6172.1—2000），如附录图 3-9 所示。

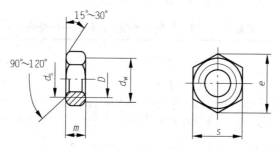

附录图 3-9 六角薄螺母

标记示例：

螺母规格为：$D = M20$，六角薄螺母按 GB/T 6172.1 标记为：M20。

六角薄螺母如附录表 3-9 所示。

附录表 3-9 六角薄螺母 （mm）

螺纹规格	D	M1.6	M2	M2.5	M3	M4	M5	M6	M8	M10	M12	（M14）	M16	（M18）	M20	（M22）
	P	0.35	0.4	0.45	0.5	0.7	0.8	1	1.25	1.5	1.75	2	2	2.5	2.5	2.5
d_s	min	1.6	2	2.5	3	4	5	6	8	10	12	14	16	18	20	22
d_w	min	2.4	3.1	4.1	4.0	5.9	6.9	8.9	11.6	14.6	16.6	19.6	22.5	24.8	27.7	31.4
e	min	3.41	4.32	5.45	6.01	7.66	8.79	11.05	14.28	17.77	20.03	23.35	26.75	29.56	32.95	37.29
m	max	1	1.2	1.6	1.8	2.2	2.7	3.1	4	5	6	7	8	9	10	11
s	max	3.2	4	5	5.5	8	10	13	16	18	21	24	27	30	32

注：1. 括号内规格为尽量不采用的规格；

2. P 为螺距。

3.7　垫圈

3.7.1　平垫圈

A 级（GB/T 97.1—2002）、平垫圈倒角型 A 级（GB/T 97.2—2002）、平垫圈 C 级（GB/T 95—2002）、大垫圈 A 级（GB/T 96.1—2002）、大垫圈 C 级（GB/T 96.2—2002）、小垫圈 A 级（GB/T 848—2002），如附录图 3 – 10 所示。

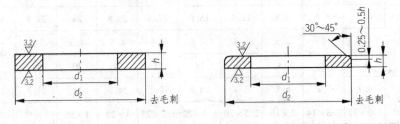

附录图 3 – 10　垫圈

标记示例：

标准系列、公称尺寸 d = 8mm，由钢制造的硬度等级为 200HV 级，不经表面处理，产品等级为 A 级的平垫圈，按 GB/T 97.1 标记为：×8。

各种平垫圈、大垫圈和小垫圈如附录表 3 – 10 所示。

附录表 3 – 10　各种平垫圈、大垫圈和小垫圈　　　　　　（mm）

公称尺寸螺纹规格 d	d_1			d_2			h		
	GB/T 97.1 GB/T 97.2 GB/T 848	GB/T 95	GB/T 96	GB/T 97.1 GB/T 97.2 GB/T 95	GB/T 96	GB/T 848	GB/T 97.1 GB/T 97.2 GB/T 95	GB/T 96	GB/T 848
5	5.3	5.5	5.3	10	15	9	1	1.2	1
6	6.4	5.6	6.4	12	18	11	1.6	1.6	1.6
8	8.4	9	8.4	16	24	15	1.6	2	1.6
10	10.5	11	10.5	20	30	18	2	2.5	1.6
12	13	13.5	13	24	37	20	2.5	3	2
14	15	15.5	15	28	44	24	2.5	3	2.5
16	17	17.5	17	30	50	28	3	3	2.5
20	21	22	22	37	60	34	3	4	3
24	25	26	26	44	72	39	4	5	4
30	31	33	33	56	92	50	4	5	4
36	37	39	39	66	110	60	5	8	5

3.7.2　弹簧垫圈

标准弹簧垫圈（GB/T 93—1987）、轻型弹簧垫圈（GB/T 859—1987）、重型弹簧垫圈（GB/T 7244—1987），如附录图 3-11 所示。

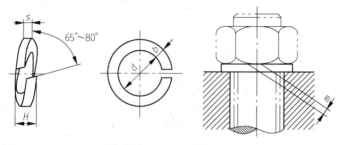

附录图 3-11　弹簧垫圈

标记示例：

规格为 16mm，材料为 65Mn，标准型弹簧垫圈，按 GB/T 93 标记为：16。

标准弹簧垫圈、轻型弹簧垫圈、重型弹簧垫圈如附录表 3-11 所示。

附录表 3-11　标准弹簧垫圈、轻型弹簧垫圈、重型弹簧垫圈　　　　（mm）

规格螺纹大径	d (min)	GB/T 93—1987				GB/T 859—1987				GB/T 7244—1987			
		s (公称)	b (公称)	H (max)	m (≤)	s (公称)	b (公称)	H (max)	m (≤)	s (公称)	b (公称)	H (max)	m (≤)
2	2.1	0.5	0.5	1.25	0.25	—	—	—	—	—	—	—	—
2.5	2.6	0.65	0.65	1.63	0.33	—	—	—	—	—	—	—	—
3	3.1	0.8	0.8	2	0.4	0.8	1	1.5	0.3	—	—	—	—
4	4.1	1.1	1.1	2.75	0.55	0.8	1.2	2	0.4	—	—	—	—
5	5.1	1.3	1.3	3.25	0.65	1.1	1.5	2.75	0.55	—	—	—	—
6	6.1	1.6	1.6	4	0.8	1.3	2	3.25	0.65	1.8	2.6	4.5	0.9
8	8.1	2.1	2.1	5.25	1.05	1.6	2.5	4	0.8	2.4	3.2	6	1.2
10	10.2	2.6	2.6	6.5	1.3	2	3	5	1	3	3.8	7.5	1.5
12	12.2	3.1	3.1	7.75	1.55	2.5	3.5	6.25	1.25	3.5	4.3	8.75	1.75
(14)	14.2	3.6		9	1.8	3	4	7.5	1.5	4.1	4.8	10.25	2.05
16	16.2	4.1	4.1	10.25	2.05	3.2	4.5	8	1.6	4.8	5.3	12	2.4
(18)	18.2	4.5	4.5	11.25	2.25	3.6	5	9	1.8	5.3	5.8	13.25	2.65
20	20.2	5	5	12.5	2.5	4	5.5	10	2	6	6.4	15	3
(22)	22.5	5.5	5.5	13.75	2.75	4.5	6	11.25	2.25	6.6	7.2	16.5	3.3
24	24.5	6	6	15	3	5	7	12.25	2.5	7.1	7.5	17.75	3.55
(27)	27.5	6.8	6.8	17	3.4	5.5	8	13.75	2.75	8	8.5	20	4
30	30.5	7.5	7.5	18.75	3.75	6	9	15	3	9	9.3	22.5	4.5
(33)	33.5	8.5	8.5	21.25	4.25	—	—	—	—	9.9	10.2	24.75	4.95
36	36.5	9	9	22.5	4.5	—	—	—	—	10.8	11.1	27	5.4
(39)	39.5	10	10	25	5	—	—	—	—	—	—	—	—
42	42.5	10.5	10.5	26.25	5.25	—	—	—	—	—	—	—	—
(45)	45.5	11	11	27.5	5.5	—	—	—	—	—	—	—	—
48	48.5	12	12	30	6	—	—	—	—	—	—	—	—

注：1. 尽可能不采用括号内的规格；

　　2. m 应大于零。

附录4　键　与　销

4.1　键

普通型平键，如附录图4-1所示（GB/T 1099—2003）。

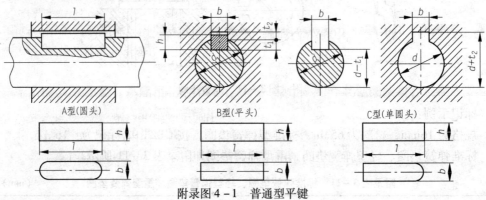

A型(圆头)　　　　　　B型(平头)　　　　　　C型(单圆头)

附录图4-1　普通型平键

标记示例：

普通 A 型平键 $b=16mm$，$h=10mm$，$l=100m$，按 GB/T 1096—2003 标记为：$16×10×100$。

普通平键如附录表4-1所示。

附录表4-1　普通平键　　　　　　　　　　　　　（mm）

轴径	键		键槽				
			宽度 b			深　度	
d	$b×h$	l	基本尺寸	正常键联接极限偏差		轴 t_1	毂 t_2
				轴 n9	毂 JS9		
自6~8	2×2	6~20	2	-0.004	±0.0125	1.2	1
>8~10	3×3	6~36	3	-0.029		1.8	1.4
>10~12	4×4	8~45	4	0	±0.015	2.5	1.8
>12~17	5×5	10~56	5	-0.030		3.0	2.3
>17~22	6×6	14~70	6			3.5	2.8
>22~30	8×7	18~90	8	0	±0.018	4.0	3.3
>30~38	10×8	22~110	10	-0.036		5.0	3.3
>38~44	12×8	28~140	12			5.0	3.3
>44~50	14×9	36~160	14	0	±0.0215	5.5	3.8
>50~58	16×10	45~180	16	-0.043		6.0	4.3
>58~65	18×11	50~200	18			7.0	4.4
>65~75	20×12	56~220	20			7.5	4.9
>75~85	22×14	63~250	22	0	±0.026	9.0	5.4
>85~95	25×14	70~280	25	-0.052		9.0	5.4
>95~110	28×16	80~320	28			10.0	6.4
>110~130	32×18	90~360	32			11.0	7.4
>130~150	36×20	100~400	36	0	±0.031	12.0	8.4
>150~170	40×22	100~400	40	-0.062		13.0	9.4
>170~200	45×25	110~450	45			15.0	10.4
l 系列	6, 8, 10, 12, 16, 18, 20, 22, 25, 28, 32, 36, 40, 45, 50, 56, 63, 70, 80, 90, 100, 110, 125, 140, 160, 180, 200, 220, 250, 280, 320, 360, 400, 450						

4.2 销

4.2.1 圆柱销

圆柱销，如附录图 4-2 所示（GB/T 119—2000）。

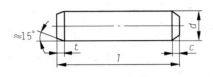

附录图 4-2 圆柱销

标记示例：

公称直径为 $d=6mm$，公差为 m6，公称长度为 $l=30mm$，不经淬火，不经表面处理的圆柱销按 GB/T 119.1 标记：m6×30。

圆柱销如附录表 4-2 所示。

附录表 4-2 圆柱销　　　　　　　　　　　　　　　（mm）

d（公称）		2.5	3	4	5	6	8	10	12	16	20	25	30
c≈		0.4	0.5	0.63	0.80	1.2	1.6	2.0	2.5	3.0	3.5	4.0	5.0
t	GB/T 119.1	6~24	8~30	8~40	10~50	12~60	14~80	18~95	22~140	26~180	35~200	50~200	60~200
	GB/T 119.2	6~24	8~30	10~40	12~50	14~60	18~80	22~100	26~100	40~100	50~100	—	—
l（系列）		6, 8, 10, 12, 14, 16, 18, 20, 22, 24, 26, 28, 30, 32, 35, 40, 45, 50, 55, 60, 65, 70, 75, 80, 85, 90, 95, 100, 120, 140, 160, 180, 200												

4.2.2 圆锥销

圆锥销，如附录图 4-3 所示（GB/T 117—2000）。

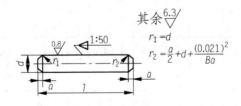

附录图 4-3 圆锥销

标记示例：

公称直径 $d=6mm$，公称长度为 $l=30mm$，材料为 35 钢、热处理硬度为 28~38HRC，表面氧化处理的 A 型圆锥销按 GB/T 117 标记为：6×30。

圆锥销如附录表 4-3 所示。

附录表 4-3　圆锥销　　　　　　　（mm）

d（公称）	2.5	3	4	5	6	8	10	12	16	20	25	30
a≈	0.3	0.4	0.5	0.63	0.8	1.0	1.2	1.6	2	2.5	3.0	4.0
l	10 ~ 35	12 ~ 45	14 ~ 55	18 ~ 60	22 ~ 90	22 ~ 120	26 ~ 160	32 ~ 180	40 ~ 200	45 ~ 200	50 ~ 200	55 ~ 200
l（系列）	10, 12, 14, 16, 18, 20, 22, 24, 26, 28, 30, 32, 35, 40, 45, 50, 55, 60, 65, 70, 75, 80, 85, 90, 95, 100, 120, 140, 160, 180, 200											

4.2.3　开口销

开口销，如附录图 4-4 所示（GB/T 91—2000）。

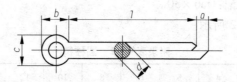

附录图 4-4　开口销

标记示例：

公称规格为 5mm，公称长度为 $l = 50$mm，材料为 Q215 钢，不经表面处理的开口销（GB/T 91）的标记为：5×50。

开口销如附录表 4-4 所示。

附录表 4-4　开口销　　　　　　　（mm）

公称规格		0.6	0.8	1	1.2	1.6	2	2.5	3.2	4	5	6.3	8	10	13
d	max	0.5	0.7	0.9	1	1.4	1.8	2.3	2.9	3.7	4.6	5.9	7.5	9.5	12.4
	min	0.4	0.6	0.8	0.9	1.3	1.7	2.1	2.7	3.5	4.4	5.7	7.3	9.3	12.1
c	max	1	1.4	1.8	2	2.8	3.6	4.6	5.8	7.4	9.2	11.8	15	19	24.8
	min	0.9	1.2	1.6	1.7	2.4	3.2	4	5.1	6.5	10.3	13.1	16.6	21.7
b≈		2	2.4	3	3	3.2	4	5	6.4	8	10	12.6	16	20	26
a	max	1.6	1.6	1.6	2.5	2.5	2.5	2.5	3.2	4	4	4	4	6.3	6.3
	min	0.8	0.8	0.8	1.25	1.25	1.25	1.25	1.6	2	2	2	2	3.15	3.15
L		4 ~ 12	5 ~ 16	6 ~ 20	8 ~ 25	8 ~ 32	10 ~ 40	12 ~ 50	14 ~ 63	18 ~ 80	22 ~ 100	32 ~ 125	40 ~ 160	45 ~ 200	71 ~ 200
l（系列）		4, 5, 6, 8, 10, 12, 14, 16, 18, 20, 22, 25, 28, 32, 36, 40, 45, 50, 56, 63, 71, 80, 90, 100, 112, 125, 140, 160, 180, 200													

附录 5 轴 承

5.1 深沟球轴承

深沟球轴承（GB/T 276—1994）。

深沟球轴承如附录表 5-1 所示。

附录表 5-1 深沟球轴承（GB/T 276—1994） （mm）

轴承代号	尺寸		
	d	D	B
03 系列			
633	3	13	5
634	4	16	5
635	5	19	6
6300	10	35	11
6301	12	37	12
6302	15	42	13
6303	17	47	14
6304	20	52	15
63/22	22	56	16
6305	25	62	17
63/28	28	68	18
6306	30	72	19
63/32	32	75	20
6307	35	80	21
6308	40	90	23
6309	45	100	25
6310	50	110	27
6311	55	120	29
6312	60	130	31
6313	65	140	33
6314	70	150	35
6315	75	160	37
6316	80	170	39
6317	85	180	41
6318	90	190	43

60000型

轴承代号	尺寸		
	d	D	B
01 系列			
606	6	17	6
607	7	19	6
608	8	22	7
609	9	24	7
6000	10	26	8
6001	12	28	8
6002	15	32	9
6003	17	35	10
6004	20	42	12
60/22	22	44	12
6005	25	47	12
60/28	28	52	12
6006	30	55	13
60/32	32	58	13
6007	35	62	14
6008	40	68	15
6009	45	75	16
6010	50	80	16
6011	55	90	18
6012	60	95	18
02 系列			
623	3	10	4
624	4	13	5
625	5	16	5
626	6	19	6
627	7	22	7
628	8	24	8
629	9	26	8
6200	10	30	9
6201	12	32	10
6202	15	35	11
6203	17	40	12
6204	20	47	14
62/22	22	50	14
6205	25	52	15
62/28	28	58	16
6206	30	62	16
62/32	32	65	17
6207	35	72	17
6208	40	80	18
6209	45	85	19
6210	50	90	20
6211	55	100	21
6212	60	110	22

轴承代号	尺寸		
	d	D	B
04 系列			
6403	17	62	17
6404	20	72	19
6405	25	80	21
6406	30	90	23
6407	35	100	25
6408	40	110	27
6409	45	120	29
6410	50	130	31
6411	55	140	33
6412	60	150	35
6413	65	160	37
6414	70	180	42
6415	75	190	45
6416	80	200	48
6417	85	210	52
6418	90	225	54
6419	95	240	55
6420	100	250	58
6422	110	280	65

5.2　圆锥滚子轴承

圆锥滚子轴承（GB/T 297—1994）

圆锥滚子轴承如附录表5-2所示。

附录表5-2　圆锥滚子轴承　　　　　　　　　　　（mm）

30000型

轴承代号	尺寸				
	d	D	T	B	C
02 系列					
30202	15	35	11.75	11	10
30203	17	40	13.25	12	11
30204	20	47	15.25	14	12
30205	25	52	16.25	15	13
30206	30	62	17.25	16	14
302/32	32	65	18.25	17	15
30207	35	72	18.25	17	15
30208	40	80	19.75	18	16
30209	45	85	20.75	19	16
30210	50	90	21.75	20	17
30211	55	100	22.75	21	18
30212	60	110	23.75	22	19
30213	65	120	24.75	23	20
30214	70	125	26.25	24	21
30215	75	130	27.25	25	22
03 系列					
30302	15	42	14.25	13	11
30303	17	47	15.25	14	12
30304	20	52	16.25	15	13
30305	25	62	18.25	17	15
30306	30	72	20.75	19	16
30307	35	80	22.75	21	18
30308	40	90	25.75	23	20
30309	45	100	27.25	25	22
30310	50	110	29.25	27	23
30311	55	120	31.5	29	25
30312	60	130	33.5	31	26
30313	65	140	36	33	28
30314	70	150	38	35	30
30315	75	160	40	37	31
13 系列					
31305	25	62	18.25	17	13
31306	30	72	20.75	19	14
31307	35	80	22.75	21	15

轴承代号	尺寸				
	d	D	T	B	C
13 系列					
31308	40	90	25.25	23	17
31309	45	100	27.25	25	18
31310	50	110	29.25	27	19
31311	55	120	31.5	29	21
31312	60	130	33.5	31	22
31313	65	140	36	33	23
31314	70	150	38	35	25
31315	75	160	40	37	26
20 系列					
32004	20	42	15	15	12
320/22	22	44	15	15	11.5
32005	25	47	15	15	11.5
320/28	28	52	16	16	12
32006	30	55	17	17	13
320/32	32	58	17	17	13
32007	35	62	18	18	14
32008	40	68	19	19	14.5
32009	45	75	20	20	16.5
32010	50	80	20	20	15.5
32011	55	90	23	23	17.5
32012	60	95	23	23	17.5
32013	65	100	23	23	17.5
32014	70	110	25	25	19
32015	75	115	25	25	19
22 系列					
32203	17	40	17.25	16	14
32204	20	47	19.25	16	15
32205	25	52	19.25	18	16
32206	30	62	21.25	20	17
32207	35	72	24.25	23	19
32208	40	80	24.75	23	19
32209	45	85	24.75	23	19
32210	50	90	24.75	23	19
32211	55	100	26.75	25	21
32212	60	110	26.75	28	24
32213	65	120	29.75	31	27
32214	70	125	33.25	31	27
32215	75	130	38.25	31	27

附录6　常用材料的牌号与性能

6.1　黑色金属材料

黑色金属材料如附录表6-1所示。

附录表6-1　黑色金属材料

标准	名称	牌号	说明	标准	名称	牌号	说明
GB/T 700—1988	碳素结构钢	Q215	碳素结构钢按屈服强度等级分成五个牌号。如Q215中Q为屈服强度符号，215为屈服强度数值。其质量等级分为A、B、C、D级，其中常用A级　　GB/T 700—1979中A₃相当Q235-A	GB/T 9439—1988	灰铸铁	HT150	"HT"为灰、铁二字汉语拼音的第一个字母，后面的数字代表力学性能。例如：HT150表示抗拉强度为150MPa的灰铸铁
		Q235				HT200	
						HT250	
		Q255				HT300	
						HT350	
GB/T 699—1988	优质碳素结构钢	10	牌号的两位数字表示平均含碳量，45号钢即表示平均含碳量为0.45%　　含锰量较高的钢，须加注化学元素"Mn"　　含碳量≤0.25%的碳钢是低碳钢（渗碳钢）　　含碳量在0.25%~0.60%之间的碳钢是中碳钢（调质钢）　　含碳量在0.60%的碳钢是高碳钢	GB/T 1348—1988	球墨铸铁	QT500-7	"QT"是球墨铸铁的代号，后面的第一组数字表示抗拉强度值，第二组表示延伸率值　　QT500-7即表示球墨铸铁的抗拉强度为500MPa，延伸率为7%
		15				QT450-10	
		20					
		25					
		30				QT400-18	
		35					
		45		GB/T 9440—1988	可锻铸铁	KTH300-06	KTH为黑心可锻铁　KTZ为珠光体可锻铸铁　KTB为白心可锻铸铁　数字说明与球墨铸铁相同
		50				KTH350-10	
		55					
		60				KTZ550-04	
		15Mn					
		45Mn				KTB350-04	
GB/T 3077—1988	合金结构钢	20Mn2	两位数字表示钢中含碳量。钢中加入一定量合金元素，提高了钢的机械性能的耐磨性，也提高了钢的淬透性，保证金属在较大截面上获得高机械性能	GB/T 11352—1989	铸钢	ZG200-400	铸钢件前面应加"铸钢"或汉语拼音字母"ZG"，后面数字表示力学性能，第一数字表示屈服强度，第二数字表示抗拉强度
		45Mn2					
		15Cr					
		40Cr				ZG230-450	
		35SiMn					
		20SiMn					

6.2　有色金属材料

有色金属材料如附录表 6 - 2 所示。

附录表 6 - 2　有色金属材料

标　准	名称及代号	应用举例	说　明
GB/T 1176—1987	铸造锰黄铜 ZCuZn38Mn2Pb2	用于制造轴瓦、轴套及其他耐磨零件	"Z"表示"铸"、ZCuZn38Mn2Pb2 表示含铜 57% ~ 60%、锰 1.5% ~ 2.5%、铅 1.5% ~ 2.5%
	铸造锡青铜 ZCuZn5Pb5Zn5	用于受中等冲击负荷和在液体或半液体润滑及耐蚀条件下工作的零件,如轴承、轴瓦、蜗轮	ZCuZn5Pb5Zn5 表示含锡 4% ~ 6%、锌 4% ~ 6%、铅 4% ~ 6%
	铸造铝青铜 ZCuAl10Fe3	用于在蒸汽和海水条件下工作的零件及摩擦和腐蚀的零件,如蜗轮、衬套、耐热管配件	ZCuAl10Fe3 表示含铝 8% ~ 10%、铁 2% ~ 4%
GB/T 1173—1986	铸造铝硅合金 ZL102	用于承受负荷不大的铸造形状复杂的薄壁零件,如仪表壳体、船舶零件	"ZL"表示铸铝,后面第一位数字分别为 1、2、3、4。它分别表示铝硅、铝铜、铝镁、铝锌系列合金、第二、第三位数字为顺序序号。优质合金,其代号后面附加字母"A"
GB/T 5234—1985	白铜 B19	医疗用具、精密机械、化学工业零件、日用品	白铜是铜镍合金。"B19"为含镍 19%,其余为铜的普通白铜

6.3　非金属材料

非金属材料如附录表 6 - 3 所示。

附录表 6 - 3　非金属材料

标准	材料名称		代号	应 用	材料	标准	名 称	应 用
GB/T 5574—1985	工业用橡胶板	耐酸碱	2707	冲制各种形状的垫圈、垫板石棉制品	石棉	GB/T 539—1983	耐油石棉橡胶板	用于管道法兰连接处的密封衬垫材料
		耐油	3707			GB/T 3985—1983	石棉橡胶板	
		耐热	4708			JC/T 67—1982	橡胶石棉盘根	用于活塞和阀门杆的密封材料
FJ/T 314—1981	工业用毛毡	细毛	T112 - 32 ~ 44	用于密封材料		JC/T 68—1982	油浸石棉盘根	
		半粗毛	T122 - 30 ~ 38		尼龙		尼龙 66	用于一般机械零件传动件及耐磨件
		粗毛	T132 - 32 ~ 36				尼龙 1010	

附录7 常用热处理名词解释

常用热处理和表面处理名词解释如附录表 7 - 1 所示。

附录表 7 - 1 常用热处理和表面处理名词解释

名词	代号及标注示例	说　明	应　用
退火	Th	将钢件加热到临界温度以上（一般是 710 ~ 715℃，个别合金钢 800 ~ 900℃）30 ~ 50℃，保温一段时间，然后慢慢冷却（一般随炉冷）	用来消除铸、锻、焊零件的内应力，降低硬度，便于切削加工，细化金属晶粒，增加韧性
正火	Z	将钢件加热到临界温度以上，保温一段时间，然后用空气冷却，冷却速度比退火快	用来处理低碳钢和中碳结构钢及渗碳零件，使其组织细化，增加强度和韧性，减少内应力，改善切削性能
淬火	C C48 - 淬火回火 HRC45 ~ 50	将钢件加热到临界温度以上，保温一段时间，然后在水、盐水或油中（个别材料在空气中）急速冷却，使其得到高硬度	用来提高钢的硬度和强度极限。但淬火后会引起内应力使钢变脆，所以淬火后必须回火
调质	T	淬火后在 450 ~ 650℃进行高温回火，称为调质处理	用来使钢获得高的韧性和足够的强度。重要的齿轮、轴及丝杆等零件是调质处理的
渗碳	渗碳	在渗碳剂中将钢件加热到 900 ~ 950℃，停留一段时间，将碳渗入钢表面，深度约为 0.5 ~ 2mm，再淬火后回火	增加钢件的耐磨性能、表面硬度、抗拉强度和疲劳极限。适用于低碳、中碳结构钢的中小型零件
渗氮	渗氮	渗氮是在 500 ~ 600℃通入氨的炉内加热，向钢的表面渗入氮原子的过程。氮化层为 0.025 ~ 0.8mm，氮化时间需 40 ~ 50h	增加钢件的耐磨性能、表面硬度、疲劳极限和抗蚀能力。适用于合金钢、碳钢、铸铁件，如机床主轴、丝杆以及在潮湿碱水和燃烧气体介质的环境中工作的零件
氰化	Q59（氰化淬火后回火至 56 ~ 65HRC）	在 820 ~ 860℃炉内通入碳和氮，保温 1 ~ 2h，使钢件的表面同时渗入碳、氮原子，可得到 0.2 ~ 0.5mm 的氰化层	增加表面硬度、耐磨性、疲劳强度和耐蚀性。适用于要求硬度高、耐磨的中、小型零件及薄片零件和道具等
时效	时效处理	低温回火后，精加工前，加热到 100 ~ 160℃，保持 10 ~ 40h。对铸件也可用天然时效（放在露天中一年以上）	使工件消除内应力和稳定形状，用于量具、精密丝杆、床身导轨、床身等
发黑 发蓝	发黑 发蓝	将金属零件放在很浓的碱和氧化剂溶液中加热氧化，使金属表面形成一层氧化铁保护性薄膜	防腐蚀、美观。用于一般连接的标准件和其他电子类零件

冶金工业出版社部分图书推荐

书 名	作 者			定价(元)
AutoCAD2010 基础教程	孔繁臣 黄 娟 主编			27.00
采矿工程 CAD 绘图基础教程	徐 帅 李元辉 主编			42.00
大数据挖掘技术与应用	孟海东 宋宇辰 著			56.00
单片机入门与应用	伍水梅 主编			27.00
电工基础	王丽霞 刘 霞 主编			25.00
电工与电子技术（第 2 版）	荣西林 肖 军 主编			49.00
电力电子变流技术	曲永印 主编			28.00
电力电子技术	杨卫国 肖 冬 编著			36.00
电力系统微机保护（第 2 版）	张明君 林 敏 编著			33.00
电路分析基础简明教程	刘志刚 张宏翔 主编			29.00
电路原理	梁宝德 主编 刘 玉	副主编		29.00
电气控制技术与 PLC	刘 玉 主编			45.00
电气设备故障检测与维护	王国贞 主编			28.00
电子技术及应用	龙关锦 仇礼娟 主编			34.00
电子技术及应用实验实训指导	刘正英 王光福 主编			15.00
电子技术实验实习教程	杨立功 主编			29.00
工厂电气控制技术	刘 玉 主编 严之光	副主编		27.00
工厂电气控制设备	赵秉衡 主编			20.00
工厂系统节电与节电工程	周梦公 编著			59.00
工程制图与 CAD 习题集	刘 树 主编 李建忠	副主编		29.00
工业企业供电（第 2 版）	周 瀛 李鸿儒 主编			28.00
机械电子工程实验教程	宋伟刚 罗 忠 主编			29.00
建筑 CAD	田春德 王 铁 主编			28.00
矿山机械 CAD/CAE 案例库	郭年琴 郭 晟 著			49.00
模拟电子技术项目化教程	常书惠 王 平 主编			26.00
数字电子技术基础教程	刘志刚 陈小军 主编			23.00
土木工程 CAD 实例教程	李 丹 王 琦 主编			35.00
维修电工技能实训教程	周辉林 主编			21.00